U0173220

草本植物图鉴

主编　徐绍清

ZHEJIANG UNIVERSITY PRESS
浙江大学出版社
·杭州·

图书在版编目（CIP）数据

慈溪草本植物图鉴 / 徐绍清主编. — 杭州 ：浙江大学出版社，2023.1
ISBN 978-7-308-23362-0

Ⅰ. ①慈… Ⅱ. ①徐… Ⅲ. ①植物园—草本植物—慈溪—图集 Ⅳ. ①Q948.525.54-64

中国版本图书馆CIP数据核字(2022)第235411号

慈溪草本植物图鉴
徐绍清　主编

责任编辑　季　峥
责任校对　王　晴
封面设计　BBL品牌实验室
出版发行　浙江大学出版社
（杭州市天目山路148号　邮政编码310007）
（网址:http: //www.zjupress.com）
排　　版　杭州晨特广告有限公司
印　　刷　杭州宏雅印刷有限公司
开　　本　889mm×1194mm　1/16
印　　张　36.25
字　　数　731千
版 印 次　2023年1月第1版　2023年1月第1次印刷
书　　号　ISBN 978-7-308-23362-0
定　　价　468.00元

浙江大学出版社市场运营中心联系方式:0571-88925591;http://zjdxcbs.tmall.com

《慈溪草本植物图鉴》
编委会

主　　编　徐绍清

副 主 编　马丹丹　谢文远　叶喜阳　房聪玲　李修鹏　金水虎　范林洁　张芬耀
徐路遥　朱杰旦

编　　委（按姓氏拼音排序）

卞正平　蔡建明　岑高峰　岑华益　柴春燕　柴广儒　陈　锋　陈高东
陈世强　陈　姝　陈旭君　陈忠其　成国良　董罗丹　冯林国　洪春桃
洪军孟　胡迪科　胡　江　华建权　黄士文　蒋婉青　劳　冲　林　晓
刘　军　鲁益飞　钱百飞　瞿钦道　沈登锋　孙红红　孙游云　王立如
王青华　王雪明　徐跃良　闫道良　杨　韬　俞雪姣　余正安　张建春
张　洋　赵佳茜　赵　君　赵政委　周勤明

摄　　影（按图片采用数量排序）

徐绍清　李根有　马丹丹　张芬耀　陈征海　叶喜阳　李修鹏　丁炳扬
林海伦　王军峰　谢文远　钟建平　陈煜初　王金旺　陈　锋　张幼法
刘　军　周　庄　梅旭东　吴棣飞　金孝锋　邱燕连　池方河　刘　冰

审　　稿　陈征海　丁炳扬　金孝锋

编著单位　慈溪市林特技术推广中心

《慈溪草本植物图鉴》
内容提要

本书记载了浙江省慈溪市原生、归化和逸生的草本植物108科407属721种(含种下分类单位),包括国家二级重点保护野生植物(草本)11种。每种植物均有中文名、常见别名、拉丁名、形态特征、分布与生境、主要用途等记述,并附有野外实地拍摄的彩色图片。

本书可供农业、林业、草业、园林、医药、环保、生态等行业的科技人员、管理人员、生产经营者及广大植物爱好者参考,也可作为乡土教育的辅助教材。

《慈溪草本植物图鉴》
作者简介

徐绍清

正高级工程师

徐绍清，男，1965年10月出生，浙江慈溪人。1987年7月毕业于浙江林学院经济林专业。现供职于慈溪市林特技术推广中心。现任浙江省植物学会会员、慈溪市林特学会秘书长。先后主持或参与完成植物资源调查、湿地生态修复、近自然林促成、古树名木复壮、有害生物防控、观赏植物引选、果树高效培育、林下经济开发等科研项目30余项；担任《慈溪乡土树种彩色图谱》等专著5部（卷）的主编及《浙江植物志（新编）》（第三卷）等专著3部（卷）的副主编；获专利授权10件；发表学术论文50余篇；获各类科技成果奖励20余项，其中省（部）级科技奖二等奖1项、三等奖3项；获浙江省优秀林技推广员、宁波市“拔尖人才”、浙江农林大学林业与生物技术学院硕士研究生校外兼职导师等荣誉称号。

序 一

慈溪为浙江属地，地处东海之滨，居沪杭甬三角地带的中心区。全市陆域面积1361km^2，常住人口约180万人。围垦文化、移民文化、青瓷文化和慈孝文化等“四大文化”铸就了慈溪人民吃苦耐劳、农商皆本的创业精神。近几十年来，慈溪经济发展迅猛，长期居于全国“经济十强县”行列。慈溪素来农耕发达，有“浙江棉仓”之美誉。

慈溪兼有丘陵、平原和海涂多种地形地貌，植物种类丰富。野生的草本植物种类繁多，但常供利用者不多。除马兰、荠菜、蒲公英等野菜，野百合、萱草、白及等野花，野菱（刺菱）、芡实（鸡头）、苦蘵（鬼灯笼）等野果，龙胆、刺儿菜、垂盆草等中草药，双穗雀稗（游丝草）、苦苣菜（鹅栏浆）、早熟禾（小鸡草）等禽畜青饲料外，大多数种类习惯被当作“野草”“杂草”“柴草”而不受重视。实际上，所谓的“野草”，常常有多种用途，如能正确识别，并适当利用，将对人们的生产与生活产生不同程度的影响。

慈溪市林特技术推广中心徐绍清同志，从1999年开始，结合农（林）业实用技术推广工作，对当地野生草本植物开展长期调查和研究，并对成果进行整理总结，主持编写《慈溪草本植物图鉴》。这本书记载了浙江省慈溪市原生、归化和逸生的草本植物721种，包括国家二级重点保护野生植物（草本）11种。除名称、形态、分布、用途等记述外，还配以2000余幅野外实地拍摄的彩色图片，可供相关行业的科技人员、管理人员、生产经营者及广大植物爱好者参考，也可选为乡土教育的辅助教材。这对当地草本植物的识别、利用、控制与保护具有积极作用。慈溪市政府全力支持此项公益性工作。

值此《慈溪草本植物图鉴》出版之际，谨作序祝贺，并借此对作者和为这本书提供技术指导等各种帮助的领导、专家、学者表示衷心感谢！

董维波

（董维波：慈溪市人民政府副市长）

2021年12月28日

序　二

慈溪为浙江人口大邑，位于杭州湾南岸，处于中亚热带和北亚热带过渡地带。该市南部丘陵为四明山余脉（即翠屏山区），中部为“三北平原”，北部为淤涨型岸滩“三北浅滩”。

慈溪境内多一马平川，既无高山耸立，又无大河蜿蜒，加上人口密集，活动频繁，农业发达，历史悠久，因此生境片断化十分严重。在植物专业人员的眼中，这里无疑是植物资源贫乏之地，故历史上鲜有专家专程来此采集植物标本，老版《浙江植物志》中记载慈溪有分布的植物种类寥寥无几，人们对慈溪市植物资源的掌握情况一直近乎空白。

这本书的主编徐绍清先生为慈溪人，1987年毕业于浙江林学院（现浙江农林大学）经济林专业，毕业后一直在家乡从事林特技术推广与研究工作。他凭着对植物的痴爱，在努力做好本职工作的同时，几十年来，利用空余时间，跋山涉水、栉风沐雨，对家乡的植物资源进行不懈的调查研究。其因对植物知识的刻苦钻研，专业水平渐高，成为基层林业工作者中的佼佼者，并被吸收为《浙江植物志（新编）》和“宁波植物丛书”的重要编著者。经多年艰辛努力，其于2014年与陈征海教授等人合作编写出版了慈溪市第一部植物志书《慈溪乡土树种彩色图谱》，记载了77科362种（含种下分类单位），其中野生树种就有300种之多。

之后，他再接再厉，又重点开展了慈溪草本植物资源的调查研究工作，经鉴定、整理，主持编写了这本《慈溪草本植物图鉴》。这本书共收录慈溪市原生、归化和逸生草本植物108科721种，其中包括国家二级重点保护野生植物11种（水蕨、金荞麦、六角莲、八角莲、野大豆、细果野菱、荞麦叶大百合、华重楼、白及、蕙兰、春兰）。此外，他还在慈溪发现了《宁波植物研究》中未记载的针毛蕨、齿头鳞毛蕨、华东冷水花、合被苋、田茜、梁子菜、白羊草、双稃草、洋野黍、乳突薹草、肿胀果薹草和雁荡山薹草等12个宁波新记录种。他的一些调查成果已被“宁波植物丛书”和《浙江植物志（新编）》所采用。

至此可知，慈溪共有维管植物1083种，这个数据彻底颠覆了之前人们关于慈溪植物资源贫乏的认知。真可谓山不在高，有“树”则名；水不在深，有“草”则灵哉！

我国著名植物分类权威王文采院士曾言：按照侯宽昭教授的观点，对每个县级行政区进行深入的调查研究，才能编写出高质量的省级植物志。慈溪的事例就很好地说明了这一点。

这本书资料翔实，编排科学，文字严谨，图片精美，不仅填补了慈溪市草本植物资源研究的空白，也为其他地区的同类研究提供了很好的借鉴。

植物资源的调查、研究、保护及利用是事关地方经济建设的重要基础工作，是一项功在当代、利在千秋的公益事业，利国利民，但十分艰辛与清苦。本人从事植物教学研究工作四十余年，对此深有体会。

特别想说的是：慈溪是县级行政区，又是经济强市（县），地方政府能从千头万绪的事务中，在财政紧张的情况下，特别列出专项资助项目，鼓励本地专业技术人员牵头开展调查研究，编写出版地方植物专著，充分体现了当地政府对生态与资源保护、社会经济可持续发展理念的正确理解和高度重视，值得称道。

我与徐绍清先生相识多年，交流不断，今日喜见其主编的《慈溪草本植物图鉴》顺利付梓，倍感欣慰！特草小序以贺之。

李根有

（李根有：浙江农林大学暨阳学院教授，浙江省高校教学名师，
"浙江'四野'丛书"主编，"宁波植物丛书"主编，《浙江植物志（新编）》主编）

2022年3月10日

前言

慈溪地域，秦为句（音 gōu）章县地，经多次撤并、复设、改名、局部调整，以及围垦，最终形成现境。现境处于浙江东部、杭州湾南岸，东面与岱山隔海相望，南部自东往西分别与镇海区、江北区及余姚市接壤，介于北纬30°02′~30°24′和东经121°02′~121°42′，为沪杭甬三角地带的中心区。陆域以平原为主，“二山一水七分地”。地势南高北低，呈丘陵、平原和滩涂三级台阶状朝杭州湾展开。丘陵为四明山之余脉，称作翠屏山；土壤有红壤和粗骨土两类；最高山峰为匡堰镇岗墩村的蹋脑岗，海拔446m。平原即三北平原，又以大古塘（在329国道一线附近）为界，分为南部平原（湖海相淤积平原区）和北部平原（海相沉积平原区）两部分，南部土壤为水稻土，北部土壤为潮土，近海地区为滨海盐土。三北浅滩土壤为滨海盐土。年平均气温16.3℃，年平均降水量1325.0mm，属亚热带季风气候，日照充足，四季分明。目前分置19个镇（街道）、1个林场，其中，龙山镇、掌起镇、观海卫镇、桥头镇、匡堰镇、横河镇、浒山街道和市林场的全部或仅南部为丘陵地区，龙山镇、掌起镇、观海卫镇、附海镇、新浦镇、庵东镇和周巷镇的北部靠海（杭州湾）；浒山街道、古塘街道和白沙路街道统称城区。

慈溪农耕发达，为传统农业大县，是“浙江棉仓”“麦冬之乡”。而“慈溪杨梅”“慈溪葡萄”“慈溪蜜梨”地理标志证明商标、农产品地理标志的申获与使用，对主要水果产业的发展有积极作用。

慈溪地形地貌多样，土壤类型也多，土壤pH值5~9，适生植物种类较为丰富。本书所指草本包括慈溪市原生草本、归化草本和逸生草本三类。原生草本是指当地自然分布的野生草本；归化草本是指区域内原无分布，从另一地区移入，且在本区内正常繁育后代，并大量繁衍成野生状态的草本，主要是第一次鸦片战争后传入我国，通常是不经意间带入的；逸生草本是指区域内原无分布，到本区环境后，经过自然选择的作用，形成具自我更新能力，从而适应当地环境的外来草本，通常为栽培时逸散。

本书收录了浙江省慈溪市原生、归化和逸生的草本植物721种（含种下分类单位），隶属于108科407属，其中国家二级重点保护野生植物（草本）11种。除名称、形态特征、分布与生境、主要用途等记述外，每种还配以1~6幅野外实地拍摄的彩色图片。本书可供相关行业的科技人员、管理人员、生产经营者及广大植物爱好者参考，也可作为乡土教育的辅助教材。

本书中蕨类植物的排列顺序采用秦仁昌分类系统（1978），被子植物采用恩格勒分类系统（1964）。

主种的记述内容包括中文名、别名、拉丁学名、科名、属名、形态特征、分布与生境、主要用途、保护等级和原色照片，个别生僻字还附注了汉语拼音。为节约篇幅，选出一部分与主种形态特征相近的同属物种作为附种，并简要描述区别特征及慈溪市内的分布与生境。

对于慈溪原生草本，市内分布区用“见于……”表示，省内分布区用“产于……”表示，国内分布区用“分布于……”表示，不标国外分布区。对于归化和逸生草本，分布区表示方式为：“原产于……”，“国内某地有归化或逸生”，“慈溪有归化或逸生”，不标省内的归化或逸生情况。

书中植物的中文名原则上采用《浙江植物志》的名称，别名则主要采用通用名、《中国植物志》、*Flora of China* 和《浙江植物志（新编）》的中文名，同时附有一些慈溪地方叫法；拉丁学名主要依据*Flora of China*、《中国植物志》和《浙江植物志（新编）》等权威专著，也采用了一些最新的研究成果。另外，书中附有慈溪市国家重点保护野生植物表、中文名索引、拉丁名索引，以及最新的慈溪行政区划图和海拔分布图，便于查阅。

本书的顺利出版既是编纂人员集体劳动的结晶，又是慈溪市政府有关领导、疑难物种鉴定老师、审稿专家、彩色图片提供者、野外调查参与者的大力支持、指导和帮助的结果，在此一并致以诚挚谢意！

本书的编纂是慈溪林业战线和科技界的一项成就，也是“宁波市植物资源调查与数据库建设”项目的重要组成部分，以及“浙江省野生植物资源调查、建档、编纂及《浙江植物志（新编）》编著”项目的辅助组成部分。

由于编者水平有限，编纂时间较短，书中定有不足和差错，敬请读者不吝批评指正！

编　者

2022年3月

目　录

一、蕨类植物 PTERIDOPHYTA

二、被子植物(双子叶植物)ANGIOSPERMAE(Dicotyledoneae)

三、被子植物（单子叶植物）ANGIOSPERMAE（Monocotyledoneae）

一 蕨类植物

PTERIDOPHYTA

001 江南卷柏 *Selaginella moellendorffii* Hieron.

卷柏科 Selaginellaceae 卷柏属

形态特征 植株高15~35cm。主茎直立，禾秆色，上部分枝。分枝下部叶一型，螺旋状疏生，小叶间距约6mm，卵形至卵状三角形；分枝上部叶二型，背、腹各2列；侧叶斜展，卵形至卵状三角形，短尖头，基部近圆形，边缘有细齿或下侧全缘；中叶斜卵圆形，锐尖头，基部斜心形，有细齿；叶草质，光滑，有白边。孢子叶穗四棱柱形，长6~8mm；孢子叶卵状三角形，锐尖头，边缘有细齿，背部龙骨状隆起。孢子囊圆肾形；孢子二型。

分布与生境 见于全市丘陵地区；生于路边林下、溪边沟旁石隙中。产于全省丘陵山区；分布于长江流域及其以南地区。

主要用途 全草药用，有清热解毒、利尿通淋、活血消肿、止痛退热之功效；植株供观赏。

附种 伏地卷柏 ***S. nipponica***，植株细弱，伏地蔓生；主茎分化不明显，各分枝节下具不定根；叶二型，侧叶宽卵形，中叶卵状椭圆形，无白边。见于全市各地；生于林下草地、岩石上、旷野、路旁。

002 卷柏 九死还魂草 | *Selaginella tamariscina* (P. Beauv.) Spring

卷柏科 Selaginellaceae 卷柏属

形态特征 旱生植物，通常高达20cm。基部分枝，聚合成粗短主干；枝、叶扁平，密生于顶端，排列成莲座状，干旱时向内拳曲。叶二型，互生，质厚，边缘均具膜质透明芒刺，背、腹各2列，成4行，密接而呈覆瓦状；侧叶斜展，斜圆卵形，先端急尖，基部两侧强烈不等，边缘具齿；中叶略斜展，卵状披针形，先端渐尖，基部圆，有1簇细毛，边缘有毛状细齿；叶近革质，下面沿中脉隆起，膜质边缘及芒刺有时变成褐棕色。孢子叶穗四棱柱形，单一；孢子叶卵状三角形，先端渐尖，边缘膜质，有细齿，呈龙骨状隆起。孢子囊圆肾形；孢子二型。

分布与生境 见于全市丘陵地区；常附生于岩壁上。产于全省丘陵山区；分布于长江流域及其以南地区、山东、内蒙古、吉林。

主要用途 全草药用，有破血（生用）、止血（炒熟）、祛痰通经之功效；植株供观赏。

003 节节草

Equisetum ramosissimum Desf.

木贼科 Equisetaceae　　木贼属

形态特征 植株高30~80cm。根状茎横走，节和根疏生黄棕色长毛。地上茎多年生，绿色，一型，直径2~4mm，基部分枝，常呈簇生状。主枝有脊8~10条，脊上有1行小疣状凸起，或有小横纹，槽中有气孔线1~4行；鞘筒狭长，略呈漏斗状，顶部有时棕色；鞘齿三角形，边缘薄膜质，有时上半部也为薄膜质，背部隆起，部分宿存；侧枝有脊5~6条，背部平滑或有小疣状凸起，鞘齿三角形，部分宿存。孢子叶穗着生于枝顶端，椭球形，长约1cm，顶端有小尖凸，无柄。

分布与生境 见于全市各地；生于路旁或溪沟边灌丛中。产于全省各地；分布几遍全国。

主要用途 全草药用，有祛风清热、除湿利尿、明目退翳、止咳平喘之功效；幼嫩孢子囊穗作野菜。

004 阴地蕨

| *Sceptridium ternatum*（Thunb.）Lyon

阴地蕨科 Botrychiaceae **阴地蕨属**

形态特征 植株高20~50cm。具1簇肉质粗根。叶总柄长2~6cm。不育叶叶柄长3~14cm；叶片宽三角形，长8~10cm，宽10~15cm，短尖头，三回羽裂；羽片3~4对，柄长2~2.5cm，略张开，基部1对最大，长、宽各为5~6cm，宽三角形，短尖头，二回羽裂，柄长0.5~1.5cm；小羽片3~4对，有柄，互生或几对生，卵状长圆形或长圆形，一回羽裂；裂片长卵形至卵形，先端急尖，边缘有不整齐尖锯齿；叶脉不明显；叶厚草质，表面凹凸不平，无毛。能育叶叶柄长12~40cm，远高出不育叶。孢子囊穗圆锥状，长4~13cm，二至三回羽状，无毛。

分布与生境 见于观海卫（五磊山）；生于溪边阴湿处。产于杭州、宁波及安吉、开化、磐安、武义、文成等地；分布于华东至南岭各地。

主要用途 全草药用，有清热解毒、平肝散结、润肺止咳、补肾散翳之功效；嫩叶柄作野菜。

005 瓶尔小草

Ophioglossum vulgatum L.

瓶尔小草科 Ophioglossaceae　　瓶尔小草属

形态特征　植株高9~14cm。根状茎短而直立，具肉质粗根。叶通常单生；能育叶叶柄长3.5~7cm，不育叶无柄，卵形或狭卵形，长1.8~4cm，宽0.8~2cm，先端钝圆或锐尖，基部渐狭成楔形，全缘；网脉明显；叶片草质或略带肉质；能育叶自不育叶基部生出。孢子囊穗长1~1.5cm，直径1.5~2mm，细圆柱形，顶端有小突尖。

分布与生境　见于桥头工业园区；生于草坪中。产于温州及杭州市区、富阳、宁海、温岭、开化、武义、龙泉等地；分布于长江流域及其以南地区、吉林。

主要用途　全草药用，有清热解毒、消肿止痛、活血散瘀、凉血退翳、止咳之功效；植株供观赏。

006 紫萁

| *Osmunda japonica* Thunb.

紫萁科 Osmundaceae　　紫萁属

形态特征　植株高达1m。叶二型,簇生。不育叶叶柄长20~50cm,禾秆色;叶片宽卵形,叶长30~50cm,二回羽状,顶部一回羽状;羽片5~7对,对生,长圆形,基部1对最大,向上各对渐小;小羽片无柄,长圆形或长圆状披针形,长4~7cm,先端钝或短尖,基部圆形或斜楔形,边缘密生细齿;侧脉2叉分枝,小脉近平行,直达锯齿;叶纸质,幼时被绒毛,后脱净。能育叶二回羽状;小羽片强度缩成条形,长1.5~2cm,沿下面中脉两侧密生孢子囊。孢子囊群圆球状,有柄。

分布与生境　见于全市丘陵地区;生于林缘、疏林下较湿润处及溪边。产于全省丘陵山区;分布于长江流域及其以南地区。

主要用途　根状茎药用,有清热解毒、祛湿散瘀、止血、杀虫之功效;带柄嫩叶作野菜;植株供观赏。

007 芒萁 小叶狼萁 | *Dicranopteris pedata*（Houtt.）Nakaike

里白科 Gleicheniaceae　　芒萁属

形态特征　植株高可达1m。根状茎及顶芽密被棕色节状毛。叶柄褐禾秆色，长20~30cm；叶轴一至三回2叉分枝，多数二回；顶芽卵形，外包1对苞片，苞片卵状，边缘具不规则裂片或粗齿；各回分叉处具1枚休眠芽，两侧各有1枚平展的宽披针形羽状托叶；末回羽片篦齿状深裂达羽轴；裂片条状披针形，长1.5~3cm，垂直于羽轴，先端钝，有时微凹，近基部数对羽片极短，三角状长圆形，全缘，具软骨质狭边；叶纸质，下面灰白色，沿羽轴、中脉及侧脉疏被深棕色节状毛。孢子囊群圆形，着生于基部上侧或上、下两侧小脉弯弓处，有5~8个孢子囊。

分布与生境　见于全市丘陵地区；生于疏林下、荒坡、路边灌丛中。产于全省酸性土丘陵山区；分布于华东、华中、华南、西南及山西、甘肃。

主要用途　全草或根状茎药用，有清热利尿、解毒化痰、止血止咳、接骨之功效；常作杨梅筐的盖垫物。

008 里白 大叶狼萁 | *Diplopterygium glaucum*（Thunb. ex Houtt.）Nakai

里白科 Gleicheniaceae **里白属**

形态特征 植株高达2.5m。根状茎横走，密被褐棕色披针形鳞片，鳞片边缘有锯齿或缘毛。叶柄长50~60cm或更长，基部有鳞片，向上光滑；叶柄顶端有1个密被棕色鳞片的大顶芽，发育形成新羽片；羽片1至多对，对生，卵状长圆形，长60~70cm，先端渐尖，基部略缩狭，二回羽状；小羽片互生，与羽轴几成直角，条状披针形，基部截形，一回羽裂；裂片互生，与小羽轴几成直角，披针形，长8~12mm，先端钝，全缘；侧脉2叉分枝；叶纸质，下面灰白色，边缘有棕色星状毛。孢子囊群圆形，着生于分叉侧脉的上侧小脉上，有3~4个孢子囊。

分布与生境 见于全市丘陵地区；生于林下、林缘。产于杭州、宁波、舟山、金华、丽水、温州及诸暨、天台等地；分布于长江以南地区。

主要用途 根状茎全部或仅其髓部药用，有行气止血、接骨之功效。

009 海金沙

Lygodium japonicum（Thunb.）Sw.

海金沙科 Lygodiaceae **海金沙属**

形态特征 草质藤本，长1~4m。叶三回羽状；羽片二型，对生于叶轴短枝上，枝端有1个被黄色柔毛的休眠芽，羽柄长约2cm；不育羽片三角形，长、宽几相等，长8~18cm；一回小羽片3~4对；二回小羽片1~3对，互生，卵状三角形或卵状五角形，通常掌状3裂，中央裂片短而宽，长1.5~3cm，边缘有不规则浅锯齿；中脉明显，侧脉一至二回2叉分枝，直达锯齿；叶纸质，脉上疏被短毛；叶轴和羽轴两侧有狭边并被灰白色毛；能育羽片三角形，长、宽近相等，长8~16cm，末回小羽片或裂片边缘疏生流苏状孢子囊穗，穗长4~8mm。

分布与生境 见于全市各地；生于林缘、疏林下和灌草丛中。产于全省各地；分布于长江流域及其以南地区。

主要用途 全草或孢子药用，有清热解毒、利胆消肿之功效；盆栽或供垂直绿化。

010 光叶碗蕨 *Dennstaedtia scabra* (Wall. ex Hook.) T. Moore var. *glabrescens* (Ching) C. Chr.

碗蕨科 Dennstaedtiaceae 碗蕨属

形态特征 植株高50~75cm。根状茎红棕色,密被棕色透明节状毛。叶疏生;叶柄长20~35cm,红棕色或淡栗色,上面有沟;叶片三角状披针形或长圆形,长20~40cm,下部三至四回羽状深裂,中部以上三回羽状深裂;羽片10~20对,长圆状披针形,先端渐尖,近互生,基部1对最大,二至三回羽状深裂;一回小羽片、二回小羽片基部有狭翅,末回小羽片全缘或浅裂;叶脉羽状分叉,每一小裂片有小脉1条,小脉不达叶缘,先端有纺锤形水囊;叶坚草质,无毛或有疏毛。孢子囊群圆形,位于裂片小脉顶端;囊群盖碗形,灰绿色。

分布与生境 见于全市丘陵地区;生于林下、林缘湿润处及水边草丛中。产于杭州市区、淳安、鄞州、宁海、象山、开化、江山、遂昌、龙泉、庆元、平阳等地;分布于华东、华南、西南及湖南。

主要用途 植株供观赏。

011 边缘鳞盖蕨 *Microlepia marginata* (Panz.) C. Chr.

碗蕨科 Dennstaedtiaceae　　鳞盖蕨属

形态特征　植株高45~80cm。根状茎密被锈色长柔毛。叶远生;叶柄长15~32cm;叶片宽披针形至长圆状三角形,长达55cm,先端渐尖,羽状深裂,基部不变狭,一回羽状;羽片20~30对,基部者对生,远离,上部者互生,接近,长10~15cm,基部上侧钝耳状,下侧楔形,边缘有缺刻至浅裂,裂片三角形,圆头或急尖,偏斜,向上部各羽片渐短,无柄;侧脉明显,在裂片上呈羽状,2~3对,上先出,达叶缘内;叶纸质;叶轴密被锈色开展硬毛。孢子囊群圆形,每一裂片有1~6个,近叶缘着生;囊群盖杯形,被短硬毛。

分布与生境　见于全市丘陵地区;生于林下或林缘。产于全省丘陵山区;分布于长江以南地区。

主要用途　全草药用,有清热解毒之功效。

012 乌蕨

| *Sphenomeris chinensis*（L.）Maxon

鳞始蕨科 Lindsaeaceae　　乌蕨属

形态特征　植株高20~60cm。根状茎密被褐色钻形鳞片。叶近生或近簇生；叶柄长10~25cm，禾秆色至褐禾秆色，基部被鳞片；叶片卵状披针形或长圆状披针形，长12~25cm，先端渐尖或尾状，四回羽状；羽片15~20对，互生，有短柄，卵状披针形，先端尾尖，基部楔形，近基部者三回羽状；末回小羽片倒披针形或狭楔形，先端截形或圆截形，有不明显小牙齿，基部楔形，下延，其下部末回小羽片常再分裂成有1~2条小脉的短裂片；叶脉下面明显，在小裂片上2叉分枝。孢子囊群顶生于小脉上，每一裂片常有1个；囊群盖半杯形。

分布与生境　见于全市丘陵地区；生于溪边、林缘或阴湿路旁。产于全省丘陵山区；分布于长江以南地区。

主要用途　全草或根状茎药用，有清热利湿、止血生肌、解毒之功效。

013 姬蕨

Hypolepis punctata（Thunb.）Mett. ex Kuhn

姬蕨科 Hypolepidaceae　　姬蕨属

形态特征　植株高80~120cm。根状茎密生棕色细长毛。叶远生；叶柄长30~60cm，基部棕色，向上禾秆色，被灰白色透明毛；叶片卵形，长45~60cm，四回羽状浅裂；羽片14~20对，狭卵形或卵状披针形，先端渐尖，基部圆形，基部1对最大；末回小羽片9~11对，先端圆，浅裂；裂片3~5对，全缘；叶脉羽状，侧脉分叉，两面微凸；叶纸质，两面有灰白色透明节状毛。孢子囊群圆形，着生于小脉顶端，位于相邻两裂片缺刻处，无盖，常为略反折裂片边缘所覆盖。

分布与生境　见于全市丘陵地区；生于林缘、溪边、路旁、墙脚等处。产于全省丘陵山区；分布于华东、华南、西南。

主要用途　全草药用，有清热解毒、收敛止血之功效。

014 蕨

Pteridium aquilinum（L.）Kuhn var. *latiusculum*（Desv.）Underw. ex A. Heller

蕨科 Pteridiaceae **蕨属**

形态特征 植株高1~1.5m。根状茎黑色，连同叶柄基部密被锈黄色或黑褐色细长毛，后渐脱落。叶远生；叶柄长40~70cm，深禾秆色，基部常呈黑褐色；叶片卵状三角形，长50~80cm，三回羽状至四回深羽裂；羽片10~15对，近对生或互生，有柄，基部1对最大，卵形或卵状披针形；小羽片10~15对，卵形至长圆状披针形，先端长渐尖或尾状，下部者较大；裂片互生，矩圆形，基部稍狭；叶脉羽状，侧脉分叉；叶近革质。孢子囊群沿羽片边缘着生在边脉上；囊群盖条形，2层，外层由变形叶缘反折成的假盖构成。

分布与生境 见于全市丘陵地区；生于林下、林缘或路旁。产于全省各地；分布于全国各地。

主要用途 根状茎及全草药用，有清热解毒、利湿祛风、平肝潜阳、收敛止血之功效；根状茎富含淀粉；带柄嫩叶为常见野菜“蕨菜”；常作杨梅筐的盖垫物。

015 刺齿凤尾蕨

Pteris dispar Kunze

凤尾蕨科 Pteridaceae　　凤尾蕨属

形态特征　植株高30~50cm。根状茎连同叶柄基部被棕色钻形鳞片。叶簇生，二型；叶柄近四棱形，长15~25cm，近栗色；叶片长圆形或长圆状披针形，长15~40cm；不育叶远小于能育叶，有羽片2~5对，对生，斜三角形或三角状披针形，基部下侧1片裂片较长，上侧几乎不裂或仅有几个耳状凸起或具锯齿，顶生羽片大，篦齿状深裂，边缘有尖锯齿；能育叶羽片5~7对，小羽片顶部不育部分有锯齿；侧脉分叉，小脉伸入锯齿；叶草质，在羽轴两侧隆起狭边上有啮齿状小凸起。孢子囊群条形，沿羽片边缘着生；囊群盖条形，全缘。

分布与生境　见于龙山、掌起、桥头、市林场及城区等地；生于溪边、竹林下、林缘。产于全省低山丘陵地区；分布于华东、华中、华南、西南。

主要用途　全草药用，有清热解毒、止血、散瘀生肌之功效；供观赏或作切叶。

016 井栏边草 凤尾草 | *Pteris multifida* Poir.

凤尾蕨科 Pteridaceae **凤尾蕨属**

形态特征 植株高30~75cm。根状茎顶端密被栗色条状钻形鳞片。叶簇生,二型;叶柄禾秆色;叶长达40cm,一回羽状,下部1至数对常2~3叉;不育叶有侧生羽片2~4对,无柄,顶生羽片和上部羽片单一,条状披针形或披针形,长8~23cm,下部羽片常有1~2片斜卵形或长倒卵形小羽片;能育叶有侧生羽片4~6对,与顶生羽片同为条形,先端长渐尖,全缘,基部数对羽片常2~3叉;叶脉明显,侧脉单一或2叉;不育叶草质,能育叶坚纸质;叶轴禾秆色,两侧具由羽片基部下延而成的翅。孢子囊群条形,沿边缘连续分布;囊群盖条形,膜质,全缘。

分布与生境 见于全市各地;生于林下、林缘、岩缝、墙脚。产于全省各地;分布于长江流域及其以南地区、河北。

主要用途 全草药用,有消肿解毒、清热利湿、凉血止血、生肌之功效;可作地被植物。

017 蜈蚣草 | *Pteris vittata* L.

凤尾蕨科 Pteridaceae　　凤尾蕨属

形态特征　植株高20~120cm。根状茎密被淡棕色条状披针形鳞片。叶簇生；叶柄长5~22cm，禾秆色，近基部密被鳞片，向上渐疏；叶片宽倒披针形，长10~80cm，一回羽状；羽片多数，互生或近对生，无柄，条状披针形，长3~10cm，先端渐尖，基部截形或心形，两侧多少呈耳状，全缘，仅顶部不育部分有细锯齿，下部羽片逐渐缩短，基部1对有时呈耳形；侧脉细密，2叉，少单一；叶近革质。孢子囊群条形，沿能育羽片边缘着生，但基部和顶部不育；囊群盖条形，膜质。

分布与生境　见于观海卫（五磊山）；生于林缘石缝中；城区（陈之佛纪念馆）见逸生。产于全省各地；分布于长江流域及其以南各地。

主要用途　根状茎药用，有解毒、祛风除湿、止血、止泻之功效；植株供观赏。

018 水蕨 芑 | *Ceratopteris thalictroides*（L.）Brongn.

水蕨科 Parkeriaceae 水蕨属

形态特征 湿地蕨类，植株高30~80cm。叶簇生，二型；叶柄长10~40cm；叶脉网状，网眼狭五角形；不育叶直立，或幼时漂浮，狭长圆形，长10~30cm，二至四回羽裂；羽片4~6对，互生或近对生，斜展，卵形或长圆形，二回羽裂；小裂片2~4对，互生，斜展，斜卵形或长圆形，两侧具1~4长圆形裂片。能育叶长圆形或卵状三角形，长15~40cm，二至三回羽状深裂；末回裂片条形，角果状，边缘薄而透明，反卷达主脉；叶草质，无毛。孢子囊群沿网脉疏生。

分布与生境 见于观海卫、横河等南部平原区；生于水沟、池塘、水田等处。产于杭州、温州、湖州及桐乡、北仑、鄞州、奉化、宁海、象山等地；分布于华东、华南、西南及湖北。

主要用途 国家二级重点保护野生植物。全草药用，有散瘀拔毒、镇咳化痰、止血之功效；植株供观赏。

019 凤丫蕨 凤了蕨 | *Coniogramme japonica* (Thunb.) Diels

裸子蕨科 Hemionitidaceae 凤丫蕨属

形态特征 植株高70~110cm。根状茎横走,被棕色披针形鳞片。叶远生;叶柄长35~50cm,禾秆色,基部疏被鳞片;叶长圆状三角形,长35~55cm,二回奇数羽状;侧生羽片4~6对,有柄,互生,基部1对最大,卵状长圆形或宽卵形,一回奇数羽状或3出;侧生小羽片1~5对,顶生小羽片较宽大;第2对羽片3出或单一,向上各对均单一,顶生羽片单一,偶在基部叉裂出1片小羽片;叶脉网状,沿主脉两侧各形成1~3行网眼,网眼外小脉分离,小脉顶端水囊呈纺锤形,不达锯齿基部;叶草质。孢子囊群沿侧脉延伸至近叶边。

分布与生境 见于全市丘陵地区;生于湿润林下、林缘、溪边。产于全省丘陵山区;分布于长江流域及其以南地区。

主要用途 根状茎或全草药用,有清热解毒、消肿凉血、活血止痛、祛风除湿、止咳、强筋骨之功效;带柄嫩叶作野菜;植株供观赏。

020 华东安蕨 | *Anisocampium sheareri* (Baker) Ching

蹄盖蕨科 Athyriaceae　　安蕨属

形态特征　植株高45~75cm。根状茎长而横走，顶部疏被棕褐色披针形鳞片。叶远生；叶柄禾秆色，基部略带褐色，疏生鳞片；叶片长圆形或卵状三角形，长20~25cm，先端长渐尖，一回羽状或二回羽裂；羽片镰状披针形，边缘浅裂并有刺状尖锯齿，下部羽片分离，上部羽片与叶轴合生；叶脉两面明显；叶纸质或薄纸质；叶轴、羽轴有短毛。孢子囊群圆形，着生于小脉中部；囊群盖圆肾形，边缘有长毛，早落。

分布与生境　见于龙山（达蓬山）、掌起（长溪岭）、观海卫（五磊山）；生于溪边。产于全省丘陵山区；分布于长江流域及其以南地区。

主要用途　植株供观赏。

021 假蹄盖蕨

| *Athyriopsis japonica*（Thunb.）Ching

蹄盖蕨科 Athyriaceae　　假蹄盖蕨属

形态特征 植株高30~50cm。根状茎顶部疏被棕色宽披针形鳞片。叶疏生;叶柄禾秆色,基部疏生红棕色节状卷曲短毛和披针形鳞片;叶片狭长圆形至卵状长圆形,长20~30cm,先端渐尖并羽裂,基部不缩狭,二回深羽裂;羽片约10对,互生,斜展,披针形,中部以下羽片羽状深裂达羽轴两侧的宽翅;裂片长圆形,边缘波状或近全缘;叶脉分离;叶草质。孢子囊群条形,通常沿侧脉上侧单生;囊群盖浅棕色,边缘啮齿状。

分布与生境 见于全市丘陵地区;生于林下、沟谷湿润处。产于全省丘陵山区;分布于长江以南地区。

主要用途 全草药用,有清热解毒之功效;带柄嫩叶作野菜。

022 单叶双盖蕨 假双盖蕨

Diplazium subsinuatum (Wall. ex Hook. et Grev.) Tagawa

蹄盖蕨科 Athyriaceae **双盖蕨属**

形态特征 植株高15~50cm。根状茎细长而横走,被黑色或褐色披针形鳞片。单叶,远生;叶柄长3~20cm,基部被褐色鳞片;叶片披针形或条状披针形,长10~40cm,两端渐狭,全缘或稍呈波状;中脉明显,侧脉斜展,每组3~4条,通直,平行,直达叶边;叶薄革质。孢子囊群条形,常生于叶上部小脉上侧,单生,稀双生,常远离中脉;囊群盖条形,膜质,浅褐色。

分布与生境 见于龙山、掌起、观海卫、桥头、市林场等地;生于溪边或林下湿地。产于全省丘陵山区;分布于华东、华中、华南、西南。

主要用途 植株供观赏。

023 渐尖毛蕨 *Cyclosorus acuminatus*（Houtt.）Nakai

金星蕨科 Thelypteridaceae　　毛蕨属

形态特征 植株高75~140cm。根状茎长而横走，疏被棕色披针形鳞片。叶远生；叶柄深禾秆色；叶片披针形，长40~100cm，先端尾状渐尖，二回羽裂；羽片15~30对，互生，或下部者近对生，下部数对不缩狭或略缩狭，常反折，中部者羽裂深达1/3~2/3，裂片斜向上，长圆形；叶脉羽状，每一裂片具7~8对侧脉，基部1对交结，第2对伸达缺刻底部的透明膜；叶两面除叶脉有针状毛外，余疏被短毛；叶纸质。孢子囊群圆形，着生于侧脉中部稍上处；囊群盖大，圆肾形，密生柔毛。

分布与生境 见于全市丘陵地区；生于林下、路边及石缝中。产于全省各地；分布于长江流域及其以南地区。

主要用途 全草药用，有清热、健脾、镇静解毒之功效。

024 针毛蕨 | *Macrothelypteris oligophlebia*（Baker）Ching

金星蕨科 Thelypteridaceae 针毛蕨属

形态特征 植株高达1.5m。根状茎连同叶柄基部被深棕色具疏毛的鳞片。叶簇生；叶柄长30~70cm，禾秆色；叶片几与叶柄等长，三角状卵形，先端渐尖并羽裂，三回羽裂；羽片约14对，互生，或下部羽片对生，斜展，长圆状披针形，基部1对最大，长达20cm，先端渐尖，基部缩狭；末回小羽片基部圆截形；叶脉羽状，小脉单一或在具锐裂的裂片上2叉；叶两面常光滑无毛，或下面偶具单细胞针状毛，上面被灰白色短针状毛；叶草质。孢子囊群小，着生于小脉近顶端；囊群盖成熟后不见。

分布与生境 见于龙山、掌起、观海卫、桥头、市林场等丘陵地区；生于溪沟边、林下或林缘。产于全省各地；分布于华东、华中及广西。

主要用途 根状茎药用，有清热解毒、止血、消肿、杀虫之功效；植株供观赏。

025 疏羽凸轴蕨 *Metathelypteris laxa*（Franch. et Sav.）Ching

金星蕨科 Thelypteridaceae 凸轴蕨属

形态特征 植株高35~75cm。根状茎长而横走，略被灰白色短毛和红棕色宽披针形鳞片。叶远生；叶柄淡禾秆色，基部以上光滑；叶片披针状长圆形或长圆形，长17~35cm，先端渐尖并羽裂，二回羽状深裂；羽片10~14对，互生，无柄，狭披针形，先端长渐尖，边缘深羽裂达羽轴两侧的狭翅，羽片先端钝尖或锐尖，全缘或有粗锯齿状缺刻；叶脉羽状，侧脉2叉，不达叶边；叶两面被针状毛，羽轴在上面圆形而隆起，有针状毛。孢子囊群小，圆形，着生于侧脉上侧的小脉顶端；囊群盖圆肾形，被疏柔毛。

分布与生境 见于全市丘陵地区；生于林下、林缘。产于全省丘陵山区；分布于长江流域及其以南各地。

主要用途 植株供观赏。

026 金星蕨 | *Parathelypteris glanduligera*（Kunze）Ching

金星蕨科 Thelypteridaceae **金星蕨属**

形态特征 植株高35~70cm。根状茎长而横走，顶部疏被黄褐色披针形鳞片。叶柄禾秆色，基部棕褐色，连同叶轴、羽轴密被短针状毛；叶片披针形或长圆状披针形，长20~35cm，基部不变狭，二回深羽裂；羽片12~20对，近基部最大，披针形，全缘；裂片全育；叶脉伸达叶边；叶下面被橙黄色球形腺体及短柔毛；叶厚草质，较坚韧。孢子囊群靠近叶边；囊群盖圆肾形，小，被灰白色刚毛。

分布与生境 见于全市丘陵地区及南部平原；生于林下、林缘、路边、墙脚。产于全省各地；分布于华东、华中、华南、西南。

主要用途 叶药用，有消炎止血、止痢之功效。

附种 日本金星蕨（光脚金星蕨）***P. japonica***，叶柄栗褐色，基部近黑色；叶草质，柔软，裂片上部常不育；孢子囊群靠近中脉，囊群盖大。见于全市丘陵地区；生于林下、林缘。

027 延羽卵果蕨 | *Phegopteris decursive-pinnata*（H.C. Hall）Fée

金星蕨科 Thelypteridaceae　　卵果蕨属

形态特征　植株高30~80cm。根状茎短而直立，被狭披针形鳞片，鳞片具缘毛。叶簇生；叶柄长5~25cm，禾秆色；叶片披针形或椭圆状披针形，长25~55cm，先端渐尖并羽裂，下部近缩狭，一回羽状至二回羽裂；羽片狭披针形，中部者最大，基部以耳状翅或钝三角翅彼此相连，边缘齿状锐裂至半裂，下部数对逐渐缩短，基部1对常缩成耳形；叶脉羽状，小脉单一，伸达叶边；叶两面沿羽轴和叶脉疏被针状毛和分叉毛或星状毛。孢子囊群近圆形，着生于小脉近顶端；无盖。

分布与生境　见于观海卫、桥头、匡堰等丘陵地区；生于疏林下、溪边、林缘小沟旁。产于全省各地；分布于长江流域及其以南地区。

主要用途　全草药用，有清热解毒、消肿利尿之功效。

028 虎尾铁角蕨 | *Asplenium incisum* Thunb.

铁角蕨科 Aspleniaceae **铁角蕨属**

形态特征 植株高达30cm。根状茎短而直立，顶部被黑褐色狭披针形鳞片。叶簇生；叶柄长1~3cm，栗色或红棕色，上面有1条纵沟；叶片宽披针形，长10~25cm，先端渐尖，基部渐变狭，近二回羽状至二回羽裂；羽片约20对，上部羽片长8~30mm，三角状披针形或披针形，下部羽片逐渐缩短成卵形或半圆形；小羽片先端有粗牙齿；叶脉羽状，先端有明显水囊，伸入牙齿，侧脉2叉，不达叶缘；叶薄草质。孢子囊群长圆形，着生于小脉上侧分枝近基部，靠近中脉；囊群盖长圆形。

分布与生境 见于全市各地；生于石缝、岩隙中与土坎边。产于全省各地；分布于华东、华中、华北、西南、东北及广东。

主要用途 全草药用，名“地柏叶”，有清热解毒、平肝镇惊、祛湿止痛之功效。

附种 北京铁角蕨 *A. pekinense*，下部羽片不缩短；根状茎顶部密被锈褐色鳞毛和黑褐色鳞片；叶片二回羽状或三回羽裂，羽片8~10对；叶脉直达齿尖。见于市林场等地；生于林缘石隙中。

029 狗脊 | *Woodwardia japonica* (L.f.) Sm.

乌毛蕨科 Blechnaceae　　**狗脊属**

形态特征　植株高达130cm。根状茎密被红棕色披针形鳞片。叶簇生;叶柄长20~50cm,深禾秆色,密被鳞片;叶片长圆形或卵状披针形,长30~80cm,先端渐尖并深羽裂,基部不缩狭,二回羽裂;羽片7~13对,披针形或条状披针形,先端渐尖,边缘羽裂深达1/2或较深;裂片基部下侧缩短成圆耳形,边缘具细锯齿;沿中脉两侧各有1~2行长圆形网眼,网眼外侧小脉分离,伸达叶边;沿叶轴和羽轴有红棕色鳞片;叶革质。孢子囊群条形;囊群盖条形,通直,开向中脉。

分布与生境　见于全市丘陵地区;生于山坡林下、路旁及溪沟边阴湿处,为酸性土指示植物。产于全省丘陵山区;分布于华东、华中、华南、西南。

附种　胎生狗脊(珠芽狗脊)***W. prolifera***,叶上面常有多数小芽孢,着生于裂片主脉两侧网眼交叉点上,脱离母体后能长成新植株;孢子囊群和囊群盖均近新月形。见于掌起(高山寺);生于峭壁石缝中。

主要用途　根状茎药用,有清热解毒、杀虫、散瘀之功效;又富含淀粉,可食用或酿酒;带柄嫩叶作野菜;植株供观赏。

030 刺头复叶耳蕨 | *Arachniodes aristata* (G. Forst.) Tindale

鳞毛蕨科 Dryopteridaceae　　复叶耳蕨属

形态特征　植株高30~90cm。根状茎长而横走，密被棕色或棕褐色钻形鳞片。叶柄长15~50cm，连同叶轴和羽轴常被棕色或棕褐色条状钻形鳞片；叶片近三角形或卵状三角形，长20~35cm，顶部突然缩狭成三角形长渐尖头，三回羽状；羽片5~8对，基部1对最大；末回小羽片长圆形，基部上侧呈耳状凸起或为分离的耳片，边缘浅裂或具长芒刺状锯齿；叶革质。孢子囊群圆形，着生于小脉顶端；囊群盖圆肾形，早落。

分布与生境　见于全市丘陵地区；生于林下、溪边、岩石旁等阴湿处。产于杭州、宁波、衢州、金华、丽水、温州及普陀等地；分布于华东、华南及湖南。

主要用途　根状茎药用，有清热利湿、消炎止痛之功效；植株供观赏。

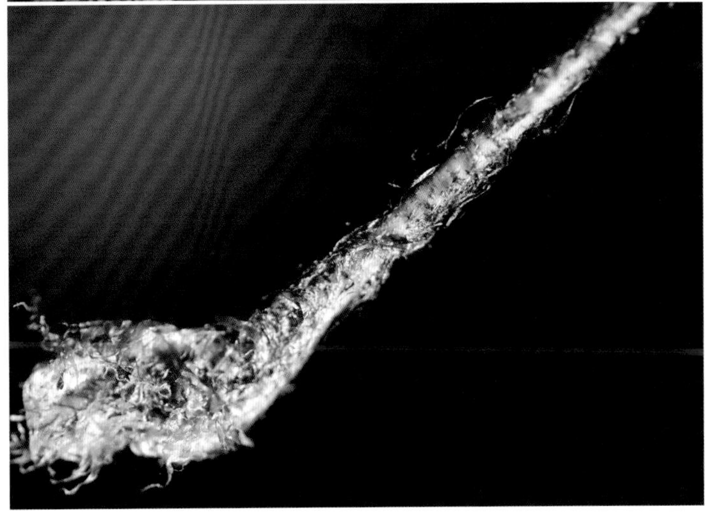

附种1　斜方复叶耳蕨*A. amabilis*，叶顶生羽片与其下侧羽片同形；末回小羽片斜方形，基部上侧呈三角状凸起，下侧斜切。见于龙山、掌起、市林场、横河等丘陵地区；生于林下、林缘或溪边。

附种2　美观复叶耳蕨(新刺头复叶耳蕨)***A. speciosa***，叶片顶部渐尖，但不突然缩狭；末回小羽片长圆状披针形；叶柄密被暗棕色鳞片，叶轴具深棕色鳞片。见于掌起(长溪岭)、观海卫(五磊山)等丘陵地区；生于林缘、溪边。

031 贯众 | *Cyrtomium fortunei* J. Sm.

鳞毛蕨科 Dryopteridaceae　　贯众属

形态特征　植株高30~60cm。根状茎粗短，直立或斜升，密被深褐色宽卵形或披针形鳞片，鳞片具缘毛。叶簇生；叶柄禾秆色，基部密被鳞片，向上渐疏；叶片长圆状披针形或披针形，长15~40cm，一回羽状，顶生羽片常分离，沿叶轴、羽轴和中脉下面被少数小鳞片；羽片10~20对，有短柄，镰状卵形或镰状披针形，基部圆形或上侧呈三角状耳形凸起，下侧圆楔形至斜切，边缘不增厚，有锯齿；叶坚草质。孢子囊群圆形，着生于内藏小脉中部或近顶端；囊群盖圆盾形。

分布与生境　见于全市丘陵地区；生于山坡、山谷阴湿林下或溪沟边石缝中。产于全省丘陵山区；分布于长江以南地区。

主要用途　根状茎药用，有清热平肝、止血、杀虫、解毒之功效；植株供观赏。

附种　全缘贯众 ***C. falcatum***，羽片7~10对，镰状卵形，边缘加厚，全缘，有时为波状或多少有浅锯齿。见于我市东部地区；生于近海岸岩石上或海边湿地。

032 阔鳞鳞毛蕨 | *Dryopteris championii*（Benth.）C. Chr. ex Ching

鳞毛蕨科 Dryopteridaceae 鳞毛蕨属

形态特征 植株高60~80cm。根状茎短而直立。叶簇生；叶柄长30~40cm，禾秆色，连同叶轴密被红棕色、边缘有尖齿的阔披针形大鳞片，羽轴下面被红棕色泡状或囊状鳞片；叶片狭长圆形，长达45cm，渐尖头，二回羽状；羽片约15对，互生，镰状披针形；小羽片镰状披针形，急尖头，基部圆形，两侧耳状凸出，下部分裂或具圆齿，先端有锯齿；叶纸质。孢子囊群圆形，小羽轴两侧各1行，靠近小羽片中部着生；囊群盖棕色，扁平，宿存。

分布与生境 见于全市丘陵地区；生于林缘或林下。产于全省丘陵山区；分布于长江流域及其以南地区。

主要用途 根状茎药用，有清热解毒、止咳平喘、驱虫之功效。

附种 高鳞毛蕨 ***D. simasakii***，小羽片基部浅心形，两侧无耳状凸出；孢子囊群靠近小羽轴或小裂片边缘着生。见于龙山（伏龙山、达蓬山）；生于山坡林缘。

033 深裂异盖鳞毛蕨 深裂迷人鳞毛蕨

Dryopteris decipiens (Hook.) Kuntze var. *diplazioides* (Christ) Ching

鳞毛蕨科 Dryopteridaceae 鳞毛蕨属

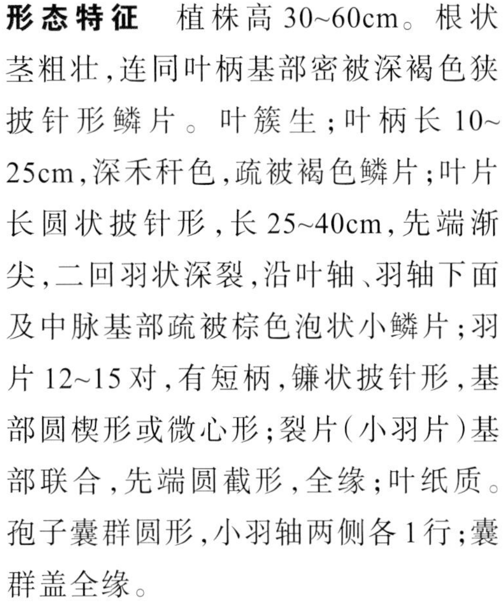

形态特征 植株高30~60cm。根状茎粗壮，连同叶柄基部密被深褐色狭披针形鳞片。叶簇生；叶柄长10~25cm，深禾秆色，疏被褐色鳞片；叶片长圆状披针形，长25~40cm，先端渐尖，二回羽状深裂，沿叶轴、羽轴下面及中脉基部疏被棕色泡状小鳞片；羽片12~15对，有短柄，镰状披针形，基部圆楔形或微心形；裂片（小羽片）基部联合，先端圆截形，全缘；叶纸质。孢子囊群圆形，小羽轴两侧各1行；囊群盖全缘。

分布与生境 见于全市丘陵地区；生于林下、林缘。产于全省丘陵山区；分布于华东及四川、贵州。

主要用途 根状茎药用，有清热解毒、止痛、收敛之功效；植株供观赏。

034 黑足鳞毛蕨

Dryopteris fuscipes C. Chr.

鳞毛蕨科 Dryopteridaceae　　鳞毛蕨属

形态特征　植株高50~80cm。根状茎斜升或直立，连同叶柄基部密被褐棕色或黑褐色披针形鳞片。叶簇生；叶柄长20~40cm，棕禾秆色，叶轴疏被深褐色狭披针形或钻形小鳞片；叶片沿羽轴下面及中脉疏被棕色泡状鳞片和小鳞片，卵状长圆形，长20~60cm，先端渐尖，二回羽状；羽片10~13对，对生或仅下部互生，有短柄，镰状披针形，基部小羽片在叶轴两侧近平行；小羽片长圆形，先端圆钝，边缘有浅钝齿或近全缘；叶纸质。孢子囊群圆形，中脉两侧各1行；囊群盖棕色，膜质，全缘。

分布与生境　见于全市丘陵地区；生于林下潮湿处。产于全省丘陵山区；分布于华东、华中、华南、西南。

主要用途　根状茎药用，有收敛消炎之功效。

附种　红盖鳞毛蕨 ***D. erythrosora***，小羽片长圆状披针形，边缘具尖锯齿；羽轴和小羽片中脉密被泡状鳞片；孢子囊群盖中央紫红色，边缘灰白色，干后反卷。见于全市丘陵地区；生于林下湿处或溪沟边。

035 齿头鳞毛蕨 齿果鳞毛蕨 | *Dryopteris labordei* (Christ) C. Chr.

鳞毛蕨科 Dryopteridaceae 鳞毛蕨属

形态特征 植株高35~65cm。根状茎粗短而斜升,顶部被褐棕色狭披针形鳞片。叶簇生;叶柄长18~30cm,禾秆色或淡棕禾秆色,基部被鳞片,向上略光滑;叶片仅叶轴和羽轴下面被棕色泡状小鳞片,卵形或卵状三角形,长17~35cm,先端渐尖并为羽裂,三回羽裂;羽片8~10对,对生或近对生,近无柄,长圆状披针形,基部下侧小羽片均弯向羽片顶端而远离叶轴;小羽片长圆状披针形或长圆形,先端圆钝并有1~2尖齿;叶脉羽状,侧脉2叉;叶薄纸质。孢子囊群圆形,沿中脉两侧各1行;无囊群盖。

分布与生境 见于龙山(伏龙山);生于溪边、林下。产于丽水及杭州市区、临安等地;分布于长江以南地区。

主要用途 根状茎药用,有清热利湿、通经活血之功效;植株供观赏。

036 两色鳞毛蕨 | *Dryopteris setosa*（Thunb.）Akasawa

鳞毛蕨科 Dryopteridaceae 鳞毛蕨属

形态特征 植株高35~60cm。根状茎粗壮，连同叶柄基部密被栗黑色或褐棕色狭披针形鳞片。叶簇生；叶柄长20~40cm，深禾秆色，连同叶轴疏被下部深棕色且近圆形、上部黑色或黑褐色且长尾状渐尖的泡状鳞片；叶片卵状披针形，长30~45cm，先端渐尖，三至四回羽裂；羽片7~9对，互生，基部1对三角状披针形；小羽片9~12对，镰状披针形，下侧基部的小羽片最长，一至二回羽裂，同侧其余小羽片向上逐渐缩短，边缘浅裂或全缘；叶脉羽状，侧脉单一或2叉；叶厚纸质。孢子囊群圆形，中脉两侧各1行；囊群盖肾形，棕褐色，全缘或有睫毛。

分布与生境 见于全市丘陵地区；生于林下、溪边、林缘。产于全省丘陵山区；分布于长江流域及山西。

主要用途 根状茎药用，有清热解毒之功效；植株供观赏。

附种1 太平鳞毛蕨 ***D. pacifica***,根状茎连同叶柄基部密被黑色鳞片;叶片五角状卵形或卵状披针形,先端急缩狭并为长渐尖;囊群盖边缘啮蚀状。见于龙山(伏龙山);生于林下。

附种2 变异鳞毛蕨 ***D. varia***,根状茎与叶柄基部的鳞片棕黄色;叶片革质,先端突然缩狭成长尾状;小羽片边缘浅裂至有锯齿;沿叶轴、羽轴被较密的披针形鳞片,稀在纵脉下面疏被泡状的小鳞片。见于掌起(长溪岭);生于溪边、林缘。

037 稀羽鳞毛蕨 | *Dryopteris sparsa*（D. Don）Kuntze

鳞毛蕨科 Dryopteridaceae 鳞毛蕨属

形态特征 植株高40~80cm。根状茎短，连同叶柄基部密被棕色宽披针形鳞片。叶簇生；叶柄长18~35cm，淡栗褐色或棕禾秆色；叶片卵状长圆形，长22~45cm，先端长渐尖并变为羽裂，二回羽状至三回羽裂；羽片7~9对，基部1对三角状披针形，其余各对向上逐渐缩短，披针形；小羽片卵状披针形，基部下侧小羽片伸长，一回羽状；裂片长圆形，先端圆钝并有数个尖齿，边缘具疏细齿；小脉不分叉；叶近纸质。孢子囊群圆形，中脉两侧各1行；囊群盖圆肾形。

分布与生境 见于全市丘陵地区；生于林下、林缘等较阴湿处。产于杭州、宁波、丽水、温州及普陀、诸暨、开化、温岭等地；分布于长江流域及其以南地区。

主要用途 植株供观赏。

038 棕鳞耳蕨 | *Polystichum polyblepharum* (Roem. ex Kunze) C. Presl

鳞毛蕨科 Dryopteridaceae 耳蕨属

形态特征 植株高60~80cm。根状茎短而直立,连同叶柄基部被红棕色卵形大鳞片和纤维状鳞片。叶簇生;叶片长圆状披针形或倒长圆状披针形,长40~55cm,二回羽状;羽片20~28对,条状披针形,一回羽状;小羽片互生或近对生,菱状卵形,略呈镰形,先端圆钝而具刺尖,基部上侧截形,有三角形耳状凸起,下侧平切,边缘有芒状刺齿;叶纸质。孢子囊群圆形,着生于小脉顶端,近中生;囊群盖褐色,早落。

分布与生境 见于龙山(达蓬山)、观海卫(五磊山);生于山谷、林下阴湿处。产于宁波及杭州市区、景宁等地;分布于江苏、安徽、湖北、四川。

主要用途 根状茎药用,有清热解毒之功效;植株供观赏。

039 圆盖阴石蕨 | *Humata tyermanii* T. Moore

骨碎补科 Davalliaceae　　阴石蕨属

形态特征　植株高5~25cm。根状茎长而粗壮，密被灰白色至淡棕色鳞片，鳞片盾状伏生。叶疏生；叶柄长1.5~12cm，仅基部有鳞片；叶片宽卵状五角形，长3~17cm，顶端渐尖并羽裂，三至四回羽状深裂；羽片8~13对或更多，有短柄，基部1对最大，三角状披针形；末回裂片近三角形，先端钝，通常有长短不等的2裂或钝齿；叶脉羽状，上面隆起，侧脉单一或分叉；叶革质。孢子囊群着生于上侧小脉顶端；囊群盖膜质，圆形，仅以狭窄基部着生。

分布与生境　见于全市丘陵地区；生于岩石上或树干上。产于省内海岛及沿海地区；分布于华东、华南、西南及湖南。

主要用途　根状茎药用，有祛风除湿、清热解毒之功效；盆栽供观赏。

040 线蕨 | *Colysis elliptica*（Thunb.）Ching

水龙骨科 Polypodiaceae　　线蕨属

形态特征 植株高20~80cm。根状茎长而横走，密被褐棕色鳞片。叶远生，近二型；不育叶叶柄长8~20cm，禾秆色，基部密被鳞片；能育叶与不育叶同形，但叶柄较长，羽片远较狭；叶片宽卵形或卵状披针形，长13~18cm，先端圆钝，一回羽状深裂达叶轴；羽片或裂片4~6对，对生或近对生，披针形或条形，宽0.8~1.7cm，在叶轴两侧以狭翅相连，全缘或略呈浅波状；叶脉网状，中脉明显；叶纸质。孢子囊群条形，斜展，在每对侧脉之间各1行，伸达叶边。

分布与生境 见于龙山、观海卫、市林场等丘陵地区；生于林下或林缘近水处。产于杭州、宁波、丽水、温州及诸暨、普陀、开化、天台、温岭等地；分布于华东、华南、西南及湖南。

主要用途 全草药用，有活血散瘀、清热利尿之功效；植株供观赏。

041 矩圆线蕨

| *Colysis henryi* (Baker) Ching

水龙骨科 Polypodiaceae　　线蕨属

形态特征 植株高35~65cm。根状茎横走，密生褐色鳞片。叶远生，一型；叶柄长10~25cm，禾秆色，以关节着生于根状茎；叶片矩圆状披针形或卵状披针形，长25~40cm，先端渐尖，基部急变狭，楔形下延，全缘；叶脉略可见，在斜上两侧脉间形成网眼，内藏小脉分叉或单一；叶草质。孢子囊群条形，在两侧脉间斜出，伸达叶边。

分布与生境 见于龙山（达蓬山）；生于溪边岩石下。产于杭州市区、淳安、余姚、鄞州、奉化、宁海、常山、龙泉等地；分布于华东、华中、西南及广西、陕西。

主要用途 全草药用，有清肺热、利尿、通淋之功效；植株供观赏。

042 抱石莲 | *Lepidogrammitis drymoglossoides*（Baker）Ching

水龙骨科 Polypodiaceae　　骨牌蕨属

形态特征　植株高2~5cm。根状茎细长而横走，疏被棕色鳞片。叶远生，二型；近无柄；不育叶圆形、长圆形或倒卵状圆形，长1~2cm，先端圆或钝圆，基部狭楔形而下延，全缘；能育叶倒披针形或舌形，长2.5~5cm，先端钝圆，基部缩狭；叶脉不明显；叶肉质，下面疏被鳞片。孢子囊群圆形，沿中脉两侧各排成1行，位于中脉与叶缘之间。

分布与生境　见于龙山、掌起、观海卫、市林场等地；生于山谷、溪边阴湿岩石或树干上。产于杭州、宁波、舟山、丽水、温州及诸暨、开化、武义、仙居等地；分布于长江流域及其以南地区。

主要用途　全草药用，有清热利湿、化瘀、解毒之功效；作石景、树桩绿化，供观赏。

043 瓦韦

| *Lepisorus thunbergianus* (Kaulf.) Ching

水龙骨科 Polypodiaceae　　瓦韦属

形态特征 植株高12~25cm。根状茎横走，密被黑褐色鳞片。叶疏生或近生；柄短或近无，禾秆色，基部被鳞片；叶片条状披针形或披针形，长11~20cm，中部或中部以上最宽，宽0.7~1.5cm，先端短渐尖或锐尖，基部渐狭而下延，全缘；中脉两面隆起，小脉不明显；叶薄革质，干后不反卷，下面沿中脉常有小鳞片。孢子囊群大，圆形，在中脉两边各排成1行，稍近叶边，干时不呈念珠状。

分布与生境 见于全市丘陵地区；附生于林下岩石上、树干上或屋瓦上。产于全省各地；分布于长江流域及其以南地区、河北。

主要用途 全草药用，有利尿、止血之功效；供树桩绿化。

附种 拟瓦韦(阔叶瓦韦)***L. tosaensis***，根状茎短而斜上，鳞片深棕色，幼时彩虹色；叶近簇生，薄纸质，叶柄长2~4cm，或近无柄；孢子囊群稍近中脉。见于全市各地；生于林下岩石上、树干上。

044 江南星蕨 | *Microsorum fortunei* (T. Moore) Ching

水龙骨科 Polypodiaceae **星蕨属**

形态特征 植株高30~80cm。根状茎长而横走,顶部被盾状鳞片,鳞片棕色而易脱落。叶远生;叶柄长5~20cm,淡褐色,上面有纵沟,基部疏被鳞片;叶片条状披针形,长25~60cm,先端长渐尖,基部渐狭,下延于叶柄而成狭翅,全缘且有软骨质边;叶厚纸质。孢子囊群大,圆形,橙黄色,靠近中脉两侧各排成较整齐1行或不规则2行。

分布与生境 见于全市丘陵地区;生于林下湿润岩石上。产于全省各地;分布于长江流域及其以南地区。

主要用途 全草及根状茎药用,有清热解毒、祛风利湿、活血、止血之功效。

附种 攀援星蕨 ***M. superficiale***,根状茎攀援状;叶狭长披针形至菱状披针形,长12~30cm;孢子囊群小而密,散生于中脉与叶边间,呈不整齐状。见于观海卫(五磊山);生于岩石上。

045 盾蕨 | *Neolepisorus ovatus*（Wall. ex Bedd.）Ching

水龙骨科 Polypodiaceae　　盾蕨属

形态特征　植株高35~55cm。根状茎长而横走，密被盾状着生的褐色鳞片。叶远生；叶柄长15~28cm，灰褐色，疏被鳞片；叶片卵形至卵状披针形，长20~28cm，先端渐尖，基部变宽而圆，略下延于叶柄，全缘，下部有时分裂；侧脉明显，小脉连结成网状；叶纸质，下面疏被小鳞片。孢子囊群圆形，在中脉两侧各排成不整齐1~3行。

分布与生境　见于全市丘陵地区；生于林下多石砾的较湿润处或岩石上。产于杭州、宁波、丽水、温州大部及安吉、诸暨、天台、温岭等地；分布于长江流域及其以南地区。

主要用途　全草药用，有清热利湿、散瘀止血之功效；供盆栽或作地被植物。

046 水龙骨 | *Polypodiodes niponica* (Mett.) Ching

水龙骨科 Polypodiaceae　　水龙骨属

形态特征 植株高20~55cm。根状茎长而横走，灰绿色，常光秃而被白粉，顶端密被棕褐色鳞片。叶远生；叶柄长6~20cm，禾秆色，基部疏被鳞片；叶片长圆状披针形或披针形，长14~35cm，先端渐尖，羽状深裂几达叶轴，两面连同叶轴、羽轴密生灰白色钩状柔毛；裂片15~30对，互生或近对生，下部2~3对常向下反折，基部1对略缩短而不变形；叶脉网状，沿中脉两侧各有1行网眼；叶薄纸质。孢子囊群圆形，靠近中脉两侧各1行。

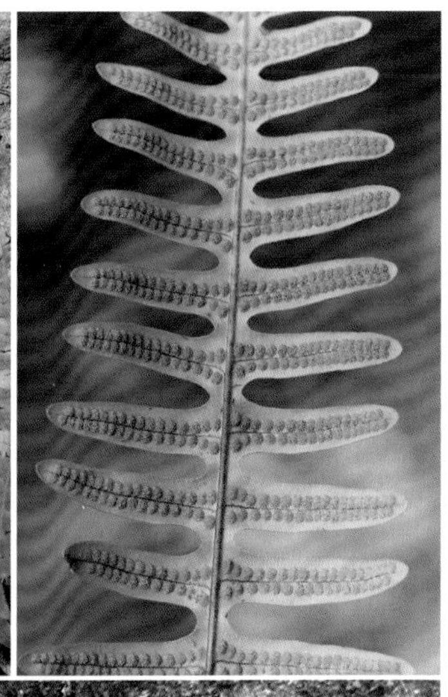

分布与生境 见于全市丘陵地区；生于林下、林缘、山谷溪边岩石上。产于杭州、宁波、金华、台州、丽水、温州及诸暨、开化等地；分布于长江流域及其以南地区。

主要用途 根状茎药用，有化痰、清热、祛风、通络之功效；植株供观赏。

047 石韦

| *Pyrrosia lingua*（Thunb.）Farw.

水龙骨科 Polypodiaceae 石韦属

形态特征 植株高13~48cm。根状茎长而横走，密被盾状着生鳞片，鳞片中央深褐色，边缘淡棕色。叶远生，一型；叶柄长4~27cm，深棕色，略呈四棱形并有浅槽，基部密被鳞片；叶片披针形至长圆状披针形，长8~21cm，基部楔形，有时略下延，全缘，上面疏被星芒状毛或近无毛，并有小洼点，下面灰棕色或砖红色，被星状毛；叶厚革质。孢子囊群满布于叶下面全部或上部。

分布与生境 见于全市丘陵地区；生于山坡岩石上或溪边石坎上。产于全省各地；分布于长江流域及其以南地区、辽宁。

主要用途 叶药用，有利尿通淋、清肺、泄热之功效；植株供观赏。

048 槲蕨

Drynaria roosii Nakaike

槲蕨科 Drynariaceae　　槲蕨属

形态特征　植株高28~60cm。根状茎肉质，粗壮；鳞片金黄色，纤细，钻状披针形，有缘毛。叶二型；不育叶基生，短小，槲叶状或饶钹形，黄绿色，后变枯黄色，卵形或卵圆形，长3.5~5cm，基部心形，边缘有粗浅齿，无柄；能育叶高大，绿色，叶柄长6~9cm，两侧有狭翅，叶片长圆状卵形至长圆形，羽状深裂，长22~50cm，先端尖，基部缩狭成浅波状，并下延；裂片略斜向上，披针形；叶脉网状，两面均明显；叶纸质。孢子囊群圆形，沿中脉两侧排成2至数行。

分布与生境　见于龙山、掌起、观海卫等丘陵地区；附生于低山岩石或树干上。产于全省丘陵山区；分布于长江以南地区。

主要用途　根状茎药用，称为"骨碎补"，有补肾强骨、续筋止痛之功效；常盆栽，供观赏。由于其特殊的药用功能和良好的观赏性而被无节制采集，野生种源日稀。

附注　槲，音hú。

049 蘋 田字草 | *Marsilea minuta* L.

蘋科 Marsileaceae 蘋属

形态特征 水生植物，植株高5~20cm。根状茎细长而横走，柔软，有分枝，茎节向下生须根。叶柄基部被鳞片，顶端生倒三角形小叶4枚，呈"田"字形排列；小叶长与宽均为1~2cm；叶脉自基部呈放射状分叉，伸向叶边。孢子果卵球形或椭球状肾形，通常2~3枚簇生于叶柄基部的短梗上，梗长1~1.5cm，大孢子囊和小孢子囊同生于1个孢子果内。

分布与生境 见于全市各地；生于水田、季节性干旱浅水沟渠或低洼地等处。产于全省各地；分布于全国各地。

主要用途 全草药用，有清热解毒、消肿利湿、止血、安神之功效；带柄嫩叶作野菜；可供浅水处绿化。

050 槐叶蘋 槐叶萍 槐叶苹 | *Salvinia natans* (L.) All.

槐叶蘋科 Salviniaceae **槐叶蘋属**

形态特征 漂浮植物。茎细长，被褐色节状柔毛。叶3枚轮生，其中2枚漂浮于水面，形如槐叶，椭圆形至长圆形，长8~12mm，先端圆钝，基部圆形或略呈心形，全缘，上面布满带有束状短毛的凸起，下面灰褐色，被具节粗短毛，另1枚悬垂于水中，细裂成须根状假根。孢子果4~8个，簇生于假根基部。

分布与生境 见于全市各地；生于池塘、沟渠、水田等浅水中。产于全省各地；分布于长江流域、东北、华北及新疆。

主要用途 全草药用，有清热解毒、消肿止痛之功效；供浅水区水面绿化。

051 满江红

Azolla pinnata R. Br. subsp. *asiatica* R.M.K. Saunders et K. Fowler

满江红科 Azollaceae　　满江红属

形态特征 浮水植物。根状茎主茎横走,似二歧状分枝,须根沉入水中。叶小,无柄,互生,覆瓦状排列,长约1mm,先端圆或圆截形,基部圆楔形,全缘。叶分裂成上、下2片;上裂片春夏绿色,秋后呈红紫色,浮在水面进行光合作用;下裂片透明膜质,没入水中吸收水分与无机盐。孢子果成对着生于根状茎分枝基部的下裂片上;孢子果二型。

分布与生境 见于全市各地;生于水田、池塘、沟渠等水域。产于全省各地;分布于山东至河南以南地区。

主要用途 全草药用,有祛风利湿、发汗透疹之功效。

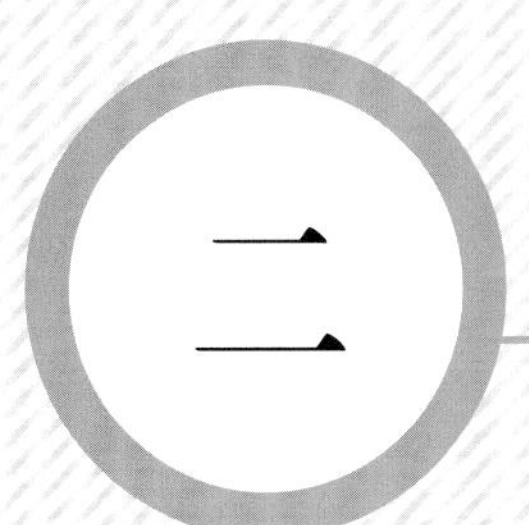

被子植物(双子叶植物)

ANGIOSPERMAE(Dicotyledoneae)

052 鱼腥草 蕺菜 | *Houttuynia cordata* Thunb.

三白草科 Saururaceae 蕺菜属

形态特征 多年生，高15~60cm。植株有腥臭气味。根状茎白色；茎下部伏地，生根，茎上部直立。叶互生；叶片心形或宽卵形，长3~8cm，宽4~6cm，全缘，两面密生腺点，下面紫红色或淡绿色，基出脉5~7，脉上被柔毛；叶柄长1~5cm；托叶膜质，宽条形，长1~2cm，下部与叶柄合生成鞘状。穗状花序长1~2.5cm，基部有4枚白色花瓣状总苞片，使整个花序像1朵花；花小，无花被。蒴果近球形，顶端开裂。花期5—8月，果期7—8月。

分布与生境 见于全市各地；生于林缘、路旁、溪沟边、田埂等阴湿处。产于全省各地；分布于长江流域及其以南地区。

主要用途 全草药用，有清热解毒、利尿消肿之功效；可作土农药；嫩根状茎及嫩茎叶可作野菜；供林缘、林下、水边绿化。

附注 蕺，音jí。

053 三白草

Saururus chinensis (Lour.) Baill.

三白草科 Saururaceae　　**三白草属**

形态特征　多年生，高30~80cm。根状茎粗壮，白色；茎直立，基部匍匐状，节上常生不定根。叶互生；叶片宽卵形至卵状披针形，长4~15(20)cm，宽2~6cm，先端渐尖或短渐尖，基部心状耳形，全缘，基出脉5，两面无毛；位于花序下的2~3叶常为乳白色，呈花瓣状；叶柄长1~3cm，基部与托叶合生成鞘状，略抱茎。总状花序生于顶部，与叶对生，花序轴和花梗密被短柔毛；花小，无花被。果实宽卵球形，熟时分裂为4个分果。花期5—7月，果期7—9月。

分布与生境　见于掌起(红梅寺)等地；生于山岙水湿地。产于全省各地；分布于长江流域及其以南地区、黄河中下游地区。

主要用途　全草药用，有清热解毒、利尿消肿之功效；可供湿地绿化。

054 草胡椒 *Peperomia pellucida*（L.）Kunth

胡椒科 Piperaceae 草胡椒属

形态特征 一年生肉质草本，高20~40cm。茎、叶无毛。茎直立，基部有时平卧，下部节上常生不定根。叶互生；叶片半透明，干后膜质，卵状心形或卵状三角形，长、宽近相等，均为1~3.5cm，先端短尖或钝，基部心形，基出脉5~7；叶柄长约1cm。穗状花序顶生或与叶对生，长2~6cm，淡绿色；花序梗长约1cm；花极小，无花被。浆果状小坚果极小。花果期4—7月。

分布与生境 归化种。原产于热带美洲。华南及江苏、福建、云南有归化。我市城区、附海等地有归化；生于阴湿沟边、墙脚等处。

主要用途 全草药用，有散瘀、止痛之功效。

055 丝穗金粟兰 水晶花 | *Chloranthus fortunei* (A. Gray) Solms

金粟兰科 Chloranthaceae 金粟兰属

形态特征 多年生,高15~40cm。全体无毛。根状茎粗壮。茎直立,下部节上有2枚三角形鳞状叶。叶对生,通常4片集生于茎顶;叶片宽椭圆形、长椭圆形或倒卵形,长3~12cm,宽2~7cm,先端短尖,基部宽楔形,边缘有圆锯齿或粗锯齿,齿尖有1腺体,嫩叶下面密生细小腺点;叶柄长0.5~1.5cm;托叶条裂成钻形。穗状花序单生于茎顶,连花序梗长3~6cm;花白色,芳香;雄蕊3,药隔基部合生,顶端伸长成丝状,白色,长1~2cm;无花柱。核果淡黄绿色。花期4—5月,果期5—7月。

分布与生境 见于全市丘陵地区;生于阴湿林下、林缘、溪谷灌草丛中。产于全省丘陵山区;分布于长江流域及其以南地区。

主要用途 全草药用,有活血祛风、消肿解毒、散寒止痛之功效,有毒;地被植物;幼苗作野菜;供盆栽观赏。

056 桑草 水蛇麻 | *Fatoua villosa*（Thunb.）Nakai

桑科 Moraceae **桑草属(水蛇麻属)**

形态特征 一年生，高达40cm。茎直立，基部木质化。叶互生；叶片卵形、卵状披针形，长2~7cm，先端渐尖，基部近圆形或浅心形，边缘有钝齿，两面被疏毛，三出脉；叶柄长0.5~5cm；托叶早落。花序单生或成对腋生；雄花具短梗；雌花近无梗，萼片4~6，宿存，花柱侧生，柱头细长如丝。瘦果小。花期5—10月，果期8—11月。

分布与生境 见于城区(峙山)；生于疏林下。产于全省各地；分布于长江流域以南地区及河北。

主要用途 全株入药，用于刀伤、无名肿毒；叶入药，用于风热感冒、头痛、咳嗽。

057 葎草 刺刺藤

Humulus scandens (Lour.) Merr.

桑科 Moraceae 葎草属

形态特征 一年生或多年生草质藤本。茎长可达数米，连同叶柄均有倒生小皮刺。叶对生，有时上部互生；叶片近圆形，宽3~13cm，基部心形，掌状5裂，稀3裂或7裂；裂片卵形或卵状椭圆形，先端急尖或渐尖，边缘有粗锯齿，上面粗糙，疏生白色刺毛，下面略粗糙，具柔毛及黄色腺体，沿脉被刺毛，掌状脉5出；叶柄长5~20cm；托叶三角形。花单性，雌雄异株；雄花序圆锥状，花小；雌花序短穗状，每一雌花着生于苞片腋部。瘦果淡黄色，宿存苞片增大。花果期8—11月。

分布与生境 见于全市各地；生于山坡、田野、水边、路旁、乱石堆及垃圾场。产于全省各地；分布于除新疆和青海以外的全国各地。

主要用途 全草药用，有清热、解毒、利尿、消肿、健胃之功效；嫩苗作野菜；蜜源植物。

附注 刺，音lá。

058 糯米团

Gonostegia hirta（Blume）Miq.

荨麻科 Urticaceae　　糯米团属

形态特征　多年生。茎匍匐或斜升，长可达1m，有分枝，上部带四棱形，被白色短柔毛。叶对生；叶片卵形、卵状披针形或披针形，长3~10cm，宽1~4cm，先端渐尖，基部圆形或浅心形，全缘，叶面密生点状钟乳体并散生细柔毛，基出3脉，侧生2脉不分叉，直达叶尖；叶柄短或近无柄。花单性同株，簇生于叶腋，成团伞花序；花小，淡绿色；雄花生于上部；雌花生于中下部；花被管状，顶端有2小齿。瘦果黑色。花期8—9月，果期9—10月。

分布与生境　见于全市丘陵地区；生于山坡林下、溪边、路旁阴湿处。产于全省各地；分布于长江以南地区。

主要用途　全草药用，有抗菌消炎、健胃、止血之功效；嫩茎叶作野菜。

附注　荨，音qián。

059 毛花点草 | *Nanocnide lobata* Wedd.

荨麻科 Urticaceae　　花点草属

形态特征 多年生,高15~30cm。根状茎短。茎丛生,多汁水,被向下弯曲的柔毛。叶互生;叶片卵形或三角状卵形,长、宽近相等,长0.5~2cm,先端钝圆,基部宽楔形至浅心形,边缘有粗钝牙齿,两面具钟乳体,散生白色螫毛,基脉3出;叶柄长1~1.5cm。花单性,雌雄同株,排成腋生团集聚伞花序;花黄白色或淡黄绿色;雄花花序梗短于叶,花被片5;雌花花序梗短或近无梗,花被片4,背面和边缘具白色柔毛;有时雌花序边缘有雄花数朵。瘦果。花果期4—6月。

分布与生境 见于龙山、掌起、观海卫等丘陵地区及南部平原;生于山地或平原阴湿处。产于杭州、宁波、丽水、温州等地;分布于江苏、安徽、江西、四川、贵州。

主要用途 全草药用,有清热解毒、活血祛瘀之功效。

附种 花点草 *N. japonica*,茎上的毛向上;花粉红色,雄花花序梗长于叶,雌花花被片先端具白色刺毛1条。见于全市丘陵地区;生于山坡阴湿处或溪沟边。

060 蔓赤车 *Pellionia scabra* Benth.

荨麻科 Urticaceae 赤车属

形态特征 多年生，高 20~45cm。茎密生短糙毛，基部木质化。叶互生；叶片 2 列排列，狭卵形或狭椭圆形，不对称，长 4~10cm，宽 2~3cm，先端渐尖至长渐尖，基部在较狭侧钝，在较宽侧近圆形，边缘自中部以上有浅锯齿 6~7 对，上面无毛或散生短糙毛，下面有毛，两面密生钟乳体；近羽状脉或近 3 出脉，侧脉在狭侧 3~4 条，在宽侧 5~6 条，均在叶缘相连结；叶柄长 0.5~2mm。花单性，雌雄同株或异株，同株时雄花序生于上部叶腋；雄花序聚伞状，花序梗长 1~2cm，雌花序无梗或具短梗；雄花花被片 4~5，雌花花被片 4。瘦果。花果期 4—7 月。

分布与生境 见于全市丘陵地区；生于溪边或林下阴湿处。产于杭州、宁波、丽水、温州等地；分布于长江以南地区。

主要用途 全草药用，有清热解毒、活血散瘀之功效；嫩茎叶作野菜。

附种 赤车 ***P. radicans***，茎无毛或疏生微柔毛；叶片基部在较宽侧耳形；花单性异株，雄花花序梗长 2.5~4.5cm，雌花、雄花花被片均为 5。见于全市丘陵地区；生于溪边或山坡、山谷阴湿处。

061 齿叶矮冷水花

Pilea peploides (Gaudich.) Hook. et Arn. var. *major* Wedd.

荨麻科 Urticaceae　　冷水花属

形态特征　一年生小草本，高5~20cm。植株无毛。茎肉质，基部匍匐。叶对生；叶片圆菱形或菱状扇形，长4~18mm，宽5~22mm，先端圆形或钝，基部宽楔形或近圆形，边缘在基部或中部以上有浅钝牙齿，两面具条状钟乳体，下面有暗紫色或褐色腺点，基脉3出，网脉不明显；叶柄长0.2~2cm。花单性，雌雄同株，团伞花序近无花序梗或具短花序梗，花小。瘦果。花果期4—7月。

分布与生境　见于全市丘陵地区；生于山坡石隙、山谷溪边或墙脚等阴湿处。产于杭州、绍兴、宁波、金华、丽水、温州及普陀、温岭等地；分布于长江以南地区。

主要用途　全草药用，有清热解毒之功效；嫩茎作野菜。

附种　小叶冷水花 ***P. microphylla***，叶片椭圆形、倒卵形或匙形，长4~6mm，宽2~3mm，全缘，叶脉羽状；叶柄长1~3mm。归化种。原产于南美洲。龙山、掌起等地有归化；生于水滨、墙脚等阴湿处。

062 透茎冷水花

Pilea pumila（L.）A. Gray

荨麻科 Urticaceae 冷水花属

形态特征 一年生，高 20~50cm。茎肉质，鲜时半透明。叶对生；叶片菱形或宽卵形，长 1~8.5cm，宽 0.8~5cm，先端渐尖或微钝，基部宽楔形，边缘中部以上具钝圆锯齿，两面散生狭条形钟乳体，基脉 3 出；叶柄长 0.5~5cm；托叶小，早落。花单性，雌雄同株或异株，同株时雄花序生于上部叶腋，紧密短聚伞花序；雄花花被片 2，稀 3~4，雄蕊 2；雌花花被片 3，退化雄蕊 3。瘦果。花期 7—9 月，果期 8—11 月。

分布与生境 见于龙山、掌起、观海卫、市林场等地；生于山坡路旁、溪边或林下阴湿处。产于杭州、宁波、衢州、丽水及普陀等地；我国除新疆、青海、台湾以外均有分布。

主要用途 根、茎药用，有清热利尿、消肿解毒、安胎之功效；嫩茎可作野菜。

附种1　长柄冷水花（圆瓣冷水花）***P. angulata*** subsp. ***petiolaris***，叶片卵形、卵状椭圆形至披针形，长6~16cm，宽3~6cm，先端渐尖或尾尖；花单性同株，雄花序生于下部叶腋；雄花花被片4，雄蕊4。见于龙山、掌起、市林场等地；生于山坡、山谷、溪边、路旁阴湿处。

附种2　华东冷水花（椭圆叶冷水花）***P. elliptifolia***，叶片椭圆形，基部圆形，边缘有粗锯齿；花被片4，雄蕊4。见于龙山、掌起、市林场等地；生于山坡林下、沟谷边、路旁阴湿处。

附种3　粗齿冷水花 ***P. sinofasciata***，叶片卵形、宽卵形或椭圆形，长5~15cm，宽2~7cm，先端长渐尖或尾尖；雄花花被片4，雄蕊4。见于龙山、市林场等地；生于山坡路旁或溪边草丛中。

063 雾水葛

Pouzolzia zeylanica (L.) Benn.

荨麻科 Urticaceae　　雾水葛属

形态特征 多年生，高达40cm。茎直立或斜升；叶对生，或茎上部叶互生；叶片卵形或宽卵形，长1~3.5cm，宽1~2cm，先端短尖或钝，基部圆形，全缘，两面被粗伏毛，上面密生点状钟乳体，基脉3出；叶柄长0.3~1cm。花单性，团伞花序腋生；雌花与雄花生于同一花序上。瘦果。花期7—9月，果期8—11月。

分布与生境 见于坎墩及城区；生于绿化带或路边草丛中。产于全省各地；分布于长江流域及其以南地区。

主要用途 全草药用，有清热利湿、排脓解毒之功效。

064 百蕊草

Thesium chinense Turcz.

檀香科 Santalaceae　　百蕊草属

形态特征 多年生,半寄生,高15~40cm。茎直立或近直立,纤细,基部多分枝,丛生状,有纵条棱。叶互生;叶片条形,长10~30mm,宽1.5~3mm,先端尖,全缘,光滑无毛,仅中脉明显;近无柄。花单生于叶腋,无梗,形小;苞片1,小苞片2;花萼下部合生成近钟状,先端5裂,稀4裂,裂片先端常反折,白色,背部带绿色。坚果球形或椭球形,小。花期4月,果期5—6月。

分布与生境 见于观海卫(卫山);生于山坡疏林下。产于全省各地;分布于除西北外的全国各地。

主要用途 全草药用,有抗菌消炎、清热解毒、解暑利湿之功效。

065 马兜铃 *Aristolochia debilis* Siebold et Zucc.

马兜铃科 Aristolochiaceae 马兜铃属

形态特征 多年生缠绕草本。植株无毛。叶互生；叶片三角状卵形至卵状披针形，长3~8cm，宽1~4.5cm，先端圆钝，具小尖头，基部心形，两侧常突然外展成圆耳状，基出脉5~7；叶柄长0.5~3cm。花1~2朵生于叶腋；花被筒长2.5~4cm，直或稍曲折，基部膨大成球形，檐部暗紫色，中裂片向一侧延伸成舌状，舌片三角状披针形，先端渐尖。蒴果近球形，直径3~4cm，成熟时中部以下连同果梗一起开裂，呈提篮状。花期6—7月，果期9—10月。

分布与生境 见于全市丘陵地区；生于山坡、溪边、路旁灌草丛中。产于全省各地；分布于黄河以南地区。

主要用途 根(名“青木香”)、茎(名“天仙藤”)、果(名“马兜铃”)分别药用；花供观赏。

066 杜衡

Asarum forbesii Maxim.

马兜铃科 Aristolochiaceae **细辛属**

形态特征 多年生。根状茎短;须根肉质,微具辛辣味。单叶1~2枚,近基生;叶片肾形或圆心形,长、宽各3~8cm,先端圆钝,基部深心形,全缘,上面常具灰白色云斑;叶柄长4~15cm;鳞叶倒卵状椭圆形,长、宽各约1cm,脉纹明显。花单生于叶腋;花梗长1~2cm;花被筒钟形,紫色或带紫色,直径0.7~1cm,内侧具凸起的网格,喉部有狭膜环,檐部3裂,裂片宽卵形,上举,脉纹明显;雄蕊12,排成2轮,花丝极短,药隔延伸成短舌状;花柱6,离生,先端2浅裂,柱头位于花柱裂片下方的外侧。花期3—4月,果期5—6月。

分布与生境 见于横河(童岙);生于山坡林下、溪边阴湿处。产于省内金华至天台一线以北地区;分布于长江中下游沿岸省份。

主要用途 全草药用,有祛风止痛、温经散寒之功效。

067 金线草 *Antenoron filiforme*（Thunb.）Roberty et Vautier

蓼科 Polygonaceae　　**金线草属**

形态特征　多年生，高 50~100cm。根状茎粗壮，呈结节状。茎直立，密被粗伏毛，节部膨大。叶互生；叶片椭圆形或长椭圆形，长 6~15cm，宽 4~8cm，先端短渐尖或急尖，基部宽楔形，全缘，两面均被糙伏毛，上面中央常有“八”字形斑纹；叶柄长 0.5~2cm，具糙伏毛；托叶鞘筒状，褐色，长 5~15mm，顶端截形，具短缘毛。穗状花序，通常数个，花排列稀疏；苞片漏斗状；花被 4 深裂，红色；花柱 2，果时伸长，硬化，长 3.5~4mm，顶端呈钩状，宿存。瘦果包于宿存花被内。花期 7—8 月，果期 9—10 月。

分布与生境　见于全市丘陵地区；生于林下阴湿处，沟谷溪边草丛中。产于全省丘陵山区；分布于长江流域及其以南地区。

主要用途　全草药用，有凉血止血、祛痰调经、止痛之功效。

附种　短毛金线草（变种）var. ***neofiliforme***，茎及叶片两面疏生短糙伏毛或近无毛，叶上面有光泽。见于全市丘陵地区；生境同金线草。

068 金荞麦 野荞麦 金锁银开 | *Fagopyrum dibotrys*（D. Don）Hara

蓼科 Polygonaceae 荞麦属

形态特征 多年生,高50~100cm。主根块状,木质化,黑褐色。茎直立,中空,柔软,具纵棱。叶互生;叶片宽三角形或卵状三角形,长5~12cm,宽3~11cm,先端渐尖,基部心状戟形,边缘及两面脉上具乳头状凸起或被柔毛;托叶鞘筒状,淡褐色,长5~10mm,顶端截形;叶柄长可达10cm。花序伞房状;花序梗长3~8cm;花梗长约4mm,中部具关节;花被白色,5深裂。瘦果卵状三棱形,长6~8mm,黑褐色,超出宿存花被2~3倍。花期7—9月,果期8—10月。

分布与生境 见于全市丘陵地区;生于溪沟边、路边及林缘。产于全省各地;分布于长江流域及其以南地区。

主要用途 国家二级重点保护野生植物。块根药用,有清热解毒、软坚散结、调经止痛、排脓祛瘀之功效;荞麦育种种质资源。

069 何首乌 *Fallopia multiflora*（Thunb.）Haraldson

蓼科 Polygonaceae 何首乌属

形态特征 多年生。块根肥厚，纺锤状或长椭球形，黑褐色。茎缠绕，长2~4m，多分枝，无毛，下部木质化。叶互生；叶片卵形或长卵形，长3~7cm，宽2~5cm，先端渐尖，基部心形或近心形，两面粗糙，全缘；叶柄长1.5~3cm；托叶鞘膜质，偏斜，长3~5mm。花序圆锥状，长10~20cm，分枝开展；具苞片；花梗细弱，长2~3mm，下部具关节，果时延长；花被5深裂，白色或淡绿色，外面3片较大，背部具翅，果时增大。瘦果包于宿存花被内。花期8—9月，果期9—10月。

分布与生境 见于全市各地；生于山谷灌丛、山坡林下、沟边石隙、墙脚、篱笆等处。产于全省各地；分布于长江流域及其以南地区。

主要用途 块根药用，有安神、养血、活络之功效；块根、嫩茎叶作野菜。

070 萹蓄

Polygonum aviculare L.

蓼科 Polygonaceae　　蓼属

形态特征 一年生,高10~40cm。茎平卧、上升或直立,自基部多分枝。叶互生;叶片长椭圆形、长圆状披针形或披针形,长1~4cm,宽2~12mm,先端钝或急尖,基部楔形,全缘,两面无毛,下面侧脉明显;叶柄短,基部具关节;托叶鞘膜质,下部褐色,上部白色,顶端撕裂,脉纹明显。花1~5朵簇生于叶腋;苞片薄膜质;花梗顶部具关节;花被5深裂,绿色,具白色或淡红色边缘;雄蕊8。瘦果三棱状卵形,密被由小点组成的细条纹。花果期4—11月。

分布与生境 见于全市各地;生于路旁、草地、水边及沙地上。产于全省各地;分布于全国各地。

主要用途 全草药用,有通经利尿、清热解毒之功效;嫩茎叶作野菜。

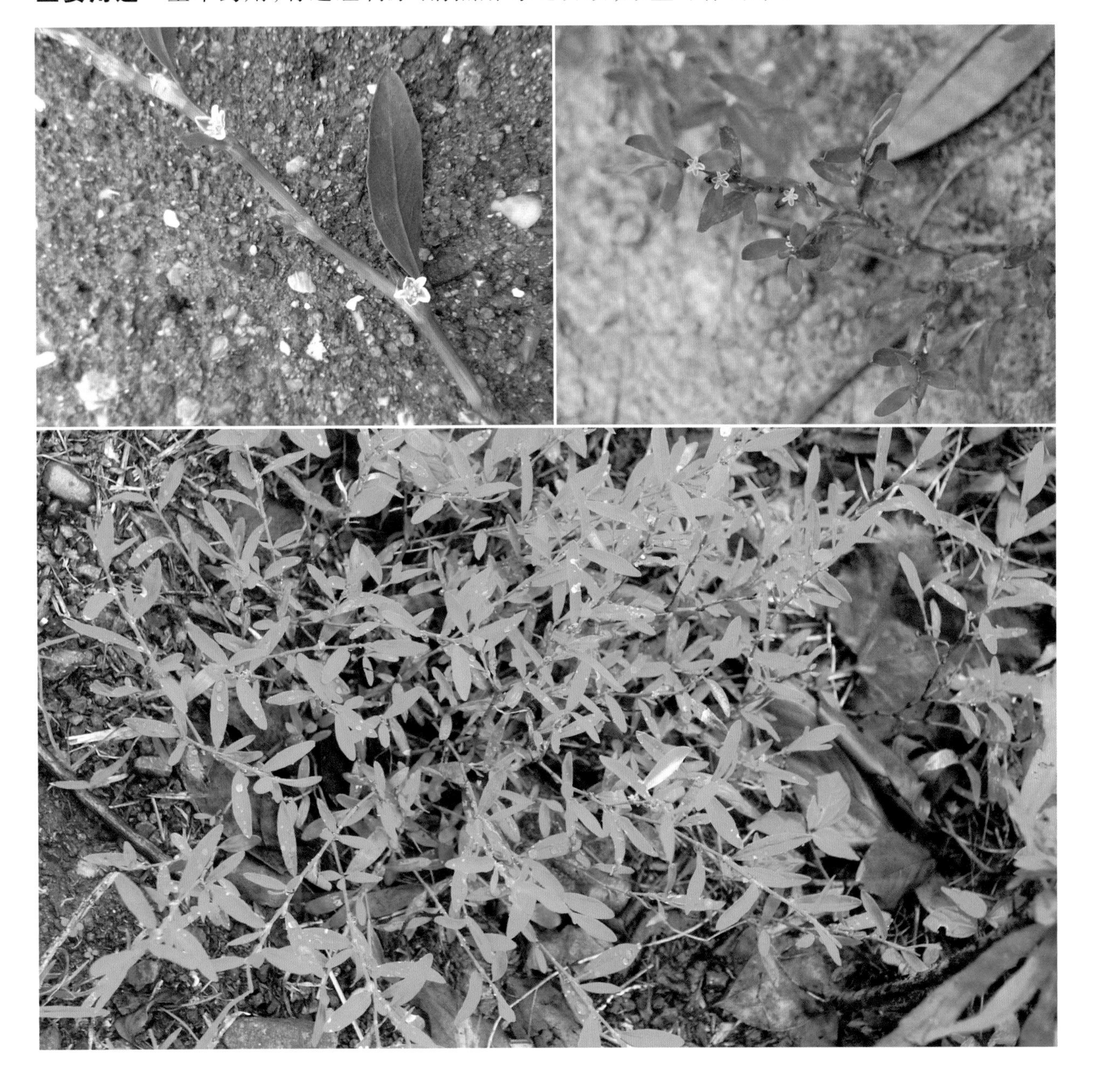

071 戟叶箭蓼 长箭叶蓼 | *Polygonum hastatosagittatum* Makino

蓼科 Polygonaceae **蓼属**

形态特征 一年生，高40~90cm。茎直立或下部近平卧，具纵棱，沿棱具倒生短皮刺。叶互生；叶片披针形至狭椭圆形，长2~10cm，宽1~4cm，先端急尖或近渐尖，基部箭形或近戟形，下面沿中脉具倒生皮刺，边缘具短缘毛；叶柄长0.5~2cm，具倒生皮刺；托叶鞘筒状，膜质，长1~2cm，顶端截形，具长缘毛。穗状花序呈椭球形或近球形，长1~1.5cm，花序梗二歧状分枝，密被短柔毛及腺毛；花梗密被腺毛；花被淡红色。瘦果三棱状卵形，具光泽，包于宿存花被内。花期8—9月，果期9—10月。

分布与生境 见于全市丘陵地区及南部平原；生于溪沟边、沼泽湿地、湖滨及林下阴湿处。产于杭州、宁波、衢州、台州、丽水、温州及诸暨、普陀、义乌等地；分布于全国绝大多数省份。

072 水蓼 辣蓼 | *Polygonum hydropiper* L.

蓼科 Polygonaceae **蓼属**

形态特征 一年生,高20~80cm。茎直立,无毛,节部膨大。叶互生;叶片披针形或长圆状披针形,长3~8cm,宽0.5~2.5cm,先端渐尖,基部楔形,全缘,具缘毛,两面无毛,密被腺点,具辛辣味;叶柄长3~6mm;托叶鞘筒状,褐色,长0.5~1.5cm,疏生短硬伏毛,顶端截形,具短缘毛,鞘内包藏1~2花。穗状花序,长5~10cm,通常下垂,花稀疏,下部间断;苞片漏斗状,绿色;花被白色带红晕,被黄褐色腺点;雄蕊6,稀8。瘦果卵形,双凸镜状或具3棱,密被小点,包于宿存花被内。花期5—9月,果期6—10月。

分布与生境 见于全市丘陵地区与南部平原;生于田边、溪边、沟边、沙滩旁及湿地中。产于全省各地;分布于我国南北各省份。

主要用途 全草药用,有消肿解毒、利尿、止痢之功效;茎、叶为制酒曲原料;嫩茎叶作野菜;古代为常用调味剂;蜜源植物。

附种 无辣蓼(伏毛蓼)***P. pubescens***,茎、叶被硬伏毛;叶片无辛辣味,上面中部具“八”字形黑褐色斑块;花被红色;雄蕊8。见于全市各地;生于湿地、溪沟边或浅水中。

073 蚕茧草 蚕茧蓼 长花蓼

Polygonum japonicum Meisn.

蓼科 Polygonaceae 蓼属

形态特征 多年生，高50~100cm。根状茎横走；茎直立，淡红色，节部膨大。叶互生；叶片披针形，薄革质，坚硬，长6~15cm，宽1~2.4cm，先端渐尖，基部楔形，两面疏生短硬伏毛及细小腺点，边缘具刺状缘毛；近无柄；托叶鞘筒状，长1~2.5cm，具硬伏毛，顶端截形，缘毛长1~1.2cm。穗状花序，紧密，不间断，长6~12cm，粗壮而直立，有时下垂，数个集成圆锥状；苞片漏斗状，绿色，上部淡红色，具缘毛，每一苞内具花4~6朵；雌雄异株；花被白色或淡红色，裂片长2.5~4mm。瘦果卵形，具3棱或双凸镜状，有光泽，包于宿存花被内。花期8—10月，果期9—11月。

分布与生境 见于全市各地；生于池塘边、沟旁湿地及路旁草丛中。产于全省各地；分布于华东、华中、西南及陕西、广东、广西。

主要用途 全草药用，有散寒、活血、止痢之功效；嫩茎叶作野菜。

附种 显花蓼（变种）var. ***conspicuum***，穗状花序常单一；每一苞内具花1~3朵；花被裂片长5~6mm；小坚果无光泽。见于观海卫（白洋湖）等地；生于浅水中或湿润处。

074 酸模叶蓼 旱苗蓼 大水辣蓼 | *Polygonum lapathifolium* L.

蓼科 Polygonaceae　　蓼属

形态特征 一年生,高30~120cm。茎直立,节部膨大。叶互生;叶片披针形、宽披针形至长圆状椭圆形,长3~15cm,宽1~5cm,先端渐尖或急尖,基部楔形,上面常有1个黑褐色新月形斑块,两面中脉被短硬伏毛,全缘,边缘具粗缘毛;叶柄短;托叶鞘筒状,长0.7~2cm,淡褐色,顶端截形,无缘毛。穗状花序组成圆锥状,花紧密,花序梗被腺体;苞片漏斗状,边缘具稀疏短缘毛;花被淡红色或绿白色,4深裂。瘦果卵形,两面凹,有光泽,包于宿存花被内。花果期4—11月。

分布与生境 见于全市各地;生于田边、路旁、水边、林缘湿润处或浅水中。产于全省各地;广布于我国各省份。

主要用途 茎、叶、果分别药用;茎、叶制酒曲及作生物农药;嫩茎叶作野菜。

附种1 绵毛酸模叶蓼(变种)var. ***salicifolium***,幼茎、花序梗及叶片下面密被白色绵毛。产地、生境同酸模叶蓼。

附种2 春蓼 ***P. persicaria***,托叶鞘具细短缘毛;花序梗有时具腺毛或伏毛;花被5深裂。见于全市各地;生于林缘、沟边及路旁湿地。

075 长鬃蓼 马蓼 *Polygonum longisetum* Bruijn

蓼科 Polygonaceae 蓼属

形态特征 一年生，高30~60cm。茎直立或上升，自基部分枝，无毛，节部稍膨大。叶互生；叶片椭圆状披针形至披针形，长3~8cm，宽1~2cm，先端急尖或狭尖，基部楔形，下面中脉伏生短糙毛，边缘具缘毛；叶柄短或近无柄；托叶鞘筒状，长5~10mm，疏被短伏毛，顶端截形，缘毛常长于1cm。穗状花序稍粗壮，长3~5cm，下部稍间断；苞片漏斗状，边缘具长缘毛；花梗与苞片近等长；花被淡红色或紫红色。瘦果宽卵形，具3棱，有光泽，包于宿存花被内。花果期5—10月。

分布与生境 见于全市各地；生于路边、湿地及山坡林缘。产于全省各地；分布于除西北干旱地区以外的全国各地。

主要用途 全草药用，有活血祛瘀、消肿止痛之功效；嫩茎叶作野菜。

附种1　愉悦蓼*P. jucundum*，叶片披针形或长圆状披针形；花排列紧密而不间断；花梗细长，远伸出苞片外。见于全市各地；生于溪旁、河沟边、湿地草丛中。

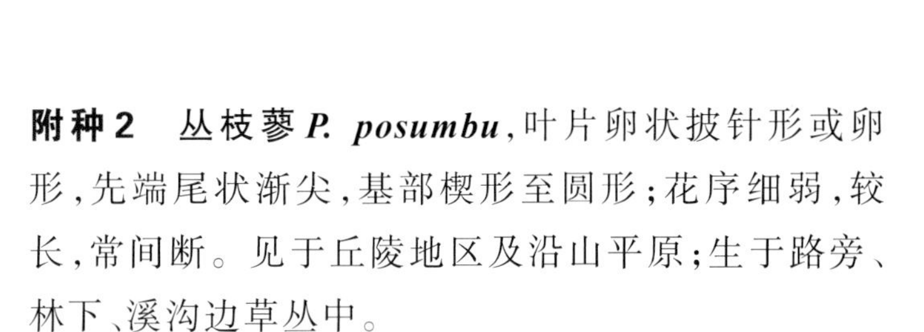

附种2　丛枝蓼*P. posumbu*，叶片卵状披针形或卵形，先端尾状渐尖，基部楔形至圆形；花序细弱，较长，常间断。见于丘陵地区及沿山平原；生于路旁、林下、溪沟边草丛中。

076 小花蓼 小蓼花 | *Polygonum muricatum* Meisn.

蓼科 Polygonaceae 蓼属

形态特征 一年生，高达1m。茎基部近平卧，节部生根，上部上升，具纵棱，棱上具稀疏倒生短皮刺，皮刺长0.5~1mm。叶互生；叶片卵形或卵状椭圆形，长2~8cm，宽1.3~3.5cm，先端短渐尖或急尖，基部截形至浅心形，下面沿中脉具小刺，边缘密生小刺毛；叶柄长0.7~2cm，疏被小钩刺；托叶鞘筒状，长1~3cm，顶端截形，有细短缘毛。穗状花序组成圆锥状，花序梗密被腺毛和刚毛；花被白色或淡紫红色。瘦果卵形，具3棱，有光泽，包于宿存花被内。花果期8—10月。

分布与生境 见于全市丘陵地区；生于水边潮湿地。产于杭州及安吉、余姚、奉化、宁海、象山、普陀、开化、常山、天台、温岭、龙泉、云和等地；分布于华东、华中、华南、西南、东北及陕西。

主要用途 全草入药，用于治疗皮肤瘙痒、痢疾；嫩茎叶作野菜。

077 尼泊尔蓼 野荞麦草 头状蓼 | *Polygonum nepalense* Meisn.

蓼科 Polygonaceae 蓼属

形态特征 一年生,高10~35cm。茎多分枝,细弱上升,节部疏生腺毛。叶互生;叶片卵形或三角状卵形,长1.5~4.5cm,宽1~3cm,先端渐尖或急尖,基部宽楔形,下延成翅,耳垂形抱茎,边缘微波状,下面疏生黄色腺点;茎上部叶较小且近无柄;托叶鞘筒状,长5~10mm,顶端斜截形,无缘毛,基部具刺毛。花序头状,基部常具1叶状总苞片;花序梗具腺毛;花被淡紫红色或白色,4裂。瘦果宽卵形,双凸镜状,密生洼点,包于宿存花被内。花果期4—11月。

分布与生境 见于全市丘陵地区;生于湿地、溪沟边、路旁及山谷疏林下。产于全省各地;全国广布。

主要用途 全草药用,有清热解毒、涩肠止痢之功效;嫩茎叶作野菜。

078 杠板归 刺犁头 犁镵刺 | *Polygonum perfoliatum* L.

蓼科 Polygonaceae 蓼属

形态特征 一年生或多年生。茎攀援，多分枝，长2m以上。茎、叶柄及叶片下面脉上具倒生皮刺。叶互生；叶片三角形，长3~7cm，宽2~5cm，先端钝或急尖，基部截形或微心形；叶柄长3~10cm，盾状着生于叶片近基部；托叶鞘贯茎，叶状，近圆形，直径1~3cm。穗状花序短，长1~2cm；花被白色或淡红色，果时肉质，深蓝色。瘦果球形，直径3~4mm，蓝黑色，有光泽，包于宿存花被内。花果期6—11月。

分布与生境 见于全市各地；生于田野、路边、溪沟边灌草丛中。产于全省各地；我国南北各地均产。

主要用途 全草药用，有清热解毒、止咳化痰、利湿消肿及止痒之功效；果可食；嫩茎叶作野菜。

附注 镵，音chán。

附种 刺蓼（廊茵）***P. senticosum***，叶片三角形或长三角形，基部戟形；叶柄非盾状着生；花被果时不变肉质，也不呈蓝黑色。见于全市丘陵地区与南部平原；生于沟边、路旁草丛中及山谷灌丛中。

079 箭叶蓼 *Polygonum sieboldii* Meisn.

蓼科 Polygonaceae　　蓼属

形态特征　一年生。全株无毛。茎蔓生,上部近直立,四棱形,沿棱密具倒生皮刺。叶互生;叶片长卵状披针形,长2.5~8cm,宽1~3cm,先端急尖或稍钝,基部深心形或箭形,下面稍带粉白色,沿中脉具倒钩刺;叶柄长1~2cm,具倒生皮刺;托叶鞘偏斜,长0.5~1.2cm,顶端渐尖,2裂,无缘毛。头状花序,常二歧分枝;花序梗细长,疏生短皮刺;花被白色或淡紫红色。瘦果球状三棱形,包于宿存花被内。花果期6—11月。

分布与生境　见于全市丘陵地区;生于路边湿地及水边。产于湖州、杭州、绍兴、宁波、衢州、金华、丽水、温州及临海、仙居;分布于华东、华中、西南、华北、东北及陕西、甘肃。

主要用途　全草药用,有清热解毒、止痒之功效;嫩茎叶作野菜。

080 戟叶蓼 沟荞麦 水麻 | *Polygonum thunbergii* Siebold et Zucc.

蓼科 Polygonaceae **蓼属**

形态特征 一年生,高30~80cm。茎基部匍匐,上部直立或上升,具4棱,沿棱具倒生皮刺。叶互生;叶片三角状戟形,常3浅裂,长3~8cm,宽3~6cm,先端渐尖,基部截形或戟形,两面疏生刺毛,上面常具"八"字形墨斑,边缘具短缘毛,中部裂片卵形或宽卵形,侧生裂片较小;叶柄长2~5cm,具倒生皮刺,常具狭翅;托叶鞘斜筒形,边缘近全缘,常有1圈外翻的绿色叶状边缘。花序头状,聚成聚伞状,花序梗具腺毛及短柔毛;花被淡红色或白色。瘦果宽卵状三棱形,包于宿存花被内。花期7—10月。

分布与生境 见于全市丘陵地区;生于溪沟边、山腰沟谷地带及低湿处草丛中。产于湖州、杭州、宁波、绍兴、衢州、金华、台州、丽水、温州;分布于除西北干旱区以外的全国各地。

主要用途 根状茎或全草药用,有清热解毒、凉血止血、祛风镇痛、止咳之功效;嫩茎叶作野菜。

附种 长戟叶蓼 ***P. maackianum***,叶片披针状戟形,基部戟形或箭形,中部裂片条状披针形;托叶鞘筒状,顶部具叶状翅,翅边缘具牙齿,每一牙齿顶部具1粗刺毛。见于全市丘陵地区及沿山平原;生于沟中、湿地及水边。

081 香蓼 黏毛蓼 | *Polygonum viscosum* Buch.-Ham. ex D. Don

蓼科 Polygonaceae　　蓼属

形态特征 一年生,高50~100cm。植株具香味。茎直立或上升,多分枝,连同花序梗、叶、苞片密被开展长柔毛及具柄腺毛,有黏性。叶互生;叶片卵状披针形或椭圆状披针形,长4~11cm,宽2~4cm,先端渐尖或急尖,基部楔形,下延成具翼叶柄,边缘密生短缘毛;托叶鞘筒状,长5~8mm,密生短腺毛及长柔毛,顶端截形,具缘毛。穗状花序,花紧密,再组成圆锥状;苞片绿色;花被鲜红色。瘦果宽卵形,具3棱,有光泽,包于宿存花被内。花果期7—10月。

分布与生境 见于全市丘陵地区及沿山平原;生于田野、路边、溪沟边、塘边及湿地中。产于全省各地;分布于华东、华中、华南、西南、东北及陕西。

主要用途 根状茎药用,有清热解毒、凉血止血之功效。

082 虎杖

Reynoutria japonica Houtt.

蓼科 Polygonaceae 虎杖属

形态特征 多年生，高1~2m。全体无毛。根状茎粗壮，木质，横走；茎直立，粗壮，散生红色或紫红斑点，节间中空。叶互生；叶片近革质，宽卵形、卵状椭圆形或近圆形，长4~14cm，宽3~9cm，先端短突尖，基部宽楔形、截形或近圆形，全缘；叶柄长1~2cm；托叶鞘圆筒形，长3~5mm，顶端截形，无缘毛，常破裂。花单性，雌雄异株；圆锥花序腋生；花被白色或淡绿白色，5深裂；雌花花被片外面3片背部具翅，果时增大，翅扩展下延，花柱鸡冠状。瘦果卵形，具3棱，有光泽，包于宿存花被内。花期8—9月，果期9—10月。

分布与生境 见于全市丘陵地区；生于山谷溪边、路边草丛中。产于全省各地；分布于华东、华中、华南、西南及陕西、甘肃。

主要用途 根状茎药用，有活血、散瘀、通经、镇咳之功效；嫩茎叶作野菜；茎节间贮有淡水，供解渴。

083 酸模

Rumex acetosa L.

蓼科 Polygonaceae　　酸模属

形态特征　多年生,高40~100cm。植株具酸味。具短根状茎及肉质根。茎直立,具深沟槽。基生叶和茎下部叶宽披针形或卵状长圆形,长4~10cm,宽2~4cm,先端急尖或圆钝,基部箭形,裂片急尖,全缘或微波状,下面及叶缘常具乳头状凸起,叶柄长5~10cm;茎上部叶较小,披针形,具短柄或抱茎;托叶鞘膜质。花单性,雌雄异株;花序狭圆锥状;花被片6,成2轮,雌花的花被片果时增大成圆心形,直径3.5~4.5mm,全缘,网脉明显,背面基部具极小的小瘤。瘦果椭球形,具3锐棱,有光泽。花期3—5月,果期4—7月。

分布与生境　见于全市各地;生于山坡林缘、阴湿山沟边、田野、路边、海滨岩石旁。产于全省各地;我国南北各地均有分布。

主要用途　全草药用,有凉血、解毒之功效;嫩茎、叶柄可作野菜。

附种1　齿果酸模 ***R. dentatus***,基生叶狭长圆形或宽披针形,基部圆形或截形;花两性,多朵簇生,成疏轮状排列,每轮均有叶间隔;内轮花被片两侧边缘各有3~5个长短不一的针状牙齿,背面的小瘤长约2mm。见于全市各地;生于沟旁、河岸及路边湿润处。

附种2　长刺酸模 ***R. trisetifer***,基生叶披针形或狭披针形,基部楔形;花两性,多花轮生,下部间隔,上部密集;内轮花被片边缘中央有1对长约4mm的长针刺,背面的小瘤长1.5~2mm。见于我市沿海各地;生于近海河沟边、路旁草丛中。

084 羊蹄 土大黄 *Rumex japonicus* Houtt.

蓼科 Polygonaceae **酸模属**

形态特征 多年生，高40~120cm。主根粗大。茎直立，粗壮，上部分枝，具沟槽。基生叶卵状长圆形至狭长圆形，长13~34cm，宽4~12cm，先端急尖而稍钝，基部心形，边缘波状，具长柄；茎上部叶较小而狭，基部楔形，具短柄或近无柄；托叶鞘筒状，长3~5cm。花两性，多花轮生，排成狭圆锥状；花被片6，成2轮，淡绿色，内轮花被片果时增大，圆心形或扁圆心形，长4~5mm，网脉明显，边缘具三角状浅牙齿，齿长0.3~0.5mm，背面全部具小瘤，小瘤长约3mm。瘦果宽卵形，具3锐棱，有光泽。花果期4—7月。

分布与生境 见于全市各地；生于低山疏林边、溪沟边、河滩、路旁湿地。产于全省各地；分布于华东、华中、华南、华北、东北及四川、贵州。

主要用途 根药用，有清热凉血、止血、解毒、通便、杀虫之功效；嫩茎、叶柄作野菜。

085 狭叶尖头叶藜

Chenopodium acuminatum Willd. subsp. *virgatum* (Thunb.) Kitam.

藜科 Chenopodiaceae 藜属

形态特征 一年生,高20~80cm。茎直立,具条棱及绿色条纹,有时带紫红色,多分枝。叶互生;叶片较狭小,狭卵形、长圆形至披针形,长0.8~3cm,宽0.5~1.5cm,先端钝圆、急尖或短渐尖,有短尖头,基部楔形,全缘,具黄褐色半透明边缘,下面常有白粉;叶柄长1.5~2.5cm。花小,两性,簇生,排列成穗状花序或圆锥花序,花序轴具圆柱状白色或褐色毛束;花被片5,果时背面大多增厚并彼此合成五角星状。胞果扁球形,包于宿存花被内。种子有不规则点纹。花期6—7月,果期8—9月。

分布与生境 见于全市各地;生于田野、海滨沙滩、河滩及建筑工地。产于普陀、奉化、象山、洞头、瑞安、苍南;分布于我国沿海各地。

主要用途 全草入药,用于治疗风寒头痛、四肢胀痛;嫩叶作野菜。

086 藜 灰菜 灰藋 灰苋菜 *Chenopodium album* L.

藜科 Chenopodiaceae 藜属

形态特征 一年生，高0.5~1.5m。茎直立，粗壮，分枝处常有紫红色斑纹。叶互生；叶片三角状卵形或菱状卵形，上部叶常呈披针形，长3~7cm，宽1.5~5cm，先端急尖或微钝，基部楔形至宽楔形，边缘具不整齐锯齿或全缘，两面被白色粉粒；叶柄与叶片等长或较短。花两性，黄绿色；花簇排列成圆锥花序；花被片5，背面具绿色纵隆脊，有粉粒。胞果全部包于宿存花被内，果皮有泡状皱纹或近平滑。种子具浅沟纹。花期6—9月，果期8—10月。

分布与生境 见于全市各地；生于低山坡林缘、溪沟边、田野、路边及村旁。产于全省各地；全国各地均有分布。

主要用途 嫩叶可作野菜或饲料，但不宜多食；全草药用，有止泻、杀虫止痒之功效。

附注 藋，音diào。

附种 红心藜（变种）var. ***centrorubrum***，枝顶嫩叶密被鲜紫红色粉粒，成长后渐变绿色。分布与生境同原种，但较少见。

087 小藜

Chenopodium ficifolium Sm.

藜科 Chenopodiaceae　　藜属

形态特征 一年生,高20~60cm。茎直立,幼时具白粉粒,分枝处常有紫红色斑纹。叶互生;叶片卵状长圆形,长1.5~5cm,宽0.5~3cm。下部叶片通常3浅裂,中裂片较长,两侧边缘近平行,先端钝或急尖,边缘具深波状锯齿,侧裂片通常各具2浅裂齿;上部叶片渐小,侧裂片不明显或仅具浅齿或近全缘;两面疏生粉粒;叶柄长1~3cm。花两性;花簇排列为穗状或圆锥状花序;花被片5,浅绿色,密被粉粒。胞果包于宿存花被内,果皮与种皮贴生。种子具蜂窝状网纹。花期6—8月,果期8—9月。

分布与生境 见于全市各地;生于田间、河岸、溪谷及路旁。产于全省各地;除西藏外,我国各地均有分布。

主要用途 嫩叶可作野菜和饲料;全草药用,有除湿、解毒之功效。

088 灰绿藜 *Chenopodium glaucum* L.

藜科 Chenopodiaceae 藜属

形态特征 一年生，高10~40cm。茎通常基部分枝，平卧或斜上。叶互生；叶片长圆状卵形至卵状披针形，长2~4cm，宽0.5~2cm，肥厚，先端急尖或钝，基部渐狭，边缘具缺刻状牙齿，上面绿色，中脉黄绿色，下面密被粉粒而呈灰白色；叶柄长5~10mm。花两性或兼有雌性；花簇腋生，呈短穗状，或为顶生有间断的穗状花序；花被片3~4，浅绿色，稍肥厚，无粉粒。胞果顶端露出宿存花被外，果皮薄膜质，黄白色。种子具细点纹。花期6—9月，果期8—10月。

分布与生境 见于全市沿海地区；生于滨海盐土。产于全省沿海地区及岛屿；分布于长江流域及其以北地区。

主要用途 嫩叶作野菜；茎、叶可提取皂素，又可作牲畜饲料；幼嫩全草和茎分别药用。

089 土荆芥 白马兰 | *Dysphania ambrosioides* (L.) Mosyakin et Clemants

藜科 Chenopodiaceae 刺藜属

形态特征 一年生,高50~100cm。有强烈芳香气味。茎直立,多分枝,被腺毛或近无毛。叶互生;叶片长圆状披针形至披针形,长3~8(15)cm,宽1~3(5)cm,先端急尖或渐尖,基部渐狭,边缘具不整齐的大锯齿,上部叶较狭小而近全缘,下面散生黄褐色腺点,沿脉疏生柔毛;具短柄。花两性及雌性,簇生于苞腋,再组成穗状花序;花被片(3)5,绿色;子房具黄色腺点。胞果扁球形,包于宿存花被内。花果期6—10月。

分布与生境 归化种。原产于热带美洲。我国有归化。全市各地有归化;生于村旁、旷野、路边、山岙及溪边河岸。

主要用途 全草药用,有祛风、除湿、驱虫之功效,也可作生物农药;果实可提取土荆芥油。

090 地肤

Kochia scoparia（L.）Schrad.

藜科 Chenopodiaceae　　地肤属

形态特征 一年生，高50~100cm。茎直立，分枝稀疏，斜上。叶互生；叶片披针形或条状披针形，长3~7cm，宽3~10mm，先端短渐尖，基部渐狭，主脉3，边缘具锈色绢状缘毛；茎上部叶较小，具1脉。花两性或雌性，1~3朵腋生，排成穗状圆锥花序；花被片淡绿色；翅状附属物三角形至倒卵形，膜质，边缘微波状。胞果扁球形，包于宿存花被内。花期6—9月，果期8—10月。

分布与生境 见于全市各地；生于田野、路边、宅旁、海滨。产于全省各地；分布几遍全国。

主要用途 果实药用，名“地肤子”，有清湿热、利尿之功效；嫩苗作野菜；植株可作扫帚。

091 盐角草 海蓬子 水蜡烛 | *Salicornia europaea* L.

藜科 Chenopodiaceae 盐角草属

形态特征 一年生,高10~40cm。茎肉质,直立,多分枝,节明显。叶对生,退化成鳞片状,长约1.5mm,先端锐尖,基部连合成鞘状,边缘膜质。穗状花序顶生,长1~5cm,有短梗;花腋生,每3朵成1簇,着生于节两侧的凹陷内;花被合生成口袋形,肉质,花后膨大,边缘扩大为翼状。胞果包于花被内,果皮膜质。种子长球状卵形,种皮近革质,有钩状刺毛。晚秋全株变红色。花果期7—9月。

分布与生境 见于庵东等地;生于海滨低湿地、盐田旧址旁。产于普陀、岱山;分布于西北、华北及江苏、辽宁。

主要用途 嫩茎可作野菜;种子可提取优质食用油;全草可作利尿剂;潮湿环境的盐土指示植物,也是盐地改良的优良植物。

092 碱蓬 灰绿碱蓬 海龙头 *Suaeda glauca* (Bunge) Bunge

藜科 Chenopodiaceae 碱蓬属

形态特征 一年生，高0.3~1.5m。茎直立，浅绿色，圆柱状，具细条棱，上部多分枝，上升或斜升。叶互生；叶片条形，半圆柱状，肉质，长1.5~5cm，宽约1.5mm，灰绿色，光滑，通常稍向上弯曲，基部无关节。花两性兼有雌性，单生或2~5朵簇生于叶腋的花序梗上，通常与叶具共同梗；花被裂片卵状三角形，果时增厚，呈五角星状。胞果扁球形，包于花被内，有时顶端露出。种子双凸镜形，具清晰颗粒状点纹。花果期7—9月。

分布与生境 见于全市沿海地区；生于海滨堤岸、荒地、盐田旧址等盐土上。产于宁波、舟山及杭州市区、台州市区、三门、温岭等地；分布于西北、华北、东北及江苏、河南。

主要用途 种子含油率约25%，可榨油供工业用；嫩茎叶作野菜；全草药用，有清热、消积之功效；盐土指示植物。

附种 **盐地碱蓬**（翅碱蓬、黄须菜、盐蓬）***S. salsa***，花簇生，无花序梗；花被裂片果时从基部延伸出三角状或狭翅状凸起；种子无点纹，具明显网纹。见于全市沿海地区；生于海滨盐土上，常形成单种群，有时与碱蓬或南方碱蓬（*S. australis*）混生。

093 牛膝 怀牛膝 鼓槌草 对节草 | *Achyranthes bidentata* Blume

苋科 Amaranthaceae 牛膝属

形态特征 多年生,高 50~120cm。根圆柱形,土黄色。茎直立,常四棱形,节部膝状膨大,绿色或带紫色,几无毛。叶对生;叶片卵形、椭圆形或椭圆状披针形,长 5~12cm,宽 2~6cm,先端锐尖至长渐尖,基部楔形或宽楔形,两面被贴生或开展柔毛;叶柄长 0.5~3cm。穗状花序长 3~5(12)cm,花序轴密生柔毛;花在后期反折;苞片宽卵形,小苞片刺状,基部两侧各有 1 个卵形膜质小裂片;退化雄蕊顶端平圆,稍有缺刻状细齿。胞果。花期 7—9 月,果期 9—11 月。

分布与生境 见于全市各地;生于山坡疏林下、溪沟河池边、路旁阴湿处。产于全省各地;除东北、宁夏、新疆外,全国均有分布。

主要用途 根入药,生用,活血通经,熟用,补肝肾、强腰膝;根可作兽药;嫩叶可作野菜。

附种 土牛膝(倒扣草)***A. aspera***,茎被柔毛;叶片卵形、倒卵形、卵状椭圆形,两面密生贴伏柔毛;退化雄蕊顶端平截,具流苏状长缘毛。见于全市沿海地区;生于滨海路旁、河沟边、岩缝、山坡林缘。

094 喜旱莲子草 革命草 空心莲子草 水花生 共产草

Alternanthera philoxeroides (Mart.) Griseb.

苋科 Amaranthaceae 莲子草属

形态特征 多年生。茎从基部匍匐，节上生细根，上部斜升，中空，节腋处具白色或锈色柔毛。叶对生；叶片长圆形、长圆状倒卵形或倒卵状披针形，长2.5~5cm，宽0.7~2cm，先端急尖或圆钝，基部渐狭，全缘，上面有贴生毛，边缘有睫毛。头状花序单生于叶腋，球形，直径8~15mm，花序梗长1~5cm；苞片和小苞片白色，具1脉；花被片5，长5~6mm，白色，基部带粉红色；雄蕊5。胞果。花期5—10月，果期8—11月。

分布与生境 归化种。原产于南美洲。我国有归化。全市普遍归化；生于浅水、湿地、旱地或路边、宅旁。

主要用途 系平原水网地带著名的外来入侵植物。嫩茎叶作野菜；茎、叶可作饲料或绿肥；全草药用，有清热利水、凉血解毒之功效。

附种 莲子草（虾钳菜）***A. sessilis***，一年生；茎近实心；头状花序1~4个簇生于叶腋，无花序梗，直径3~6mm；花被片长约2mm；雄蕊3。见于我市南部平原；生于水沟、池边、田塍等潮湿处。

095 凹头苋

Amaranthus blitum L.

苋科 Amaranthaceae 苋属

形态特征 一年生,高10~35cm。全株无毛。茎伏卧而上升,从基部分枝,淡绿色或紫红色。叶互生;叶片卵形或菱状卵形,长(1)1.5~4cm,宽(0.5)1~2.5cm,先端凹缺或微2裂,具1芒尖,基部宽楔形,全缘或稍呈波状,绿色或带紫色;叶柄略短于叶片。花簇腋生,生在茎端或枝端者成直立穗状花序或圆锥花序;苞片和小苞片长不及1mm;花被片3,黄绿色;雄蕊3;柱头3或2。胞果扁卵形,不裂,果皮略皱缩而近平滑,超出宿存花被。种子黑色。花期6—8月,果期8—10月。

分布与生境 归化种。原产于秘鲁至阿根廷。我国多归化。全市各地有归化;生于田野、路边、村旁草丛中。

主要用途 嫩茎叶、老茎可作野菜;嫩茎叶作饲料;全草药用,有止痛、收敛、利尿、解热之功效。

096 大序绿穗苋 Amaranthus patulus Bertol.

苋科 Amaranthaceae **苋属**

形态特征 一年生，高60~100(150)cm。茎直立，通常基部多分枝，绿色或暗紫红色，具棱，有细柔毛。叶互生；叶片卵形或菱状卵形，长4~8(11)cm，宽3~5cm，先端急尖或微凹，基部楔形，近全缘，下面脉上有柔毛；叶柄长2~4cm。圆锥花序绿色，有时污紫红色，直径达5cm，花穗直立或斜上，细长，中间花穗最长，长3~4cm，直径5~7mm；苞片及小苞片长2~4mm，中脉伸出顶端，成尖芒；花单性，雌雄同株，雄花多生于花穗上部；花被片5，白膜质，中脉绿色；雄蕊5；柱头(2)3(4)。胞果卵球形，超出宿存花被，盖裂。种子黑色。花期7—8月，果期9—10月。

分布与生境 归化种。原产于北美洲、南美洲。我国有归化。全市各地有归化；生于田野、路边及村庄附近。

主要用途 嫩茎叶、老茎作野菜。

附种1 繁穗苋(老鸦谷)***A. cruentus***，茎几无毛；叶片卵状长圆形或卵状披针形；穗状花序粗长，中间花穗直立或以后稍下垂；花单性或杂性；胞果通常与宿存花被等长。归化种。原产于墨西哥和尼加拉瓜。全市各地有归化；生于路边、山麓、田野。

附种2 绿穗苋***A. hybridus***，茎单一或稍分枝；叶片长3~4.5cm，宽1.5~2.5cm；顶生花序的中间花穗长4~8cm，直径6~10mm；小苞片长4~6mm。见于全市各地；生于山坡、田野、路旁。

097 合被苋

Amaranthus polygonoides L.

苋科 Amaranthaceae　　苋属

形态特征　一年生,高20~40cm。茎被短柔毛或近无毛,多分枝,淡绿色。叶互生;茎上部叶较密集,叶片菱状卵形、倒卵形或椭圆形,长0.6~3cm,宽0.3~1.5cm,先端微凹或圆钝,具短尖头,基部楔形,下延于叶柄,边缘全缘或稍呈皱波状,两面无毛,上面中央常横生1条白色斑带;叶柄长0.3~2cm。花单性,雌花和雄花混生,花簇腋生;苞片及小苞片长1.2~1.5mm;花被片(4)5,膜质,绿白色,具绿色中肋;雄蕊2(3);雌花花被片基部合生成短筒状,果时伸长并稍增厚,柱头3。胞果长球形,上部微皱,与宿存花被近等长,不裂。种子红褐色。花果期6—10月。

分布与生境　归化种。原产于美洲。华东及广西、北京、辽宁等地有归化。我市城区(墙里)有归化;生于绿化带及路边荒地。

098 刺苋 野刺苋菜 酸酸菜 *Amaranthus spinosus* L.

苋科 Amaranthaceae 苋属

形态特征 一年生,高30~100cm。茎直立,多分枝,绿色或紫红色,幼时被毛。叶互生;叶片菱状卵形或卵状披针形,长3~8cm,宽1.5~4cm,先端钝或稍凹入而有小芒刺,基部渐狭,全缘,无毛或幼时沿叶脉稍有柔毛;叶柄长1.5~6cm,基部两侧有1对硬刺,刺长8~15mm。花单性;雄花组成穗状花序或集成圆锥状,花穗直立或微下垂;雌花簇生于叶腋或穗状花序下部;苞片常呈尖刺状;花被片5,黄绿色;雄蕊5;柱头2或3。胞果椭球形,盖裂。种子黑色或棕褐色。花果期6—10月。

分布与生境 归化种。原产于墨西哥至热带美洲。长江流域及其以南地区、河北有归化。全市各地有归化;生于田野、屋旁、路边、山麓。

主要用途 嫩茎叶、老茎作野菜;嫩茎、叶作饲料;根、茎、叶药用,有清热解毒、散血消肿之功效。

099 皱果苋 绿苋 野苋 | *Amaranthus viridis* L.

苋科 Amaranthaceae 苋属

形态特征 一年生,高30~80cm。全株无毛。茎直立,稍分枝。叶互生;叶片卵形、三角状卵形或卵状椭圆形,长3~7cm,宽2~5cm,先端凹缺,稀圆钝,具芒尖,基部楔形或近截形,全缘或略呈波状,两面绿色或带紫红色,上面常有V形灰白斑;叶柄与叶片近等长。花簇小,排成穗状花序或再集成圆锥花序,中央花穗细长,直立;苞片和小苞片长不及1mm;花被片3,内曲,中脉绿色;雄蕊3;柱头3或2。胞果倒卵球形,不裂,绿色,果皮极皱缩,超出宿存花被。种子具薄而锐的周缘,黑褐色。花期6—8月,果期8—11月。

分布与生境 归化种。原产于墨西哥和热带美洲。我国除西北个别省份和西藏外,多有归化。全市各地有归化;生于田野、路旁、海边。

主要用途 嫩茎叶、老茎作野菜;嫩茎、叶作饲料;全草药用,有清热解毒、利尿、止痛、明目、收敛止泻之功效。

100 青葙 野鸡冠花 *Celosia argentea* L.

苋科 Amaranthaceae 青葙属

形态特征 一年生,高30~100cm。全株无毛。茎直立,有明显条纹。叶互生;叶片披针形至长圆状披针形,长5~8cm,宽1~3cm,先端急尖或渐尖,基部渐狭成柄,全缘。花密集成顶生的塔形或圆柱形穗状花序,长3~10cm;花初开时淡红色,后变白色;苞片和小苞片长3~4mm;花被片5,长7~10mm;花药紫色;花柱紫红色。胞果卵形,包在宿存花被内。种子黑色,有光泽。花期6—9月,果期8—10月。

分布与生境 见于全市各地;生于田野、山坡、路旁。产于全省各地;分布于全国各地。

主要用途 种子药用,有清肝明目之功效;全草清热、利湿;嫩叶作野菜;嫩茎、叶可作饲料;蜜源植物;种子油可食用;花供观赏。

101 紫茉莉 胭脂花 夜娇娇

Mirabilis jalapa L.

紫茉莉科 Nyctaginaceae　　紫茉莉属

形态特征 一年生或多年生,高达1m。根肥厚,倒圆锥形,深褐色。茎直立,无毛或疏被细柔毛,节稍膨大。叶对生;叶片卵形或卵状三角形,长4~12cm,宽2.5~7cm,先端渐尖,基部截形或心形,全缘,无毛;叶柄长2~6cm,上部叶几无柄。花簇生于枝顶,每一花基部有萼状总苞1枚,长约1cm,5裂,宿存;花被有香气,花色丰富,高脚碟状,筒部长4~6cm,顶部开展,直径2.5~3cm,5裂。瘦果近球形,长约7mm,革质,黑色,具皱纹。种子白色。花果期6—11月。

分布与生境 原产于热带美洲。我国南北各地有归化,常栽培。全市各地有栽培,并逸生;生于路边、宅旁、荒地。

主要用途 供观赏;根、叶药用,有清热解毒、祛风利湿、活血消肿之功效;种子胚乳可制香粉。

102 美洲商陆 垂序商陆 十蕊商陆 | *Phytolacca americana* L.

商陆科 Phytolaccaceae 商陆属

形态特征 多年生，高 1~1.5m。全株无毛。根粗壮，肥大，圆锥形。茎圆柱形，通常带紫红色。叶互生；叶片卵状长圆形或长圆状披针形，长 8~20cm，宽 3.5~10cm，先端急尖或渐尖，基部楔形；叶柄长 1~4cm。总状花序，有时在花序基部有少量小聚伞花序而呈圆锥状，下垂，通常长于叶，花较稀疏；花序梗细弱，长 5~10cm；花被片 5，白色，微带红晕；雄蕊、心皮及花柱通常为 10，心皮合生。浆果扁球形，熟时紫黑色，由分果组成。花果期 6—10 月。

分布与生境 归化种。原产于北美洲。长江流域及其以南地区、河北、山东等地有归化。全市各地见归化；生于山坡林缘、疏林下、山麓、溪沟边、路边、村旁、田野。

主要用途 根、种子、叶药用；全草可作土农药。

103 粟米草 珍珠莲 | *Mollugo stricta* L.

番杏科 Aizoaceae 粟米草属

形态特征 一年生,高10~30cm。茎纤细,多分枝,无毛。基生叶莲座状,长椭圆状披针形至匙形;茎生叶3~5枚假轮生或对生,披针形或条状披针形,长1.5~3.5cm,宽3~10mm,先端急尖或渐尖,基部渐狭成短柄,全缘,中脉明显。二歧聚伞花序顶生或与叶对生;花梗长2~6mm;萼片5,淡绿色,边缘膜质,宿存;花瓣缺如。蒴果3瓣裂。种子具颗粒状凸起。花果期6—10月。

分布与生境 见于全市各地;生于山坡、田野、路旁、溪沟边。产于全省各地;分布于秦岭至黄河出海口以南地区。

主要用途 全草药用,有清热解毒、收敛之功效;幼苗作野菜。

104 马齿苋 酱瓣草 酸草 豆瓣苋 | *Portulaca oleracea* L.

马齿苋科 Portulacaceae 马齿苋属

形态特征 一年生。植株肉质，无毛。茎平卧或斜升，多分枝，圆柱形，淡绿色或带暗红色。叶互生，稀近对生；叶片肥厚、多汁，倒卵形或楔状长圆形，形似马齿，长1~2.5cm，宽5~15mm，先端圆钝或截形，有时微凹，基部楔形，全缘，下面常带暗红色。花3~5朵簇生，午时开放，直径4~5mm，无梗；总苞片4~5，膜质，叶状，近轮生；萼片2，盔形；花瓣(4)5，黄色，先端微凹。蒴果卵球形，盖裂。花期5—8月，果期6—9月。

分布与生境 见于全市各地；生于田野、路旁、山麓、溪边。产于全省各地；除青藏高原外，我国南北各地均有分布。

主要用途 全草药用，有清热利湿、解毒消肿、消炎、止渴、利尿之功效；种子明目；嫩茎叶可作野菜及饲料；蜜源植物。

105 土人参 栌兰 野东洋参 | *Talinum paniculatum* (Jacq.) Gaertn.

马齿苋科 Portulacaceae **土人参属**

形态特征 一年生或多年生。全株无毛。主根粗壮,圆锥形,具分枝,形状、颜色均如人参。茎直立,肉质,基部稍木质化。叶互生或近对生;叶片稍肉质,倒卵形或倒卵状长椭圆形,长5~7cm,宽2~3.5cm,先端圆钝或急尖,有时微凹,具短尖头,基部渐狭成柄,全缘。圆锥花序常2叉状分枝,花序梗长;花小,直径约6mm;萼片2,紫红色,早落;花瓣5,粉红色或淡紫红色。蒴果近球形,3瓣裂。花期5—8月,果期8—10月。

分布与生境 归化种。原产于热带美洲。我国黄河中下游以南地区有归化,常栽植。全市有归化;生于墙脚、路边、溪旁、山麓岩石下。

主要用途 根药用,有强壮滋补之功效;叶消肿解毒;供观赏;根、嫩叶可作野菜。

106 落葵 木耳菜 *Basella alba* L.

落葵科 Basellaceae 落葵属

形态特征 一年生缠绕草本。植株肉质，光滑无毛。茎长达3~4m，有分枝。叶互生；叶片卵形或近圆形，长3~12cm，宽3~10cm，先端急尖，基部微心形或圆形，全缘；叶柄长1~2cm。穗状花序腋生，长5~20cm；无花梗；花被片5，淡红色或淡紫色，基部近白色，连合成短管状；花丝在花蕾中直立。果实浆果状，卵球形，熟时暗紫色，包围于宿存肉质小苞片和花被片中。花期长，在夏秋季；果期秋冬季。

分布与生境 归化种。原产于亚洲热带地区。我国南北各地有归化，常栽培。全市有归化；生于田边、路旁、村边及绿化带中。

主要用途 叶和嫩茎供蔬食；全草药用，有清热凉血、润肠通便之功效。

107 蚤缀 无心菜

| *Arenaria serpyllifolia* L.

石竹科 Caryophyllaceae 蚤缀属

形态特征 一年生或二年生,高10~20cm。全株被白色短柔毛。茎丛生,叉状分枝,基部常匍匐,上部直立。叶对生;叶小型,叶片卵形或倒卵形,长3~7mm,宽2~4mm,先端渐尖,基部近圆形,具缘毛,两面疏生柔毛及细乳头状腺点。聚伞花序;苞片、小苞片叶状;花梗纤细,直立,长6~12mm,密生柔毛及腺毛;萼片具明显3脉,边缘膜质;花瓣5,白色,全缘,短于萼片。蒴果卵球形,先端6裂。花期4—5月,果期5—6月。

分布与生境 见于全市各地;生于田野、山坡、溪边、路旁草丛中。产于全省各地;我国自东北经黄河、长江流域至华南各地均有分布。

主要用途 全草药用,有清热解毒和明目之功效。

108 球序卷耳 婆婆指甲草 破花絮草 | *Cerastium glomeratum* Thuill.

石竹科 Caryophyllaceae 卷耳属

形态特征 一年生，高10~25cm。全株密被白色长柔毛。茎直立，上部混生腺毛。叶对生；下部叶片倒卵状匙形，基部渐狭成短柄，略抱茎；上部叶片卵形至长圆形，长1~2cm，宽0.5~1.2cm，先端钝或略尖，全缘，主脉明显，近无柄。二歧聚伞花序簇生于枝端，呈球状；花序梗与花梗均密被长腺毛；苞片叶状；萼片外面密生长腺毛；花瓣5，白色，先端2浅裂。闭锁花较小。蒴果圆柱形，长于宿存花萼近1倍，先端10齿裂。花期3—4月，果期4—5月。

分布与生境 见于全市各地；生于田野、路边、山坡及溪边草丛中。产于全省各地；分布于华东、华中、西南。

主要用途 全草药用，有清热解表、降压、解毒之功效；嫩茎叶作野菜。

109 石竹 洛阳花 *Dianthus chinensis* L.

石竹科 Caryophyllaceae 石竹属

形态特征 多年生,高30~75cm。茎直立,光滑无毛,有时被疏柔毛。叶对生;叶片条形或条状披针形,长3~7cm或更长,宽4~8mm,先端渐尖,基部渐狭成短鞘包围茎节,全缘或有细锯齿,有时具睫毛。花红色、粉红色或白色等,单生或组成疏散聚伞花序;萼下苞片4~6,宽卵形,长约为萼筒长的1/2或更长;萼筒圆筒形,长1.5~2.5cm,5齿裂;花瓣先端浅裂成不整齐锯齿状,喉部有斑纹或疏生须毛。蒴果4齿裂。花期5—7月,果期8—9月。

分布与生境 见于观海卫(白洋);生于路旁草丛中。产于舟山及宁波市区、象山、玉环、洞头、平阳;分布于西北、华北、东北及河南。

主要用途 全草药用,有清热利尿、破血通经之功效;嫩茎叶作野菜;花供观赏。

110 牛繁缕 鹅肠菜

| *Myosoton aquaticum* (L.) Moench

石竹科 Caryophyllaceae 鹅肠菜属(牛繁缕属)

形态特征 多年生,长20~30cm。茎有棱,带紫红色,上部被白色短柔毛。叶对生;基生叶小,卵状心形,有明显叶柄;上部叶较大,椭圆状卵形或宽卵形,长1~6cm,宽0.5~2.5cm,先端渐尖,基部略抱茎,边缘波浪状,叶脉上面凹陷,下面隆起,侧脉4~7对,上面常散生黑色斑点。花白色,单生或多朵排成二歧聚伞花序;苞片小,叶状,具腺毛;花梗长1~2cm,花后下垂;花瓣5,2深裂几达基部。蒴果5瓣裂。花期4—5月,果期4—6月。

分布与生境 见于全市各地;生于荒地、路旁及河池溪沟边阴湿处。产于全省各地;广布于全国各地。

主要用途 幼苗可作野菜和饲料;全草药用,有破血解毒、清热消肿之功效。

111 漆姑草 *Sagina japonica* (Sw.) Ohwi

石竹科 Caryophyllaceae 漆姑草属

形态特征 一年生或二年生,高5~15cm。茎由基部分枝,丛生状,稍铺散,无毛或上部疏生短柔毛。叶对生;叶片条形,长5~15mm,宽约1mm,基部有薄膜,连成短鞘状,具1脉,无毛。花小,通常单一;花梗细长,直立,长1~2.5cm,疏生腺毛;萼片5,长约2mm,边缘膜质,外面疏生腺毛;花瓣5,白色。蒴果通常5瓣裂。种子细小。花期4—5月,果期5—6月。

分布与生境 见于全市各地;生于田间、路旁、石缝、水边及阴湿山地。产于全省各地;分布于东北南部、黄河流域、长江流域及台湾。

主要用途 全草药用,有清热解毒之功效;嫩茎叶作野菜。

112 女娄菜

Silene aprica Turcz. ex Fisch. et C.A. Mey.

石竹科 Caryophyllaceae　　蝇子草属

形态特征　一年生或多年生，高15~60cm。全株密被灰色短柔毛。茎直立，基部多分枝。叶对生；基生叶倒披针形或匙形，长3~6cm，宽1~2cm，先端急尖，基部渐狭成柄，稍抱茎；茎生叶条状倒披针形至披针形，小于基生叶，近无柄。圆锥状聚伞花序；苞片条形；萼筒卵状圆筒形，果时膨大，长4~9mm，外面密被短柔毛，有10脉，顶端5齿裂；花瓣5，淡紫色，稀白色，瓣檐2浅裂，喉部有2鳞片状副花冠。蒴果顶端6齿裂。花期4—5月，果期5—6月。

分布与生境　见于全市丘陵地区；生于山坡或路旁草丛中。产于宁波、舟山及平湖、杭州市区、开化、临海、温岭、文成、平阳、泰顺；广布于我国北部和长江流域地区。

主要用途　嫩苗可作野菜和牲畜饲料；全草药用，有健脾利水、活血调经之功效。

113 蝇子草 鹤草

Silene fissipetala Turcz.

石竹科 Caryophyllaceae 蝇子草属

形态特征 多年生,高50~150cm。茎直立,基部木质化,有粗糙短毛,节膨大,上部常分泌黏汁。叶对生;基生叶匙状披针形,茎生叶条状披针形,长1~6cm,宽l~10mm,先端尖或锐尖,基部渐狭成柄,两面均无毛。聚伞花序顶生,具少数花;花序梗上部有黏汁;萼筒细长管状,光滑,长1.5~3cm,具10脉,常带紫红色,萼齿卵形;花瓣5,粉红色,先端2深裂,裂片再分成细裂片,喉部具2小鳞片状副花冠。蒴果顶端6齿裂。花期7—8月,果期9—10月。

分布与生境 见于全市丘陵地区;生于林下和山坡、溪边草丛、岩石上。产于全省各地;分布于黄河中下游以南地区。

主要用途 根药用,有发表解热、活血散瘀、生肌长骨和止痛止血之功效。

附种 基隆蝇子草(变种)var. ***kiiruninsularis***,萼齿三角形;花白色。见于我市东部丘陵地区;生境同原种。

114 拟漆姑 牛漆姑草

Spergularia marina（L.）Griseb.

石竹科 Caryophyllaceae 拟漆姑属

形态特征 一年生或二年生，高5~20cm。茎铺散，基部多分枝，具细柔毛。叶对生；叶片条形，肉质，长1~4cm，宽1~1.5mm，先端钝，有小突尖，中肋不明显，疏生柔毛或近无毛；托叶宽卵形，干膜质，合生成鞘状。花单生于上部叶腋；花梗稍短于花萼，果时下弯，密生腺状柔毛；萼片5，长3~5mm，外面有腺柔毛，边缘膜质；花瓣5，白色或带粉色，短于萼片。蒴果3瓣裂。种子细小，生于蒴果基部的部分种子周边具白色膜质宽翅。花期4—6月，果期5—7月。

分布与生境 见于我市沿海地区；生于滨海低湿盐土上。产于舟山及余姚、奉化、象山、温岭、苍南等地；分布于华东、华北、西北、东北。

主要用途 嫩苗可作野菜；全草药用，有清热解毒、祛风除湿之功效。

115 雀舌草

Stellaria alsine Grimm

石竹科 Caryophyllaceae 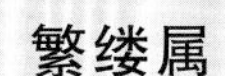 繁缕属

形态特征 一年生,高10~20cm。全株无毛。茎细弱,常四棱形,有时略带紫色,单出或成簇,基部平卧,上部直立并有分枝。叶对生;叶片匙状长卵形至卵状披针形,长0.5~1.5cm,宽0.3~0.6cm,先端尖,基部渐狭,全缘或微波状;无柄或近无柄。二歧聚伞花序,花少数,稀单生于叶腋;花梗纤细,长5~15mm,花后下垂;萼片长3~4mm,边缘膜质;花瓣5,白色,2深裂几达基部。蒴果6瓣裂。种子具皱纹状疣状凸起。花期4—5月,果期6—7月。

分布与生境 见于全市各地;生于田野、路边、山坡、溪旁阴湿处。产于全省各地;分布于东北至西南各地。

主要用途 全草药用,有祛风散寒、续筋接骨、活血止痛、解毒之功效;嫩茎叶作野菜。

116 繁缕 糯米饭草

Stellaria media (L.) Vill.

石竹科 Caryophyllaceae 繁缕属

形态特征 一年生或二年生，高10~30cm。茎细弱，基部多分枝，常平卧，上部直立上举，常具1列短柔毛。叶对生；叶片卵形或圆卵形，长0.5~2.5cm，宽0.5~1.8cm，先端渐尖或急尖，基部渐狭或近心形，全缘；基生叶具长柄，向上叶柄变短至近无柄。花单生，花后下垂；花梗细弱，长0.5~1.5cm，常有1列柔毛；萼片长约5mm，外被白色柔毛和腺毛，边缘膜质；花瓣5，白色，2深裂几达基部。蒴果6瓣裂。种子密生疣状凸起。花期3—5月，果期5—6月。

分布与生境 见于全市各地；生于田野、路旁、溪边。产于全省各地；广布于全国各地。

主要用途 嫩茎叶作野菜和饲料；全草药用，有清热解毒、活血祛瘀之功效。

附种 无瓣繁缕 ***S. apetala***，萼片无毛；花瓣无，或小而近退化。见于全市各地；生于田野、山麓、路边、宅旁等处。

117 芡实 鸡头米 鸡头 | *Euryale ferox* Salisb.

睡莲科 Nymphaeaceae　　芡属

形态特征 一年生水生草本。叶二型:初生叶沉水,较小,箭形或圆肾形,长4~10cm,两面无刺;后生叶浮水,革质,圆形或盾状心形,直径可达130cm,上面叶脉下陷,下面紫红色,叶脉显著隆起,两面叶脉分叉处有硬刺。叶柄及花梗粗,中空,皆密生硬刺。花单生,紫红色,直径约5cm;萼片4,内面紫色,外面密生稍弯硬刺;花瓣多数,紫红色,向内渐变为雄蕊状。浆果卵球形,直径4~8cm,密生硬刺。种子球形,黑色,直径6~10mm。花期7—8月,果期8—9月。

分布与生境 见于全市平原偏远地区;生于富黏泥的池塘、湖泊及半流动河中。产于全省平原地区;分布于我国南北各地。

主要用途 种子供食用及药用,有益肾固精、补脾止泻、祛湿止带之功效;供水面绿化。

118 金鱼藻 混草 *Ceratophyllum demersum* L.

金鱼藻科 Ceratophyllaceae 金鱼藻属

形态特征 多年生沉水草本。茎长0.3~1m，具分枝。叶4~12枚轮生，一至二回2叉状分枝，末回裂片条形或丝状，长1.5~2cm，边缘通常一侧有刺状锯齿；无柄。花小，单性，1~3朵生于叶腋；花被片8~12，条形，先端有2个短刺尖，宿存；雄花的药隔附属物上有2个短刺尖；雌花花柱呈针刺状。坚果宽椭球形，长4~5mm，具3刺，顶生刺（宿存花柱）长8~10mm。花果期6—9月。

分布与生境 见于全市各地；生于池塘、湖泊、水沟及断头河中。全省乃至全国广布。

主要用途 全草药用，有止血之功效。

附种 五刺金鱼藻 ***C. platyacanthum*** subsp. ***oryzetorum***，叶全为二回2叉分枝；果实具5刺。见于我市城区（天香桥）；生于浅水中。

119 乌头 草乌

Aconitum carmichaelii Debeaux

毛茛科 Ranunculaceae 乌头属

形态特征 多年生，高60~150cm。块根倒圆锥形，长2~4cm。茎直立，中部以上疏被反曲短柔毛。叶互生；茎中部叶片五角形，长6~11cm，宽9~15(18)cm，3全裂，中全裂片宽菱形或倒卵状菱形，先端急尖，近羽状分裂，小裂片斜三角形，具1~3牙齿，稀全缘，侧全裂片斜扇形，不等2深裂，上面疏被短柔毛，下面仅沿脉被脱落性短柔毛；叶柄长1~2.5cm。总状花序；花序轴及花梗被反曲伏毛；萼片蓝紫色，上萼片高盔形，高2~2.5cm，侧萼片倒卵圆形，长1.5~2cm，内具长毛；花瓣无毛，有长爪，距长1~2.5mm，通常拳卷。种子两面具横膜质翅。花期9—10月，果期10—11月。

分布与生境 见于我市东部丘陵地区；生于山坡疏林下、林缘灌草丛中。产于宁波、台州、温州及临安、嵊州等地；分布于长江流域及其以南地区、山东、辽宁等地。

主要用途 块根药用，主根称“乌头”，侧根称“附子”，无附子者称“天雄”，有镇痉、镇痛之功效，有剧毒，慎用；块根也可作土农药；花供观赏。

120 还亮草 鱼灯苏

Delphinium anthriscifolium Hance

毛茛科 Ranunculaceae　　翠雀属

形态特征 一年生,高15~70cm。茎、花序轴及花梗有反曲细柔毛。叶互生,二至三回近羽状复叶,有时为3出复叶;叶片菱状卵形或三角状卵形,长5~11cm,宽4.5~8cm,羽片对生,稀互生,下部羽片通常分裂至近中脉,末回裂片狭卵形或披针形,宽2~4mm。总状花序,苞片叶状;花梗长0.4~1.2cm,具小苞片;花直径不超过1.5cm;萼片堇色或紫色;萼距钻形或圆锥状钻形,长5~9(15)mm;花瓣2,紫色,具不等3齿;退化雄蕊2,花瓣状,与萼片同色,瓣片扇形,2深裂至近基部。蓇葖果。花期3—6月,果期6—8月。

分布与生境 见于全市丘陵地区及沿山平原;生于阴湿山坡、溪边、山麓及路边草丛中。产于全省大部分地区;分布于长江以南地区。

主要用途 全草药用,有祛风、理湿、解毒、止痛之功效。

121 禺毛茛

Ranunculus cantoniensis DC.

毛茛科 Ranunculaceae　　毛茛属

形态特征 多年生,高25~80cm。须根簇生。茎直立,与叶柄密被开展黄白色糙毛。3出复叶;基生叶和茎下部叶具长柄,向上叶柄渐短至近无柄;基生叶宽卵形,长3~6cm,宽3~8cm,小叶片卵形至宽卵形,2~3中裂或不裂,边缘具细锯齿或牙齿,两面贴生糙毛;茎上部叶渐小,3全裂。花顶生,直径1~1.5cm,花梗长2~5cm;花瓣5,黄色,蜜槽被小鳞片。聚合果球形,直径约1cm;瘦果扁平,边缘有宽约0.3mm的棱翼,果喙长约1mm,顶部弯钩状。花期4—5月,果期5—6月。

分布与生境 见于全市各地;生于丘陵、平原沟边、田边、路旁水湿处。产于全省各地;分布于长江中下游及其以南地区。

主要用途 全草药用,有解毒、消炎之功效;植株有毒。

附种1 扬子毛茛 ***R. sieboldii***,茎铺散,斜升,下部匍匐,节上生根;瘦果棱翼宽约0.4mm;果喙顶端锥状外弯。见于全市各地;生于山坡阴湿处、溪边、平原湿草地。

附种2 猫爪草(小毛茛)***R. ternatus***,须根肉质膨大,呈卵球形或纺锤形;茎细弱,高仅5~17cm,无毛;茎生叶无毛,全裂或细裂,裂片条形;聚合果小,直径0.6cm。见于全市丘陵地区及沿山平原;生于林缘、田野、草地湿润处。

122 毛茛 老虎脚底板 *Ranunculus japonicus* Thunb.

毛茛科 Ranunculaceae 毛茛属

形态特征 多年生，高30~60cm。茎直立，被柔毛。基生叶为单叶，叶片三角状肾圆形或五角形，长3~6cm，宽5~10cm，基部心形或截形，掌状3深裂，中央裂片宽菱形或倒卵圆形，3浅裂，边缘疏生锯齿，侧生裂片不等2裂，两面被柔毛，叶柄长达20cm，被开展柔毛；茎下部叶与基生叶相似，向上叶片渐变小，叶柄渐变短，最上叶条形，全缘，无柄。聚伞花序，花疏散；花直径1.5~2cm；花瓣5，黄色，蜜槽被鳞片。聚合果近球形，直径4~6mm；瘦果扁平，两面光滑，边缘不显著，喙短直或外弯，长约0.5mm。花期4—6月，果期6—8月。

分布与生境 见于全市各地；生于田野、路旁、水边、山坡草丛中。产于全省各地；分布于除海南、西藏以外的全国各地。

主要用途 根、全草药用，有退黄、定喘、截疟、镇痛之功效；植株有毒。

附种1　刺果毛茛*R. muricatus*，植株近无毛；生于干旱处的植株呈莲座状；叶片近圆形，3中裂至深裂；瘦果具宽边缘，两面具刺。见于全市各地；生于田野、草地、路旁。

附种2　石龙芮*R. sceleratus*，茎无毛或几无毛；花直径4~8mm，蜜槽无鳞片；瘦果两侧有皱纹。见于全市各地；生于水边湿地。

123 天葵

Semiaquilegia adoxoides (DC.) Makino

毛茛科 Ranunculaceae　　天葵属

形态特征　多年生，高 10~30cm。块根椭球形或纺锤形，外皮棕黑色。茎丛生，疏被白色柔毛。基生叶为掌状3出复叶，小叶片扇状菱形或倒卵状菱形，长 0.6~2.5cm，宽 1~2.8cm，3深裂，裂片近顶端疏生粗齿；叶柄长 5~7cm，基部扩大成鞘；茎生叶较小。单歧或蝎尾状聚伞花序；花直径 4~6mm；萼片白色或淡紫色；花瓣淡黄色，匙形，比萼片短，下部囊状，基部有距。蓇葖果卵状长椭球形，略呈星状开展，具凸起横向脉纹。花期3—4月，果期4—5月。

分布与生境　见于全市各地；生于山坡林下、溪沟边、路旁阴湿处。产于全省各地；分布于长江流域及其以南地区。

主要用途　块根药用，有清热解毒、消肿止痛、利尿之功效；块根有小毒，可制土农药。

124 华东唐松草

Thalictrum fortunei S. Moore

毛茛科 Ranunculaceae　　唐松草属

形态特征 多年生,高20~60cm。须根末端稍增粗。茎、叶柄、叶脉被微毛。二至三回3出复叶;顶生小叶片近圆形至倒卵形,直径1~2cm,先端圆,基部圆形或浅心形,不明显3浅裂,边缘具浅圆齿,下面粉绿色,侧生小叶片斜心形;托叶半圆形,全裂;基生叶和下部茎生叶具长柄,叶柄基部扩大成鞘状。单歧聚伞花序,圆锥状,分枝少;萼片4,花瓣状,淡蓝紫色或近白色,倒卵形,长3~4.5mm;花瓣缺如;花丝上部膨大成棒状。瘦果有6~8条纵肋,宿存花柱顶端常拳卷。花期3—5月,果期5—7月。

分布与生境 见于掌起、观海卫等丘陵地区;生于山坡林下阴湿处或溪沟边。产于浙江中北部地区;分布于安徽、江苏、江西、湖北。

主要用途 全草药用,有解毒消肿、明目止泻之功效。

125 六角莲

Dysosma pleiantha（Hance）Woodson

小檗科 Berberidaceae　　八角莲属(鬼臼属)

形态特征　多年生，高 20~60cm。全株无毛。根状茎粗壮，横生，结节状。地上茎直立。茎生叶常 2 枚，对生，盾状，长圆形或近圆形，长 16~33cm，宽 12~30cm，5~9 浅裂，边缘有针刺状细刺，稍反卷，辐射脉 5~9，自中心直达裂片先端；叶柄长。花 5~8 朵排成伞形花序状，生于 2 枚茎生叶叶柄交叉处；花梗下垂；萼片早落；花瓣 6，紫红色，长 3~4cm。浆果近球形或卵球形，长约 3cm，直径 1~2.5cm，幼时绿色，有黑色斑点，熟时近黑色。花期 4—5 月，果期 7—9 月。

分布与生境　见于龙山、掌起、观海卫、市林场等丘陵地区；生于山坡林下湿润处或阴湿溪谷草丛中。产于杭州、宁波、丽水、温州及安吉、嵊州、开化、天台等地；分布于安徽、福建、台湾。

主要用途　国家二级重点保护野生植物。根状茎药用，有祛瘀解毒之功效；根状茎及根有毒。

附种　八角莲（鬼臼）***D. versipellis***，叶 1(2) 枚；花着生于近叶基处，非两叶柄交叉处；叶背被毛或疏被毛至无毛，花梗被白色长柔毛或无毛，花萼被脱落性长柔毛。见于掌起(任佳溪)；生于较高海拔的山坡林下阴湿处。国家二级重点保护野生植物。

126 石蟾蜍 粉防己 金丝吊葫芦 *Stephania tetrandra* S. Moore

防己科 Menispermaceae 千金藤属

形态特征 多年生草质藤本。块根粗大,圆柱形。茎纤细。叶互生;叶片三角状广卵形,长4~9cm,宽5~9cm,先端尖或钝,具小尖头,基部截形或心形,全缘,两面被短柔毛,掌状脉5;叶柄盾状着生,长4~8cm。头状聚伞花序,再排成总状花序式;花单性,雌雄异株;花小,黄绿色;花瓣4。核果球形,成熟后红色,直径5~6mm。花期5—6月,果期7—9月。

分布与生境 见于全市丘陵地区;生于山坡、山谷林下、林缘、路旁灌草丛中。产于全省丘陵山区;分布于秦岭至淮河以南地区。

主要用途 根药用,有清热解毒、消肿止痛之功效。

127 无柄紫堇

Corydalis gracilipes S. Moore

罂粟科 Papaveraceae　　紫堇属

形态特征 多年生，高10~40cm。块茎不规则球形或椭球形，表面棕黑色，不定芽多，新块茎常叠生于老块茎上。茎细弱，单生或簇生。基生叶2~3，具长柄，叶片二回3出分裂，小叶有柄，2~3裂，小裂片狭长倒卵形，长1~2cm；茎生叶无柄或几无柄。总状花序具花3~10朵；苞片卵形或倒卵形；花梗明显长于苞片；花粉红色或淡紫色，上花瓣长1.4~1.8cm，距长6~7mm，蜜腺体中部稍膨大，长2~3mm；柱头与花柱成"丁"字形着生。蒴果条形，长1.3~1.8cm。种子具龙骨状凸起和泡状小凸起。花期3—4月，果期5月。

分布与生境 见于全市丘陵地区和南部平原；生于阔叶林下、路旁灌草丛中。产于湖州、杭州、宁波、舟山及平湖、三门、温岭、玉环、开化；分布于江苏、安徽、江西。

128 小花黄堇 黄花鱼灯草 | *Corydalis racemosa*（Thunb.）Pers.

罂粟科 Papaveraceae 紫堇属

形态特征 一年生，高10~50cm。具细长直根。茎有分枝。叶互生；基生叶片三角形，长3~13cm，二至三回羽状全裂，一回裂片3~4对，二回裂片卵形或宽卵形，浅裂或深裂，末回裂片狭卵形至宽卵形或条形，先端钝或圆形；基生叶具长柄。总状花序长3~7cm；花梗长1.5~2.5mm；花瓣淡黄色，瓣背稍隆起，上花瓣连距长6~9mm，距囊状，长1~2mm，末端圆形，蜜腺体长约1mm。蒴果条状圆柱形，长2~3.5cm。种子密生小圆锥状凸起。花期3—4月，果期4—5月。

分布与生境 见于全市各地；生于阴湿林下、溪沟边、路旁、墙脚草丛中。产于全省各地；分布于长江流域及其以南地区。

主要用途 全草药用，有清热解暑、利尿止痢、止血之功效。

附种 黄堇 ***C. pallida***，花梗长3~7mm；上花瓣连距长1.5~2cm，距短圆筒形，长6~8mm，蜜腺体长约5mm；蒴果念珠状。见于全市丘陵地区及沿山平原；生于林下、林缘、溪沟边、山麓或路旁阴湿处。

129 珠芽尖距紫堇 地锦苗

Corydalis sheareri S. Moore form. *bulbillifera* Hand.-Mazz.

罂粟科 Papaveraceae 紫堇属

形态特征 多年生，高 15~35cm。块根椭球形或短圆柱状，具多个钝角状凸起，直径 8~18mm。茎簇生。叶片三角形，长 3.5~10cm，二回羽状全裂，末回裂片卵形或菱状倒卵形，裂片中部以上不规则羽状浅裂，有时先端外面有暗紫斑；基生叶与茎下部叶具长柄，叶柄基部两侧具膜质翅；上部叶腋具珠芽。总状花序长 3.5~9cm；上部苞片全缘或具 1~2 齿，下部苞片 2~5 裂；花瓣蓝紫色，上花瓣连距长 2~2.8cm，距钻形，长 9~15mm，末端尖，蜜腺体长约 5mm，内花瓣先端暗紫色。蒴果圆柱状，长约 2.5cm。花期 3—4 月，果期 4—5 月。

分布与生境 见于全市丘陵地区与南部平原；生于山坡林下阴湿处、溪沟边草丛中。产于全省各地；分布于黄河中下游以南地区。

主要用途 块根和珠芽药用；可作地被植物。

附种 刻叶紫堇 ***C. incisa***，末回裂片倒卵状楔形，小裂片先端具细缺刻，先端外面无暗紫斑；叶腋无珠芽；苞片一至二回羽状深裂；花瓣背部具鸡冠状凸起，距圆筒形，末端钝。见于全市丘陵地区；生于潮湿林下、溪沟边、石缝、路旁。

130 博落回

Macleaya cordata（Willd.）R. Br.

罂粟科 Papaveraceae　　博落回属

形态特征　多年生，高1~2.5m。全株被白粉，含橙红色汁液。根状茎粗大，肥厚，黄色。茎直立，中空，无毛。叶互生；叶片宽卵形或近圆形，长5~30cm，宽5~25cm，7~9浅裂，边缘波状或具波状牙齿，下面被灰白色细毛；叶柄长2~15cm。圆锥花序长15~50cm；萼片2，黄白色，有时稍带红色，有膜质边缘，花后脱落；花瓣缺如。蒴果倒披针形或倒卵形，扁，长8~20mm，宽4~6mm，成熟时红褐色。花期6—8月，果期10月。

分布与生境　见于全市丘陵地区；生于山坡、溪边、路旁、山麓灌草丛中。产于全省各地；分布于长江流域及其以南地区。

主要用途　根、茎、叶均药用，又可作土农药（杀虫剂）；全株有毒。

131 荠菜 *Capsella bursa-pastoris* (L.) Medik.

十字花科 Brassicaceae 荠属

形态特征 一年生或二年生，高10~50cm。全株被单毛、分叉毛或星状毛。基生叶莲座状，平铺地面，叶片长圆形，大头状羽裂、深裂或不整齐羽裂，有时不分裂，长2~8cm，宽0.5~2.5cm，顶裂片显著大，叶柄有狭翅；茎生叶长圆形或披针形，长1~3.5cm，宽2~7mm，先端钝尖，基部箭形，抱茎，边缘具疏钝锯齿或近全缘。总状花序长达20cm；花瓣白色。短角果倒三角状心形，熟时开裂。花期11月至次年4月，果期次年5—7月。

分布与生境 见于全市各地；生于山坡、溪边、田野、路边、宅旁。产于全省各地；广布于全国各地。

主要用途 嫩苗为著名野菜，也见栽培；全草药用，有疏肝和中、清热解毒、凉血止血之功效；蜜源植物。

132 碎米荠

Cardamine occulta Hornem.

十字花科 Brassicaceae　　碎米荠属

形态特征　一年生或二年生,高15~35cm。无根状茎。茎直立或斜升,密被白色粗毛。奇数羽状复叶,小叶两面及边缘被柔毛,叶柄基部无叶耳抱茎;基生叶与茎下部叶具柄,小叶2~5对,顶生小叶片宽卵形至肾圆形,长5~14mm,宽4~14mm,边缘有3~7波状齿,有小叶柄,侧生小叶片卵形或近圆形,较小,基部稍歪斜,边缘有2~3圆齿,有小叶柄或无;茎上部叶具短柄,无小叶柄,顶生小叶片菱状长卵形,长5~20mm,先端3齿裂,侧生小叶片卵形至条形,全缘或具1~2齿。总状花序;花瓣白色。长角果圆柱状,长3cm,果瓣常规开裂。花期2—4月,果期3—5月。

分布与生境　见于全市各地;生于山坡、溪边、路旁、田野阴湿处。产于全省各地;分布几遍全国。

主要用途　全草药用,有清热利湿、利尿解毒之功效;嫩茎叶作野菜。

附种1　毛果碎米荠 *C. impatiens* var. ***dasycarpa***,茎生叶叶柄基部有1对狭披针形叶耳抱茎,羽状复叶具小叶3~8对;长角果成熟时果瓣自下而上弹卷开裂。见于全市丘陵地区及南部平原;生于山坡、山谷、田野、水边等阴湿处。

附种2　水田碎米荠 *C. lyrata*,植株无毛;具根状茎和匍匐茎;匍匐茎中部以上的叶片为单叶;茎生叶无叶柄,具裂片2~9对,最下1对裂片向下抱茎。见于全市丘陵地区与南部平原;生于水田边、溪沟边和浅水处。

133 臭荠

Coronopus didymus (L.) Sm.

十字花科 Brassicaceae 臭荠属

形态特征 一年生或二年生。全株有臭气味。主茎短而不明显，多分枝，通常匍匐，具柔毛。叶片一至二回羽状全裂，裂片3~7对，条形或狭长圆形，长2.5~10mm，宽约1mm，先端急尖，基部渐狭，全缘，无毛；叶柄长5~6mm。总状花序腋生，长1~4cm；花微小，直径约1mm；花瓣白色，有时黄绿色或青蓝色。短角果沿中央2裂，分离，皱缩成网纹。花期3—4月，果期4—5月。

分布与生境 见于全市各地；生于田野、路旁。产于全省各地；分布于华东、华中、华南、西南。

主要用途 全草入药，用于治疗骨折；全草可作土农药。

134 北美独行菜 | *Lepidium virginicum* L.

十字花科 Brassicaceae　　独行菜属

形态特征　一年生或二年生，高30~70cm。茎直立，具柱状腺毛。基生叶片倒披针形或椭圆形，长1~4.5cm，羽状分裂或大头羽状分裂，裂片大小不一，卵形或长圆形，边缘有锯齿，两面被短伏毛，叶柄长1~1.5cm；茎生叶片倒披针形或条形，长1.5~3.5cm，宽2~10mm，边缘有锯齿或近全缘，两面无毛，有短柄。总状花序；花瓣4，白色，有时无花瓣。短角果近圆形，长2~3mm，扁平，顶端微凹。花期4—5月，果期5—7月。

分布与生境　归化种。原产于美洲。全国各地广泛归化。全市各地有归化；生于田野、路旁、溪边草丛中。

主要用途　种子药用，称“葶苈子”，有清肺定喘、行水消肿之功效；嫩茎叶作野菜。

135 蓝花子 | *Raphanus sativus* L. var. *raphanistroides*（Makino）Makino

十字花科 Brassicaceae　　萝卜属

形态特征　二年生，高 30~40cm。主根细长，不呈肉质肥大，侧根发达。基生叶片通常大头状羽裂，侧生裂片 2~3 对，向基部渐缩小，边缘有不整齐大牙齿或缺刻，有叶柄；茎生叶片长圆形至披针形，不裂或稍分裂，边缘具锯齿或缺刻，稀全缘。总状花序；花瓣淡蓝紫色，倒卵形，长约 2cm，有长瓣柄。长角果肉质，近圆柱形，长 1~2cm，顶端具喙。花果期 4—6 月。

分布与生境　见于龙山；生于沿海滩涂。产于全省大陆近海地区与海岛；分布于江苏、台湾等地。

主要用途　种子药用，有宽中下气、通食解毒之功效；种子油供食用；嫩叶作野菜。

136 蔊菜 印度蔊菜

Rorippa indica (L.) Hiern

十字花科 Brassicaceae　　蔊菜属

形态特征 一年生或二年生,高15~50cm。茎直立或斜升,有时带紫色。叶形多变化;基生叶和茎下部叶大头状羽裂,长7~12cm,宽1~3cm,顶生裂片较大,卵形或长圆形,先端圆钝,边缘有牙齿,侧生裂片2~5对,向下渐小,两面无毛,有叶柄;茎上部叶向上渐小,叶片长圆形或披针形,多不分裂,边缘具疏齿,有短柄或稍耳状抱茎。总状花序;无苞片;花瓣黄色,匙形。长角果圆柱形,长1~2cm,果梗长5~9mm。花果期4—9月。

分布与生境 见于全市各地;生于田野、路旁、墙脚、水畔。产于全省各地;分布于除黑龙江、吉林、内蒙古、新疆以外的全国各地。

主要用途 全草药用,有解表健胃、止咳化痰、清热解毒、散寒消肿之功效;嫩苗作野菜;蜜源植物。

附种 广州蔊菜 ***R. cantoniensis***,基生叶羽状深裂,长2~5cm;茎生叶羽状浅裂,卵状披针形,基部具耳状小裂片;花具叶状苞片;短角果长6~8mm,果梗长1~3mm。见于全市丘陵地区与南部平原;生于山坡、路旁、田边潮湿处。

137 茅膏菜 光萼茅膏菜 陈伤子 | *Drosera peltata* Thunb.

茅膏菜科 Droseraceae 茅膏菜属

形态特征 多年生,高8~25cm。球茎鳞茎状,直径1~9mm,紫褐色,具紫红色汁液。茎直立,有时匍匐状,顶部3至多个分枝。不退化基生叶片圆形或扁圆形,长2~4mm,退化基生叶片条状钻形,长约2mm;茎生叶稀疏,互生,叶片半月形或半圆形,长2~3mm,基部近平截,叶缘密生头状黏腺毛;叶柄盾状着生。聚伞花序顶生,具花3~22朵;花萼5~6裂,裂片大小不等,歪斜,呈一边具角的披针形或卵形,背面被长腺毛;花瓣楔形,白色、淡红色或红色,基部有黑点或无。花果期4—9月。

分布与生境 见于全市丘陵地区;生于山坡、路旁潮湿灌草丛中。产于全省各地;分布于华东、华中、华南。

主要用途 球茎及全草药用,有清热解毒、活血消肿、散结止痛之功效。

138 八宝

Hylotelephium erythrostictum (Miq.) H. Ohba

景天科 Crassulaceae　　八宝属

形态特征　多年生,高30~80cm。植株肉质。块根胡萝卜状。茎直立,少分枝。叶对生,少互生或3枚轮生;叶片长圆形或卵状长圆形,长3.5~8cm,宽2~5cm,先端钝,边缘疏生钝齿;无柄。聚伞状伞房花序顶生,花密集;花瓣白色或粉红色,宽披针形,长4~6mm;鳞片5,长圆状楔形,长约1mm;心皮5,稍长于花瓣,基部分离。花期5—10月。

分布与生境　见于龙山(伏龙山);生于山坡岩石缝间或疏林下草丛中。产于安吉、杭州市区、临安、淳安、鄞州、余姚、奉化、象山、普陀、嵊泗、磐安、天台、温岭、缙云、庆元、景宁、文成等地;分布于华东、华中、西南、华北、东北及陕西等地。

主要用途　全草药用,有清热解毒、止血之功效;花供观赏。

139 晚红瓦松

Orostachys japonica A. Berger

景天科 Crassulaceae　　**瓦松属**

形态特征　多年生，高15~25cm。植株肉质。茎直立，与叶、萼片及花瓣均具红色小圆斑。莲座状叶狭匙形，长1.5~3cm，宽4~7mm，先端长渐尖，有软骨质刺，边缘不呈流苏状；茎下部叶条形至条状披针形。总状花序，紧密排成长筒状，长8~20cm；苞片叶状，较小；花瓣白色或淡紫色；花药暗紫色；心皮5，分离。蓇葖果。花期9—10月；果期10—11月。

分布与生境　见于全市各地；生于岩石上、溪沟边、旧屋砖瓦缝中。产于全省各地；分布于华东、华北、东北。

主要用途　全草药用，有凉血止血、清热解毒、收湿敛疮之功效；嫩叶作野菜；植株及花供观赏。

140 珠芽景天 珠芽石板菜 *Sedum bulbiferum* Makino

景天科 Crassulaceae 景天属

形态特征 一年生,高10~20cm。植株肉质。茎细弱,直立或斜升。叶腋常生球形肉质小珠芽;叶互生,茎基部叶常对生;叶片卵状匙形或倒披针形,长7~15mm,宽2~4mm,先端钝,基部渐狭,有短距。聚伞花序2~3分枝,花无梗;花瓣黄色,长4~5mm;花药黄色;鳞片5。蓇葖果。花期4—5月。

分布与生境 见于全市各地;生于山坡、溪边、田野、草地阴湿处。产于全省各地;分布于长江流域及其以南地区。

主要用途 全草药用,有消炎解毒、散寒理气之功效;嫩茎叶作野菜。

141　圆叶景天　*Sedum makinoi* Maxim.

景天科　Crassulaceae　　景天属

形态特征　多年生，高 15~25cm。植株肉质；全体无毛。茎直立或斜升，下部节上常生不定根。叶对生；叶片倒卵形至倒卵状匙形，长 15~20mm，宽 6~8mm，先端钝圆，基部渐狭，有短距，具假叶柄。聚伞花序，二歧分枝；花无梗；苞片与叶同形而较小；萼片条状匙形，基部有短距；花瓣黄色，长 4~5mm；花药紫褐色；鳞片 5。蓇葖果斜展。花期 6—7 月。

分布与生境　见于全市丘陵地区；生于山谷林下阴湿处及溪沟边岩石上。产于杭州、宁波及普陀、温岭、乐清、缙云等地；分布于江苏、安徽。

主要用途　嫩茎叶作野菜。

附种 1　东南景天 ***S. alfredii***，叶互生，下部叶常脱落，上部叶常聚生；叶片匙形至匙状倒卵形。见于全市丘陵地区；生于林下阴湿处、溪沟边或岩石上。

附种 2　凹叶景天 ***S. emarginatum***，叶片匙状倒卵形至宽卵形，先端微凹；花序常有 3 个分枝，萼片披针形至长圆形。见于全市丘陵地区；生于林下阴湿处、溪沟边或石隙中。

142 垂盆草

Sedum sarmentosum Bunge

景天科 Crassulaceae　　景天属

形态特征 多年生。植株肉质。不育枝匍匐,长10~25cm,节上生根。3叶轮生;叶片倒披针形至长圆形,长15~25mm,宽3~5mm,先端尖,基部渐狭,有短距。聚伞花序顶生,3~5分枝;花稀疏,无梗;苞片叶状而较小;萼片不等长;花瓣5,黄色,长5~8mm;鳞片5。蓇葖果。花期5—6月,果期7—8月。

分布与生境 见于全市各地;生于山坡、溪边岩石上、路边和村落墙脚处。产于全省各地;分布于长江中下游、黄河中下游地区及东北,各地常栽培。

主要用途 全草药用,有清热利湿、解毒消肿之功效;嫩茎叶作野菜;用作耐阴地被,也供盆栽和屋顶绿化。

附种1 狭叶垂盆草(变种)var. ***angustifolium***,叶片条状披针形至条形,宽2~3mm。见于全市丘陵地区;生于山坡、溪谷边湿处。

附种2 佛甲草 ***S. lineare***,茎直立或斜升;3叶轮生,稀4叶轮生或2叶对生;叶片条形或近圆柱形,宽1~2mm;聚伞花序2~3分枝。见于全市丘陵地区、平原孤丘和南部平原;生于山坡岩石上、低山阴湿处、路边、宅旁。

143 虎耳草 | *Saxifraga stolonifera* Curtis

虎耳草科 Saxifragaceae　　虎耳草属

形态特征　多年生，高14~45cm。常绿。匍匐茎细长，带红紫色。单叶，基生；叶片肉质，近圆形或肾形，长1.5~7cm，宽2.2~8.5cm，基部心形或截形，上面常具脉状白色、淡绿色或紫褐色斑纹，下面紫红色、灰白色或有斑点，两面被伏毛，边缘浅裂并有不规则浅牙齿；叶柄长达14cm，被开展长柔毛。花序疏圆锥状，长10~26cm，被短腺毛；花两侧对称，花瓣白色，5枚，上方3枚小，有黄色及紫红色斑点，卵形，长约3mm，下方2枚大，无斑纹，披针形，长8~15(20)mm。蒴果具2喙。花期4—7月，果期6—10月。

分布与生境　见于全市丘陵地区；生于林下阴湿处、溪边石缝中。产于全省各地；分布于长江流域及其以南地区、河北、山西。

主要用途　全草药用，有清热解毒、祛风止痛之功效；嫩叶作野菜；供盆栽观赏。

144 龙牙草 仙鹤草 *Agrimonia pilosa* Ledeb.

蔷薇科 Rosaceae 龙牙草属

形态特征 多年生,高30~100cm。茎、叶柄、叶轴、花序轴均被开展长柔毛和短柔毛。根多呈块茎状,具地下芽。奇数羽状复叶,互生;小叶7~9,稀3~5,常杂有小型小叶;茎上部托叶镰形,稀卵形,边缘有尖锐锯齿或裂片,稀全缘;茎下部托叶卵状披针形,常全缘;小叶片倒卵形、倒卵状椭圆形或倒卵状披针形,长1.5~5cm,宽1~2.5cm,先端急尖至圆钝,稀渐尖,基部楔形,边缘有急尖或圆钝锯齿,下面具黄色腺点,无柄或有短柄。穗状总状花序;花直径6~9mm;花瓣黄色。果实倒卵状圆锥形,顶端有数层钩刺。花果期5—12月。

分布与生境 见于全市丘陵地区;生于山坡、沟谷、溪边、路旁、山麓灌草丛中。产于全省各地;分布几遍全国。

主要用途 地上部、地下部分别药用;全株可作土农药;嫩叶作野菜;蜜源植物;花供观赏。

145 蛇莓 蛇果果

Duchesnea indica (Andr.) Focke

蔷薇科 Rosaceae　　蛇莓属

形态特征　多年生。匍匐茎纤细，长30~100cm，有柔毛，节处生不定根。3出复叶；小叶片倒卵形至菱状长圆形，不裂，长2~3.5cm，宽1~3cm，先端圆钝，基部楔形，边缘有钝锯齿，两面被柔毛或上面无毛；基生叶叶柄长，茎生叶叶柄短，有小叶柄；具托叶。花单生；直径1.5~2.5cm；萼片5；副萼片5，先端3(5)裂，比萼片大；花瓣黄色；花托在果期增大，海绵质，鲜红色，具光泽，直径1~2cm，被长柔毛。瘦果暗红色，直径约1.5mm，光滑，鲜时有光泽。花期4—5月，果期5—6月。

分布与生境　见于全市各地；生于山坡、溪边、田野和路旁潮湿处。产于全省各地；分布于辽宁以南地区。

主要用途　全草药用，有清热解毒、凉血止血、散瘀消肿之功效；全草可作土农药；地被植物；蜜源植物。

附种　皱果蛇莓 ***D. chrysantha***，顶小叶有时2~3深裂，侧小叶常2裂；花较小，直径1.2~1.5cm，花托无光泽，副萼片先端5(7)齿裂；瘦果表面具多数明显皱纹，干时略呈小瘤状凸起。见于全市各地；生于山坡路旁、田野潮湿处。

146 翻白草 翻白委陵菜 *Potentilla discolor* Bunge

蔷薇科 Rosaceae　　委陵菜属

形态特征　多年生,高10~45cm。根状茎粗壮,呈纺锤形。叶背、叶柄、茎生托叶、花茎、花梗均密被灰白色绵毛。茎直立、上升或微铺散;基生羽状复叶,小叶5~9(11),小叶片长圆形或长圆状披针形,长1~5cm,宽5~8mm,先端圆钝,稀急尖,基部楔形、宽楔形或斜圆形,边缘具圆钝粗锯齿,上面被稀疏白绵毛或近无毛;具长叶柄,无小叶柄;茎生叶具3小叶;具托叶。聚伞花序疏散;花直径1~2cm;具萼片和副萼片;花瓣黄色。瘦果。花果期5—9月。

分布与生境　见于观海卫(卫山)等地;生于山坡疏林下草丛中。产于全省各地;分布于华东、华中、华北、东北及广东等地。

主要用途　全草药用,有解毒、消肿、止痢、止血之功效;根状茎富含淀粉;嫩苗作野菜;地被植物。

附种　朝天委陵菜 ***P. supina***,小叶片长圆形或倒卵状长圆形,长1~2.5cm,基部歪楔形,边缘有圆钝或缺刻状锯齿,下面绿色;茎下部花为单花,上部花为伞房状聚伞花序。见于全市各地;生于山坡草丛、平原田野。

147 蛇含委陵菜 蛇含 | *Potentilla sundaica* (Blume) W. Theob.

蔷薇科 Rosaceae 委陵菜属

形态特征 一年生至多年生。茎上升或匍匐，长20~50cm，被柔毛，有时节处生根，并发育成新植株。茎中下部叶为近鸟足状复叶，5小叶，茎上部叶为3小叶；小叶片倒卵形或长圆状倒卵形，长0.5~4cm，宽0.4~2cm，先端圆钝，基部楔形，边缘具锐尖或圆钝锯齿，两面通常被疏柔毛；具托叶。聚伞花序，花密集于枝顶，如伞形，或呈疏松聚伞状；花直径0.8~1cm；有萼片和副萼片；花瓣黄色。瘦果。花果期4—9月。

分布与生境 见于全市各地；生于山坡、田边、路旁、水边草丛中。产于全省各地；分布于辽宁以南地区。

主要用途 全草药用，有清热解毒、消肿止痛之功效。

148 合萌

Aeschynomene indica L.

豆科 Leguminosae　　合萌属

形态特征 一年生半灌木状草本,高30~100cm。茎直立,无毛。偶数羽状复叶,互生,小叶20~30对;托叶膜质,披针形,长约1cm,基部耳形;小叶片条状长椭圆形,长3~8mm,宽1~3mm,先端钝,具小尖头,基部圆形,歪斜,具1脉,叶面密布腺点,叶背稍被白粉。总状花序腋生,有花2~4朵;花序梗疏生刺毛,与花梗均具黏性;花冠黄色,具紫纹;雄蕊二体(5+5)。荚果条形,长1~3cm,扁平,稍弯,有3~10荚节,腹缝直,背缝呈波状,平滑或有疣凸,每节种子1,成熟时逐节断裂。花期7—8月,果期9—10月。

分布与生境 见于全市各地;生于田野、路边水湿处及绿化带中。产于全省大多数地区;分布于全国各地。

主要用途 全草药用,有清热解毒、平肝明目、利尿之功效;嫩叶作野菜;优良牧草;纤维植物。

149 三籽两型豆 *Amphicarpaea edgeworthii* Benth.

豆科 Leguminosae 两型豆属

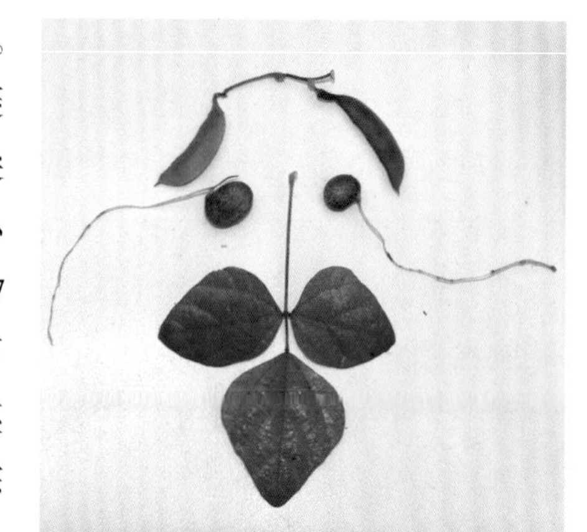

形态特征 一年生缠绕草本。全株密被倒向淡褐色粗毛。茎纤细。羽状3出复叶;托叶有显著脉纹;顶生小叶片菱状卵形或宽卵形,长2~6cm,宽1.8~1.5cm,先端钝,具小尖头,基部圆形或宽楔形,基出脉3,两面密被贴伏毛;侧生小叶片偏卵形,略小,几无柄。花二型:茎上部为有瓣花,3~7朵组成总状花序,花瓣白色或淡紫色,长1.3~1.5cm;茎下部具无瓣花(闭锁花),子房伸入地下结实。荚果二型:茎上部果镰状,种子3;茎下部果近球形,种子1。种子红棕色,有黑色斑纹。花果期8—11月。

分布与生境 见于全市丘陵地区;生于山坡、林缘、路旁灌草丛中。产于全省各地;分布于华东、华中、西南、华北、东北等地。

主要用途 全草和根药用,有消食、解毒、止痛之功效;地下种子供食用;全草作饲料。

150 土圞儿

Apios fortunei Maxim.

豆科 Leguminosae　　　　土圞儿属

形态特征　多年生缠绕草本。块根宽椭球形、近球形或纺锤形。茎疏被倒向白色短柔毛。羽状复叶,互生,小叶3~7;叶柄长2.5~7cm;顶生小叶片宽卵形至卵状披针形,长4~10cm,宽2~6cm,先端渐尖或尾尖,有小尖头,基部圆形或宽楔形,两面有糙伏毛,小叶柄长1~2.5cm;侧生小叶片斜卵形。总状花序长8~28cm;花萼钟形;花冠淡黄绿色,有时带紫晕,龙骨瓣初时内卷成1管,先端弯曲,后旋卷;雄蕊二体(9+1),雄蕊管及花柱反折,随之卷曲。荚果条形。花期6—8月,果期9—10月。

分布与生境　见于全市丘陵地区;生于向阳山坡、林缘、路旁灌草丛中。产于全省丘陵山区及近海岛屿;分布于长江以南地区。

主要用途　块根药用,有消肿解毒、祛痰止咳之功效;块根作野菜或提取淀粉;供篱笆、围栏等处绿化。

附注　圞,音luán。

151 紫云英 红花草子 秠花草子 *Astragalus sinicus* L.

豆科 Leguminosae **黄耆属(黄芪属)**

形态特征 二年生,高10~25cm。全株疏生白色伏毛。茎纤细,基部匍匐,多分枝。奇数羽状复叶,互生,小叶7~13;托叶离生,卵形,长3~6mm;小叶倒卵形或宽椭圆形,长6~15mm,先端圆,有时微凹,基部宽楔形,两面被伏毛。总状花序短缩成头状,具花7~10朵;花序梗长5~15cm,花梗很短;萼齿与花萼筒近等长;花冠紫红色,稀白色,旗瓣倒卵形,翼瓣与龙骨瓣均具瓣柄;雄蕊二体(9+1)。荚果成熟时呈黑色,条状柱形,微弯,具喙,背缝线内凹成沟。花期3—5月,果期4—6月。

分布与生境 原产于华东、华中、华南、西南及河北,日本也有。全国多数地区有栽培,有时逸生。全市各地均有栽培,并逸生;生于山坡、林缘、溪畔、田野、路旁或村边。

主要用途 优良绿肥和饲料;重要蜜源植物;嫩茎叶可食;种子及全草药用,有清热解毒、利尿消肿之功效;花供观赏。

附注 秠,音pī。

152 毛野扁豆

Dunbaria villosa (Thunb.) Makino

豆科 Leguminosae　　野扁豆属

形态特征　多年生缠绕草本。全体具锈色腺点。茎密被倒向短柔毛。羽状3出复叶,互生;叶柄长0.6~2.5cm;具托叶和小托叶;顶生小叶片近扁菱形,长1.3~3cm,宽1.5~3.5cm,先端骤突尖或急尖而钝,基部圆形至截形,两面疏生极短柔毛;侧生小叶片斜宽卵形,较小。总状花序腋生,有花2~7朵;萼齿5,上方2枚合生,最下1枚最长;花冠黄色,花瓣基部有耳;雄蕊二体(9+1)。荚果扁平,密被短柔毛。花期8—9月,果期9—11月。

分布与生境　见于全市丘陵地区;生于灌草丛中。产于全省各地;分布于华东及湖南、广东、广西、贵州。

主要用途　全草或种子药用,有清热解毒、消肿止带之功效;供垂直绿化。

153 野大豆 *Glycine soja* Siebold et Zucc.

豆科 Leguminosae　　大豆属

形态特征 一年生缠绕草本。各部被棕黄色、黄色或棕褐色长硬毛。羽状3出复叶,互生;托叶宽披针形,小托叶狭披针形;顶生小叶片卵形至条形,长2.5~8cm,宽1~3.5cm,先端急尖,基部圆形;侧生小叶片较小,基部偏斜。总状花序腋生,长2~5cm;花冠淡紫色,稀白色,长5~7mm,旗瓣近圆形;雄蕊近单体。荚果条形,长1.5~3cm,宽4~5mm,扁平,略弯。种子黑色。花期6—8月,果期9—10月。

分布与生境 见于全市各地;生于向阳山坡、林缘、路旁、田野、海涂灌草丛中。产于全省各地;分布于除新疆、青海和海南以外的全国各地。

主要用途 国家二级重点保护野生植物。全草或种子药用;种子可食;大豆育种种质资源。

154 鸡眼草 | *Kummerowia striata* (Thunb.) Schindl.

豆科 Leguminosae 鸡眼草属

形态特征 一年生,高10~30cm。茎匍匐状,与分枝均被下向白色长柔毛。羽状3出复叶,互生;托叶狭卵形,长4~7mm,脉纹明显,有长缘毛;小叶片倒卵状长椭圆形或长椭圆形,长5~15mm,宽3~8mm,先端圆钝,有小尖头,基部楔形,两面沿中脉及叶缘被长柔毛,侧脉密而平行;叶柄长2~4mm,小叶柄短。花1~3朵腋生;叶状苞片2,长3~6mm;小苞片4,其中1枚生于花梗关节下;花萼长3~4mm;花冠淡红色,长5~7mm,有时退化。荚果熟时茶褐色,长约4mm,具尖喙,扁平,与宿存花萼近等长。花期7—9月,果期10—11月。

分布与生境 见于全市各地;生于路边、田野等草丛中及草坪上。产于全省各地;分布于全国各地。

主要用途 全草药用,有清热利湿、消疳止泻之功效;幼苗作野菜;保土植物。

附种 短萼鸡眼草(竖毛鸡眼草、长萼鸡眼草)***K. stipulacea***,茎和分枝被上向长柔毛,毛易脱落;小叶片倒卵形,有时倒卵状长圆形,先端常微凹;小苞片3;花萼长1~1.5mm;荚果无尖喙,显著长于宿存花萼。见于全市各地,但较少见;生于田边、路旁、山坡草丛及草坪中。

155 南苜蓿 黄花草子 金花菜 草子腩 *Medicago polymorpha* L.

豆科 Leguminosae 苜蓿属

形态特征 二年生，高20~30cm。茎匍匐或稍直立，无毛。羽状3出复叶，互生；托叶卵状长圆形，边缘细裂；小叶片宽倒卵形或倒心形，长1~2.5cm，宽0.6~2cm，先端微凹或圆钝，基部楔形，上端边缘有细齿；下部叶叶柄长达7cm，上部叶叶柄较短；顶生小叶叶柄长3~7mm，侧生小叶叶柄极短。总状花序呈头状，腋生，长1~2cm，花2~8朵集生；花序梗长0.7~1cm；花冠黄色，长约4mm。荚果二至四回螺旋状旋卷，直径约0.6cm，具疏钩刺。花期3—5月，果期5—6月。

分布与生境 归化种。原产于印度等地。我国长江流域有归化，常栽培。全市各地有归化；生于田野、山坡、路旁、水边。

主要用途 优良绿肥、牧草；嫩叶可食用；全株和根药用，有清热凉血、利湿退黄、通淋排石之功效；蜜源植物。

附种 天蓝苜蓿 ***M. lupulina***，托叶斜卵状披针形，边缘有锯齿；花10~15朵密集成短总状花序，花冠长1.5~2mm；荚果弯曲成肾形，无刺。见于全市各地；生于田野、路旁。

156 黄香草木樨 草木樨 | *Melilotus officinalis* (L.) Lam.

豆科 Leguminosae 草木樨属

形态特征 二年生,高0.5~2m。全株有香气。茎直立,多分枝,无毛。羽状3出复叶,互生;托叶条形,长5~8mm;小叶片椭圆形、长椭圆形至倒披针形,长1~2.5cm,宽5~12mm,先端钝圆,基部楔形,边缘有细锯齿,侧脉伸至齿端;叶柄长1~2cm;顶生小叶叶柄长达5mm,侧生小叶叶柄长约1mm。总状花序腋生,长4~10cm;花梗长1.5~2mm,下弯;花冠黄色;雄蕊筒在花后常宿存于果外。荚果具短喙,有网纹。花期5—7月,果期8—9月。

分布与生境 见于龙山、掌起、观海卫、附海、新浦、崇寿、庵东、长河、周巷等地;生于潮湿滨海与旷野。产于杭州、宁波、舟山、温州及开化等地;分布几遍全国。

主要用途 全草药用,有止咳平喘、散结止痛之功效;全草可提取芳香油;嫩茎叶作野菜;地上部作绿肥及牧草;蜜源植物。

157 鹿藿

Rhynchosia volubilis Lour.

豆科 Leguminosae　　鹿藿属

形态特征　多年生缠绕草本。全株密被棕黄色开展柔毛。羽状3出复叶,互生;顶生小叶片圆菱形,长2.7~6cm,宽2.3~6cm,先端急尖或圆钝,基部圆或宽楔形,下面散生橘红色腺点;侧生小叶片斜卵形或斜宽卵形;叶柄长1~6cm;小叶柄长2~7mm,侧生者较短。总状花序,有时聚成圆锥状;花萼密被腺点;花冠黄色,长7~8mm,各瓣均具耳及瓣柄,旗瓣基部有附属物,龙骨瓣先端有长喙。荚果红褐色,扁椭球状,长约1.5cm,具小喙。种子黑色。花期7—9月,果期10—11月。

分布与生境　见于全市丘陵地区及南部平原;生于山坡林缘、路旁及绿化带草丛中。产于全省各地;分布于长江以南地区。

主要用途　种子药用,有镇咳祛痰、解毒杀虫之功效;种子可食;供篱笆、围栏绿化。

158 田菁

Sesbania cannabina (Retz.) Poir.

豆科 Leguminosae　　田菁属

形态特征　一年生,半灌木状,高1.5~3m。茎直立,微被白粉,折断后有白色黏液。偶数羽状复叶,互生;小叶20~60,小叶片条形或条状长圆形,长0.8~2.5cm,宽2.5~5mm,先端钝,具小尖头,基部圆形,两侧不对称,两面密生褐色小腺点;托叶盾状着生,早落;小托叶钻形,宿存。总状花序腋生,花2~6朵疏生;花序梗、花梗下垂;花冠黄色,旗瓣常有紫斑;雄蕊二体(9+1)。荚果细圆柱形,长15~18cm。种子绿褐色,短圆柱状。花果期8—10月。

分布与生境　归化种。原产于大洋洲。我国中东部及西南等地有栽培,并归化。全市各地有归化;生于海滨、田野、路旁草丛中。

主要用途　重要绿肥植物;嫩茎叶作野菜;土壤改良植物;纤维植物;蜜源植物;根、叶、种子分别药用。

159 大巢菜 救荒野豌豆 *Vicia sativa* L.

豆科 Leguminosae 野豌豆属

形态特征 一年生或二年生，高30~80cm。全体被毛。茎斜升或攀援。偶数羽状复叶，互生；小叶6~14，小叶片条形、倒卵状长圆形或倒披针形，长0.7~2.3cm，宽2~8mm，先端截形或微凹，具小尖头，基部楔形；叶柄长不超过4mm，小叶柄短；叶轴顶端卷须2~3分枝；托叶半箭形，边缘具牙齿。花1~2朵腋生；花序梗极短；花冠紫红色，旗瓣长1.2~1.4cm。荚果扁柱状，长3~5cm，宽4~7mm。种子4~6，黑色，球形。花期3—6月，果期4—7月。

分布与生境 见于全市各地；生于山坡、路旁、水边及田野草丛中。产于全省各地；分布于全国各地。

主要用途 嫩茎叶、果可食；饲料植物；全草或种子药用；蜜源植物。

附种1 小巢菜 ***V. hirsuta***，小叶片条形或条状长圆形，长3~15mm，宽1~4mm，两面无毛；总状花序有花2~6朵，旗瓣长3.5mm；荚果长7~10mm，宽3.5~4mm；种子1~2。见于全市各地；生于山坡、山麓、田野、路边草丛中。

附种2 四籽野豌豆 ***V. tetrasperma***，卷须通常不分枝；小叶片长4~5mm，宽2~4mm，先端圆钝；花序梗显著，比复叶短或近等长；旗瓣长4.5~6mm；荚果长1~1.4cm；种子3~4。见于全市各地；生于田野、路旁草丛中。

160 山绿豆 贼小豆 | *Vigna minima* (Roxb.) Ohwi et H. Ohashi

豆科 Leguminosae 豇豆属

形态特征 一年生缠绕草本。茎纤细,无毛或被稀疏硬毛。羽状3出复叶,互生;托叶条状披针形,盾状着生;顶生小叶片卵形至条形,形状变化大,长2~8cm,宽0.4~3cm,先端急尖或稍钝,基部圆形或宽楔形,下面脉上有毛;侧生小叶片基部常偏斜;叶柄长2~3cm。总状花序腋生,花序梗长于叶柄;花冠黄色,龙骨瓣先端卷曲。荚果圆柱形,长3~5.5cm,直径约4mm,无毛。种子红褐色,圆柱状,长约4mm,种脐凸起。花期8月,果期10月。

分布与生境 见于全市各地;生于山坡、溪沟边、路旁灌草丛中。产于杭州、宁波、台州及普陀、永嘉、洞头、苍南、泰顺等地;分布于长江以南地区及北方沿海。

主要用途 种子药用,有清湿热、利尿、消肿之功效。

附种1 赤小豆 *V. umbellata*,托叶斜卵形;顶生小叶片卵形或宽卵形,有时3浅裂;种子长6~10mm,种脐凹陷。归化种。原产于亚洲热带地区。全市各地有归化;生于田野、水边、路旁草丛中。

附种2 野豇豆 *V. vexillata*,多年生;花冠紫红色至紫褐色;荚果被毛;种子黑色。见于全市丘陵地区及沿山平原;生于山坡林缘、山麓草丛中。

161 酢浆草 酸酸草 *Oxalis corniculata* L.

酢浆草科 Oxalidaceae 酢浆草属

形态特征 多年生，高10~35cm。地下无鳞茎。全株疏被柔毛。茎柔弱，多分枝，常平卧，匍匐茎节上生根。掌状3出复叶，互生；小叶片倒心形，长0.5~1.3cm，宽0.7~2cm，先端凹；叶柄长2~7cm，小叶无柄；托叶明显，小，长圆形或卵形，与叶柄合生。花单生或成伞形花序，腋生；花直径约1.5cm；花瓣5，黄色，稍外卷。蒴果长圆柱形，长1~2cm，具5棱，室背开裂。花果期4—11月。

分布与生境 见于全市各地；生于路旁、溪沟边、山坡、田野等处。产于全省各地；全国广布。

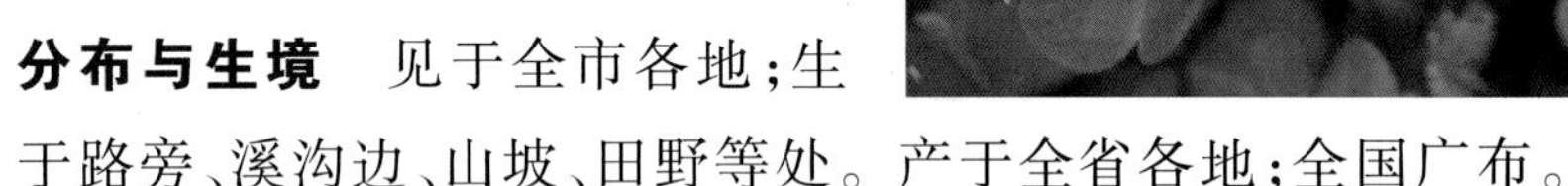

主要用途 全草药用，有清热解毒、消肿散瘀之功效；嫩茎叶作野菜；嫩叶味酸；蜜源植物。

附注 酢，音cù。

附种1 红花酢浆草 ***O. corymbosa***，地下具球状鳞茎，无地上茎；小叶片长1~4cm，宽1.5~6cm；聚伞花序呈复伞状；花瓣内面粉红色，基部淡绿色，有红色脉纹。原产于南美洲。全市各地有栽培，并逸生；生于田野、山麓、路边、墙脚等处。

附种2 直立酢浆草 ***O. stricta***，茎直立，单一或少分枝；托叶无或不明显。见于全市丘陵地区及南部平原；生于溪沟边、路旁等处。

162 野老鹳草

Geranium carolinianum L.

牻牛儿苗科 Geraniaceae　　老鹳草属

形态特征 一年生,高20~80cm。茎直立或斜卧,单一或分枝,具棱角;嫩枝与叶柄密被倒向柔毛。基生叶早枯,茎生叶互生或上部者对生;叶片圆肾形,长2~3cm,宽4~7cm,基部心形,掌状5~7深裂至近基部,裂片再3~5浅裂至中裂,两面被短柔毛。花序具花2朵,花梗短;花萼长5~7mm,被柔毛和腺毛;花瓣5,淡红色,稍长于萼片。蒴果长约2cm,被毛,顶端具长喙。花期4—7月,果期5—9月。

分布与生境 归化种。原产于北美洲。我国有归化。全市各地有归化;生于山坡、路边、水旁、荒地草丛中。

主要用途 全草药用,有祛风收敛和止泻之功效;蜜源植物。

附注 牻,音máng。

163 香港远志 *Polygala hongkongensis* Hemsl.

远志科 Polygalaceae 远志属

形态特征 多年生，高15~35cm。根近木质化。叶互生；茎下部叶卵形，长1~2cm，向上渐大，茎中上部叶片长卵形或披针形，长4~6cm，宽2~2.2cm，先端渐尖，基部圆形，全缘，中脉上面凹陷，侧脉两面均不明显；叶柄极短。总状花序顶生兼腋生，长3~6cm；萼片5，宿存，外3枚舟形，背面中脉具狭翅，内2枚较大，花瓣状；花瓣3，白色或紫色，长7~9mm，2/5以下合生，龙骨瓣盔状，背面顶端附属物呈流苏状。蒴果压扁，具宽翅。花期5—6月，果期6—7月。

分布与生境 见于观海卫（海黄山）；生于低海拔山坡路边。产于临安、淳安、诸暨、衢江、永康、遂昌、龙泉；分布于江西、福建、广东、四川。

主要用途 全草药用，有活血、化痰、解毒之功效；花美丽，可供观赏。

附种1 狭叶香港远志（变种）var. ***stenophylla***，叶片条形至条状披针形，长2~5cm，宽0.3~0.5cm。见于全市丘陵地区，平原偶见；生于山坡疏林下、林缘、路旁或绿化带中。

附种2 瓜子金 ***P. japonica***，叶片卵形、长圆形、卵状披针形至披针形，两面叶脉明显隆起；总状花序与叶对生或腋外生；萼片外3枚背面中脉无翅。见于全市丘陵地区；生于山坡疏林下、林缘、路边等处。

164 铁苋菜 海蚌含珠 灯台草 | *Acalypha australis* L.

大戟科 Euphorbiaceae 铁苋菜属

形态特征 一年生,高30~60cm。茎直立,伏生向上的白色硬毛。叶互生;叶片卵形至椭圆状披针形,长3~9cm,宽1~4cm,先端渐尖至钝尖,基部渐狭或宽楔形,两面被毛或上面近无毛;叶柄长1~5cm;托叶披针形。穗状花序腋生;雌雄同序,雄花生于花序上部,雌花具叶状肾形苞片。蒴果棱台状半球形,直径约3mm,疏被毛。花期7—9月,果期8—10月。

分布与生境 见于全市各地;生于山坡、溪沟边、路旁和田野。产于全省各地;除西部高原及干旱地区外,我国大部分省份均有分布。

主要用途 全草药用,有清热解毒、利水消肿、止血、止痢之功效;嫩茎叶作野菜。

165 细齿大戟 | *Euphorbia bifida* Hook. et Arn.

大戟科 Euphorbiaceae 大戟属

形态特征 一年生，高20~50cm。植株具白色乳汁。茎基部稍木质化，向上多分枝，每个分枝再二歧分叉；茎节环状，明显。叶对生；叶片长椭圆形至宽条形，长1~2.5cm，宽0.2~0.5cm，先端钝尖或渐尖，基部不对称，边缘具细锯齿，齿尖有短尖。花序聚生，偶单生；总苞杯状，5裂，腺体4，附属物粉红色，宽于腺体。蒴果三棱球状，无毛。花果期4—10月。

分布与生境 见于全市丘陵地区；生于山坡、灌丛、路旁及林缘。产于湖州、杭州、宁波及衢江、天台等地；分布于华东、华南、西南。

166 无苞大戟 甘肃大戟 月腺大戟 | *Euphorbia ebracteolata* Hayata

大戟科 Euphorbiaceae 大戟属

形态特征 多年生，高 20~60cm。植株具白色乳汁。根粗壮，纺锤形或圆锥状，直径 3~7cm，肉质。茎直立，单一，疏被长柔毛。叶互生；叶片倒披针形或卵状长椭圆形，长 3~10cm，宽 1.5~2.5cm，先端圆钝，基部渐狭，全缘或微有细锯齿，下面疏被白色长柔毛；花序基部轮生叶（总苞叶）3~5，较小。多歧聚伞花序，每一伞梗再2分枝，每一分枝基部具苞叶2；总苞钟形，4裂，腺体4，半圆形。蒴果三棱状球形，平滑无毛。花期4—5月，果期6—7月。

分布与生境 见于全市丘陵地区；生于山坡疏林下、溪沟边或路旁。产于长兴、临安、余姚、奉化、宁海、定海、莲都、龙泉等地；分布于黄河流域、长江流域等地。

主要用途 根药用，有逐水、散结、破积、杀虫之功效。

附种 湖北大戟 ***E. hylonoma***，主根纤维状，圆柱形，直伸，直径 5~30mm；叶片长圆形至椭圆形；蒴果具稀疏瘤状凸起。见于全市丘陵地区；生于山坡、溪边湿地。

167 乳浆大戟 苏州大戟 *Euphorbia esula* L.

大戟科 Euphorbiaceae 大戟属

形态特征 多年生，高达60cm。植株具白色乳汁。根粗壮，有时具球形或纺锤状块根。茎直立，无毛，自基部多分枝，下部常带紫红色；短枝和营养枝上叶密集。叶互生；叶片条形至条状倒披针形，变化较大，长1.5~7cm，宽0.4~0.8cm，先端钝、微凹或有细尖头，基部楔形至平截，全缘；无叶柄。多歧聚伞花序，伞梗常3~5，每一梗再2~3分枝；苞叶对生，半圆形或肾形；总苞杯状，4裂，腺体4，新月形。蒴果卵球形，无毛。花果期4—5月。

分布与生境 见于全市丘陵地区；生于向阳山坡、路旁草丛中。产于长兴、平湖、杭州市区、临安、淳安、余姚、奉化、象山、普陀、岱山、三门、温岭、莲都等地；分布于除海南、贵州、云南和西藏外的全国各地。

主要用途 全草药用，有拔毒止痒之功效；全株有毒。

168 泽漆 五朵云 奶奶草 *Euphorbia helioscopia* L.

大戟科 Euphorbiaceae **大戟属**

形态特征 一年生或二年生,高达30cm。植株具白色乳汁。茎直立,基部常带紫红色。叶互生;叶片倒卵形或匙形,长1~3cm,宽0.5~1.5cm,先端圆钝或微凹,边缘中部以上具细齿;花序基部轮生叶(总苞叶)5,较大,倒卵状长圆形,先端具牙齿。多歧聚伞花序顶生,常具5伞梗,其上再分出2~3小伞梗;总苞钟形,5裂,腺体4,盘状。蒴果三棱状球形,光滑,无毛。花期4—5月,果期5—8月。

分布与生境 见于全市各地;生于田野、路旁、山坡、溪沟边。产于全省各地;分布于我国绝大多数省份。

主要用途 全草药用,有清热、祛痰、利尿消肿、杀虫、止痒之功效;乳汁有大毒。

169 飞扬草

Euphorbia hirta L.

大戟科 Euphorbiaceae 大戟属

形态特征 一年生,高15~50cm。植株具白色乳汁。全体被淡锈色粗硬毛;茎单一,常带紫红色。叶对生;叶片长卵形至长卵状披针形,长1~3cm,宽0.7~1.5cm,先端钝尖,基部略偏斜,边缘具细锯齿或近全缘,叶背有时具紫色斑。花序腋生,密集成头状;总苞钟状,5裂,腺体4,漏斗状,边缘具白色附属物。蒴果卵状三棱形,被短柔毛。花果期7—9月。

分布与生境 归化种。原产于热带和亚热带地区。长江以南地区有归化。全市各地有归化;生于山坡、路旁、田野草丛中。

主要用途 全草药用,有清热解毒、利湿止痒之功效。

170 续随子 蛇草 | *Euphorbia lathyris* L.

大戟科 Euphorbiaceae 大戟属

形态特征 二年生,高达1.2m。植株具白色乳汁。全株无毛。茎直立,粗壮,顶部多分枝。叶交互对生,在茎下部密集;叶片条状披针形,长6~10cm,宽4~10mm,先端渐尖,基部心形,抱茎,全缘;无叶柄。总苞叶2,卵状长三角形,长3~8cm,宽2~4cm,先端渐尖或急尖,基部近平截或半抱茎,全缘。多歧聚伞花序;总苞钟形,4~5裂,腺体4,新月形,两端具短角,暗褐色。蒴果三棱状球形,直径约1cm,光滑,不开裂。花期3—7月,果期6—9月。

分布与生境 原产于中亚至巴基斯坦。我国有栽培,常逸生。全市各地见逸生;生于路边、山麓、村旁。

主要用途 种子药用,有利尿、泻下、通经之功效;种子有毒。

171 斑地锦 | *Euphorbia maculata* L.

大戟科 Euphorbiaceae 大戟属

形态特征 一年生。植株具白色乳汁。全体被开展的白色柔毛。茎匍匐，细弱，多分枝。叶对生；托叶钻形；叶片长圆形或倒卵形，长4~8mm，宽2~5mm，先端钝圆或微凹，基部常偏斜，边缘疏生不明显细锯齿，上面近中央常有紫褐色斑纹，下面新鲜时可见紫褐色斑；叶柄极短。杯状花序单一或组成聚伞花序；总苞倒圆锥形，4裂，腺体4，扁圆形，边缘具白色附属物。蒴果三棱状卵形，被白色细柔毛。花期5—10月，果实7—11月。

分布与生境 归化种。原产于北美洲。我国有归化。全市各地有归化；生于路旁、荒地等处。

主要用途 全草药用，有祛风、解毒、利尿、通乳、止血、杀虫之功效。

附种1　地锦草*E. humifusa*,茎无毛;叶上面无紫褐色斑纹;蒴果无毛。见于全市各地;生于荒地、路边草丛中。

附种2　小叶大戟*E. makinoi*,叶片椭圆状卵形,边缘全缘,上面无紫褐色斑纹;蒴果无毛。见于全市各地;生于路旁、田野、林缘。

附种3　匍匐大戟*E. prostrata*,托叶长三角形;叶上面无紫褐色斑纹;总苞顶端5裂;蒴果仅棱上疏被白色柔毛。归化种。原产于美洲。全市各地有归化;多生于路旁、田野。

附种4　千根草*E. thymifolia*,叶上面无紫褐色斑纹;总苞顶端5裂;蒴果被贴伏短柔毛。见于全市各地;生于荒地、路旁。

172 山靛 *Mercurialis leiocarpa* Siebold et Zucc.

大戟科 Euphorbiaceae 山靛属

形态特征 多年生，高20~40cm。具根状茎。茎直立，具4棱。叶对生；叶片长椭圆形、长卵形或披针形，长4~10cm，宽2~3.5cm，先端渐尖，基部钝圆或宽楔形，边缘具钝锯齿，两面疏被硬毛；托叶2。穗状花序腋生；单性异株或同株，花小，无花瓣。蒴果双球形，具少数疣状凸起及硬毛。花期3—7月，果期5—8月。

分布与生境 见于全市丘陵地区；生于山坡、路边阴湿处。产于宁波及安吉、临安、东阳、武义、常山、黄岩、遂昌、龙泉等地；分布于长江以南地区。

附注 靛，音diàn。

173 叶下珠

Phyllanthus urinaria L.

大戟科 Euphorbiaceae　　叶下珠属

形态特征　一年生,高达60cm。茎分枝平展,具翅状条棱。叶互生,呈2列;叶片长圆形,长7~18mm,宽4~7mm,先端钝或有小尖头,基部圆形或宽楔形,常偏斜,全缘,下面灰白色;几无柄。花单性同株;无花瓣;雄花2~3朵簇生,雌花单生;雄花萼片6,雄蕊3。蒴果赤褐色,扁球形,直径约2.5mm,有小鳞片状凸起。花期5—7月,果期7—10月。

分布与生境　见于全市各地;生于山坡、溪旁、田野、路边草丛中。产于全省各地;分布于长江流域及其以南地区。

主要用途　全草药用,有清肝明目、泻火消肿、收敛利水、解毒消积之功效;嫩茎叶作野菜。

附种　蜜柑草(蜜甘草)***P. matsumurae***,叶片条形或披针形;雄花萼片4,雄蕊2;蒴果光滑。见于全市各地;生于山坡、田野、路旁草丛中。

174 沼生水马齿 水马齿 *Callitriche palustris* L.

水马齿科 Callitrichaceae **水马齿属**

形态特征 一年生沼生或湿生草本，高10~40cm。茎纤弱，多分枝。叶对生；叶二型：浮水叶莲座状集生于茎顶，叶片倒卵形至倒卵状匙形，长4~6mm，宽3mm，先端圆钝，基部渐狭成长柄，两面疏生褐色细小斑点，离基3出脉，脉先端联结；沉水叶匙形或近条形，长6~12mm，宽2~5mm，无柄。花单性同株，单生于叶腋；花极小。蒴果上部边缘具翅。花果期4—8月。

分布与生境 见于全市各地；生于沟渠、池塘、溪边浅水或阴湿地。产于全省各地；分布于华东、华中、西南、华北、东北各地。

175 乌蔹莓 五爪金龙 | *Causonia japonica*（Thunb.）Raf.

葡萄科 Vitaceae 乌蔹莓属

形态特征 多年生草质藤本。幼枝绿色，老枝紫褐色，具纵棱。卷须与叶对生。鸟足状复叶，互生；小叶5；小叶片椭圆形或狭卵形，长2.5~8cm，宽2~3.5cm，中间小叶片较大，先端急尖至短渐尖，有小尖头，基部楔形至宽楔形，两面中脉有短柔毛或近无毛，每边具疏锯齿。聚伞花序腋生或假腋生，伞房状，具长梗；花黄绿色；花盘发达，橙红色，4浅裂。果序上举；浆果近球形，成熟时亮黑色。花期5—7月，果期8—10月。

分布与生境 见于全市各地；生于山坡、溪沟边、路旁、篱笆、墙脚边等处。产于全省各地；分布于秦岭以南地区。

主要用途 全草药用，有凉血解毒、利尿消肿之功效；嫩茎叶作野菜。

附注 蔹，音liǎn。

176 三叶崖爬藤 三叶青 金线吊葫芦

Tetrastigma hemsleyanum Diels et Gilg

葡萄科 Vitaceae **崖爬藤属**

形态特征 多年生常绿草质藤本。块根卵形或椭球形，表面深棕色，里面白色。茎无毛，下部节上生根；卷须与叶对生，不分叉。掌状复叶，互生；小叶3，中间小叶片稍大，近卵形或披针形，长3~7cm，宽1.2~2.5cm，先端渐尖，有小尖头，边缘疏生具腺状尖头的小锯齿，侧生小叶片基部偏斜。聚伞花序，花序梗短于叶柄；花小，黄绿色。浆果球形，熟时红色。花期5—6月，果期9—12月。

分布与生境 见于全市丘陵地区；生于山坡、山谷、溪边林下阴处或灌丛中、岩缝中。产于全省丘陵山区；分布于长江以南地区。

主要用途 全株药用，有活血散瘀、解毒、化痰之功效；枝、叶茂密，果色红艳，供垂直绿化。

177 田麻

Corchoropsis crenata Siebold et Zucc.

椴树科 Tiliaceae　　田麻属

形态特征　一年生,高0.3~1m。枝、叶两面均密生星状柔毛,嫩枝尤甚。叶互生;叶片卵形、长卵形至卵状披针形,长2.5~6cm,宽1~4cm,先端急尖至渐尖、长渐尖,基部截形、圆形或微心形,边缘有钝牙齿,基出脉3;叶柄长0.2~3.5cm,密被柔毛。花单生于叶腋,直径1.5~2cm,有细长梗;花瓣黄色;雄蕊5束,每束3枚,退化雄蕊5,匙状条形,长约1cm。蒴果角状圆筒形,被星状柔毛。花期8—10月,果期9—10月。

分布与生境　见于全市丘陵地区;生于山谷、溪边、路旁或灌草丛中。产于全省丘陵山区;分布于华东、华中、华南、西南、华北、东北。

主要用途　纤维植物;全草药用,有清热解毒、止血之功效。

178 苘麻 白麻 青麻 | *Abutilon theophrasti* Medik.

锦葵科 Malvaceae 苘麻属

形态特征 一年生，半灌木状，高0.5~2m。茎直立，被柔毛。叶互生；叶片圆心形，长5~12cm，宽与长几相等，先端长渐尖，基部心形，边缘具细圆锯齿，两面均密被星状柔毛；叶柄长3~12cm，被星状细柔毛。花单生于叶腋，有时成近总状花序；花萼杯状，裂片5；花瓣黄色，倒卵形，长约1cm。蒴果半球形，直径约2cm，分果瓣15~20，被粗毛，顶端具2长芒。花期6—8月，果期8—10月。

分布与生境 见于全市各地；生于路旁、田野和房屋边。产于全省各地；我国除青藏高原外，各省份均有分布。

主要用途 纤维植物；种子油供化工用；种子、根、全草或叶药用。

附注 苘，音qǐng。

179 野葵 冬葵 马蹄菜 | *Malva verticillata* L.

锦葵科 Malvaceae　　锦葵属

形态特征 二年生,高50~100cm。茎被星状长柔毛。单叶,互生;叶片肾形或近圆形,长5~11cm,基部近截形,两面被极疏糙伏毛或近无毛,常5~7裂,裂片具钝尖头,边缘具钝齿;叶柄长2~8cm;托叶卵状披针形。花小,3至多朵簇生于叶腋,花梗长约3mm;副萼片条状披针形,长5~6mm;花萼长5~8mm,裂片宽三角形,疏被星状长硬毛;花白色至淡红色,花瓣长6~8mm,先端微凹。果扁球形;分果瓣10~11。花果期3—11月。

分布与生境 见于周巷(小安);生于路边草丛中。产于杭州市区、奉化、龙泉、泰顺等地;分布于全国各地。

主要用途 全草药用,有利水滑窍、润便利尿、清热解毒之功效;嫩苗作野菜。

180 马松子

| *Melochia corchorifolia* L.

梧桐科 Sterculiaceae　　**马松子属**

形态特征　半灌木状草本,高0.2~1m。枝疏被星状柔毛。叶互生;叶片卵形至披针形,长1~7cm,宽1~3cm,先端急尖或钝,基部圆形或心形,边缘有锯齿,下面疏被星状柔毛,基出脉3~5;叶柄长5~25mm,被星状柔毛。花无梗,密集成聚伞花序或团伞花序;小苞片条形,混生于花序内;花萼钟状,5浅裂;花瓣5,淡红色或白色。蒴果近球形,有5棱,被长柔毛。花期8—10月,果期9—11月。

分布与生境　见于全市丘陵地区;生于山坡、溪边、山岙、路旁草丛中。产于全省各地;广泛分布于长江以南地区。

主要用途　茎皮富含纤维,供编织用;茎、叶药用,有清热利湿之功效。

181 小连翘

Hypericum erectum Thunb.

藤黄科 Clusiaceae　　金丝桃属

形态特征　多年生,高达90cm。全体无毛。叶对生;叶片长椭圆形、长卵形或宽披针形,长1.5~4cm,宽0.5~2.2cm,先端钝,基部心形,抱茎,全缘,下面散生黑色腺点,无透明腺点;无叶柄。聚伞花序多花,常呈圆锥花序状;花黄色,直径1.5~2cm;萼片和花瓣均具黑腺条纹,无透明腺点。蒴果圆锥形,长约7mm。花期7—8月,果期8—9月。

分布与生境　见于全市丘陵地区;生于山坡林缘、溪沟边、路旁草丛中。产于全省丘陵山区;分布于华东及湖南、湖北、四川、贵州等地。

主要用途　全草药用,有收敛止血、散瘀镇痛之功效。

182 地耳草 田基黄 七层塔 千重楼 | *Hypericum japonicum* Thunb.

藤黄科 Clusiaceae **金丝桃属**

形态特征 一年生或多年生，高6~40cm。全体无毛；茎纤细，具4纵棱。叶对生；叶片小，卵圆形、卵形，长3~15mm，宽1.5~8mm，先端钝，基部心形至截形，抱茎，全缘；无柄。聚伞花序顶生；花小，黄色，直径约6mm；花萼、花瓣宿存。蒴果椭球形，长约4mm。花期5—7月，果期7—9月。

分布与生境 见于全市各地；生于向阳山坡水湿处、溪沟边、路旁、田野、山麓草丛中。产于全省各地；分布于辽宁、山东至长江以南地区。

主要用途 全草药用，有清热解毒、止血消肿之功效。

183 元宝草 穿心草 | *Hypericum sampsonii* Hance

藤黄科 Clusiaceae 金丝桃属

形态特征 多年生,高达70cm。全体无毛。茎直立,圆柱形。叶片、萼片散布黑色腺点和透明腺点。叶对生;叶片长椭圆状披针形、长圆形或倒披针形,长3~6.5cm,宽1.5~2.5cm,先端钝圆,对生叶基部完全合生为一体,略向上斜,呈元宝状,全缘。聚伞花序多花;花黄色,直径7~10(15)mm;花瓣与萼片几等大,宿存。蒴果卵球形至卵状圆锥形,长约8mm,散布黄褐色囊状腺体。花期6—7月,果期7—9月。

分布与生境 见于全市丘陵地区;生于山坡、山谷溪边、路旁、水田边等湿润处。产于全省各地;分布于秦岭以南地区。

主要用途 全草药用,有止血止痛、清热解毒之功效;植株及花供观赏。

184 堇菜 如意草

Viola arcuata Blume

堇菜科 Violaceae 堇菜属

形态特征 多年生，高15~30cm。全株无毛。茎直立或稍披散。基生叶片较小，肾形或圆心形，具长柄，托叶下部1/2与叶柄合生，边缘具细齿；茎生叶片较大，心形或三角状心形，长2.5~6cm，宽2~5cm，先端急尖，基部心形至箭状心形，边缘具浅钝锯齿，两面有紫褐色小点，具短柄，托叶离生部分卵状披针形或长圆形，边缘疏生小齿或近全缘。花腋生；花梗长于叶，苞片位于花梗中上部；花瓣白色或稍带淡紫色，具紫色条纹，下瓣连距长约10mm；距粗短，囊状，长1.5~2mm。蒴果。花期4—5月，果期5—8月。

分布与生境 见于全市丘陵地区；生于溪沟边、疏林下、路边草地、宅旁。产于全省丘陵山区；分布于长江流域及其以南地区、华北、东北。

主要用途 全草药用，有清热解毒之功效；嫩叶作野菜。

附注 堇，音jǐn。

附种 紫花堇菜 ***V. grypoceras***，托叶离生，披针形，边缘具流苏状长齿；下瓣连距长1.5~2cm；距长5~6mm。见于全市丘陵地区；生于山坡林下、林缘或路边草丛中。

185 七星莲 蔓茎堇菜 匍匐堇 | *Viola diffusa* Ging.

堇菜科 Violaceae 堇菜属

形态特征 多年生,高5~15cm。全体被白色柔毛。无地上茎,匍匐枝较粗壮,顶端生出莲座状新植株;茎生叶与基生叶大小相似。单叶,近基生,或互生于匍匐枝上;基生叶呈莲座状;叶片卵形或卵状椭圆形,长2~5cm,宽1~3.5cm,先端钝或急尖,基部楔形至截形,明显下延于叶柄;叶柄长1~5cm,具明显翅;托叶基部与叶柄合生,边缘常有睫毛状齿;萼片附器长0.5~1mm;花瓣白色或具紫色脉纹,侧瓣内侧有腺毛状须毛,下瓣连距长8~12mm;距囊状,长约1.5mm。蒴果。花期3—5月,果期5—8月。

分布与生境 见于全市丘陵地区;生于山坡林下、林缘或路边、溪沟旁。产于全省各地;分布于长江流域及其以南地区。

主要用途 全草药用,有清热解毒、消肿排脓、清肺止咳之功效;嫩叶作野菜。

186 犁头草 犁镵草

Viola japonica Langsd. ex Ging.

堇菜科 Violaceae **堇菜属**

形态特征 多年生，高 10~20cm。无地上茎。单叶，近基生；叶片卵状心形、圆心形或三角状卵形，长 4~10cm，宽 3~5cm，先端钝，基部心形，边缘具浅钝锯齿；叶柄长达 20cm，上部具狭翼；托叶大部分与叶柄合生，分离部分近全缘或具疏细齿。苞片位于花梗近中部；萼片附器长 1~2mm，末端有钝齿；花瓣淡紫色，下瓣连距长 1.5~2cm；距筒状，长 5~8mm，微上翘，疏被柔毛。蒴果。花期 11 月至次年 4 月，果期次年 5—10 月。

分布与生境 见于全市各地；生于山坡林下、林缘或田边、路边草丛中。产于全省各地；分布于华东、华中、华南。

主要用途 全草药用，有清热解毒、消肿止痛之功效；嫩叶作野菜。

附种 **紫背堇菜 *V. violacea***，叶片三角状卵形，稀圆心形，上面叶脉上常有白色斑纹，下面通常紫色；花下瓣连距长 8~12mm；距囊状，长 3~5mm；花期 3—4 月。见于全市丘陵地区；生于山坡林下、林缘、路旁、溪沟边。

187 紫花地丁

Viola philippica Cav.

堇菜科 Violaceae　　　　堇菜属

形态特征　多年生,高 5~15cm。无地上茎。单叶,近基生;叶形变化大,舌形、卵状披针形至长圆状披针形,长 2~7cm,宽 1~2cm,果期增大成三角状卵形或三角状披针形,先端钝至渐尖,基部截形或心形,稍下延于叶柄而成翅,边缘有浅锯齿;叶柄长 1~6cm,果期长达 15cm;托叶大部分与叶柄合生,分离部分具疏齿。苞片位于花梗中部;萼片附器长约 1mm,果时不增大;花瓣蓝紫色或紫堇色,侧瓣内侧有须毛或无,下瓣连距长 1.4~1.8cm;距细管状,长 4~7mm,斜向上翘,与花瓣同色。蒴果。花果期3—10月。

分布与生境　见于全市各地;生于山坡草丛、林缘灌丛中或田野、路旁。产于全省各地;分布几遍全国。

主要用途　全草药用,有清热解毒、凉血消肿之功效;嫩叶作野菜;花供观赏。

附种1　戟叶堇菜*V. betonicifolia*，叶片狭披针形、长三角状戟形或三角状卵形，基部箭状心形、浅心形或近戟形；花下瓣连距长1~1.5cm，侧瓣内侧有须毛；距粗筒状，淡绿色，长2~4mm。见于全市各地；生于田野、路边、山坡、林缘、溪沟边及绿化带中。

附种2　长萼堇菜*V. inconspicua*，叶片三角状卵形，基部宽心形，稍下延于叶柄，两侧垂耳扩展成头盔状或犁头状；萼片附器3长2短，果期附器可增大至与萼片等长；花瓣淡紫色，稀白色，侧瓣内侧无须毛，下瓣连距长1.2cm；距粗筒状，淡粉色，长2.5~3mm。见于全市各地；生于路旁、沟边及疏林下。

188 水苋菜

Ammannia baccifera L.

千屈菜科 Lythraceae　　水苋菜属

附种　耳基水苋 ***A. auriculata***,叶基部心状耳形,略抱茎;花序梗长3~5mm;花瓣4,黄白色;花柱比子房长或等长;蒴果直径2~3.5mm。见于我市丘陵地区至南部平原;生于河沟、池塘、水田等浅水或湿地中。

形态特征　一年生,高10~50cm。茎四棱形,直立,多分枝,略带淡紫色。叶对生,有时近互生;叶片长椭圆形、倒披针形或披针形,生于茎上者长达5cm,生于侧枝者显著较小,长0.6~3cm,宽0.2~0.6cm,先端急尖或钝形,基部渐狭;近无柄。花腋生,数朵组成聚伞花序,几无花序梗;花极小,无花瓣,绿色或淡紫色;花柱极短或无。蒴果球形,紫红色,直径约1.5mm,顶端不规则开裂。花期8—10月,果期9—12月。

分布与生境　见于我市南部平原;生于潮湿地或水田中。产于杭州市区、镇海、北仑、鄞州、宁海、兰溪、义乌等地;分布于华东、华中、华南及云南、陕西、河北。

主要用途　全草药用,有消瘀止血、接骨之功效。

189 圆叶节节菜 *Rotala rotundifolia*（Buch.-Ham. ex Roxb.）Koehne

千屈菜科 Lythraceae　　节节菜属

形态特征　一年生，高5~30cm。植株无毛，常丛生。茎直立，带紫色，基部具4棱。叶对生；叶片近圆形、宽倒卵形或宽椭圆形，长5~15mm，宽3~12mm，先端圆形或稍凸，基部渐狭；无柄。花极小，生于苞片内，组成1~5个顶生穗状花序，花序长1~6cm；苞片叶状；花萼筒钟状，半透明；花瓣4，淡紫红色。蒴果椭球形，3~4瓣裂。花果期5—12月。

分布与生境　见于全市丘陵地区和南部平原；生于河池沟渠、水田等浅水处或山坡潮湿地。产于省内大多数地区；分布于长江以南地区。

主要用途　全草药用，有清热利湿、解毒之功效；幼苗作野菜；植株作猪饲料；花供观赏。

190 野菱 刺菱

Trapa natans L. var. *quadricaudata* (Glück.) B.Y. Ding et X.F. Jin

菱科 Trapaceae 菱属

形态特征 一年生浮水草本。浮水叶菱形或扁圆状菱形,长2.5~4cm,宽4~6cm,中上部边缘具三角形齿或浅齿,下面被棕褐色柔毛,脉上尤密;气囊长1~2cm,直径3~8mm。花白色,单生于叶腋。果高1.5~2cm,具4刺状角,角顶均有倒刺,2肩角水平开展,角端相距3~4cm,2腰角与肩角近等长,略下倾,肩角与腰角之间有1小瘤状凸起;果喙圆锥状,长2mm。花果期7—10月。

分布与生境 见于全市各地;生于池塘、湖泊、小河及断头河中。产于全省各地;分布于华东、华中、华南、西南、华北。

主要用途 果实小,富含淀粉,供食用;嫩叶柄作野菜;果壳、果柄、果、茎及叶分别药用。

附种 细果野菱(小果刺菱) *T. incisa*,浮水叶三角状菱形或近菱形,长1.2~2.5cm,宽与长近相等;花淡红色;果高1~1.5cm,2肩角角端相距1~2cm,果喙长3~4mm。见于全市各地;生于湖泊、池塘、小河或断头河中。国家二级重点保护野生植物。

191 柳叶菜 *Epilobium hirsutum* L.

柳叶菜科 Onagraceae 柳叶菜属

形态特征 多年生,高50~120cm。茎密被白色开展长柔毛及短腺毛,近基部有时木质化。叶对生,茎上部叶互生;叶片长椭圆形至椭圆状披针形,长2.5~7cm,宽0.5~2cm,先端尖,基部渐狭而微抱茎,边缘具细锯齿,两面被长柔毛;无叶柄。花单生,或排成总状花序;花瓣4,粉红或紫红色,长10~12mm,顶端凹缺成2裂。蒴果圆柱形,长4~6cm,被短腺毛。种子长约1mm,顶端具1簇白色或黄白色种缨。花果期4—11月。

分布与生境 见于全市各地;生于灌丛、沟谷、路旁湿润处。产于建德、余姚、奉化、宁海、金华市区等地;分布于我国温带至热带。

主要用途 嫩茎叶可作野菜;全草药用,有消炎止痛、祛风除湿、活血止血、生肌之功效;蜜源植物。

192 丁香蓼 假柳叶菜 | *Ludwigia epilobioides* Maxim.

柳叶菜科 Onagraceae **丁香蓼属**

形态特征 一年生,高20~100cm。茎近直立或下部斜升,分枝多,具4棱,略带红紫色。叶互生;叶片披针形或长圆状披针形,长2~8cm,宽0.4~2cm,先端渐尖,基部楔形,无毛或脉上被疏柔毛。花单生;花瓣4,黄色,狭匙形;雄蕊4~6。蒴果四棱柱形,长1.5~3cm,褐色,稍带紫色,近无梗,无毛,不规则开裂。花期8—9月,果期9—10月。

分布与生境 见于全市各地;生于山麓、水田、河滩、溪谷、路边等湿地。产于全省各地;分布于华东、华中、华南、西南、华北、东北。

主要用途 全草药用,有利尿消肿、清热解毒之功效。

附种 黄花水龙 ***L. peploides*** subsp. ***stipulacea***,浮水茎长达3m,节上常生根;叶片长圆形或倒卵状长圆形;花瓣5,基部有1黑点;雄蕊10;果梗长2~6cm。见于全市各地;生于池塘、水田、沟边。

193 卵叶丁香蓼 *Ludwigia ovalis* Miq.

柳叶菜科 Onagraceae 丁香蓼属

形态特征 一年生。茎柔弱而匍匐,节上生根;茎、叶无毛。叶互生;叶片宽卵形至卵圆形,长1~2.5cm,宽1~1.5cm,全缘。花单生,黄绿色,几无梗;花瓣缺如。蒴果四角状椭球形,长4~5mm,具4棱脊,果皮木栓质。花果期7—9月。

分布与生境 见于全市各地;生于沼泽、水沟等湿地。产于杭州、宁波及嵊州、遂昌等地;分布于华东及湖南等地。

194 裂叶月见草

| *Oenothera laciniata* Hill

柳叶菜科 Onagraceae　　月见草属

形态特征　多年生。茎直立至斜升,长10~50cm,被曲柔毛,有时混生长柔毛,茎上部常混生腺毛。叶片、苞片、花瓣均被曲柔毛与长柔毛,常混生腺毛。基生叶条状倒披针形,长5~15cm,宽1~2.5cm,下部羽状深裂;茎生叶狭倒卵形或狭椭圆形,长4~10cm,宽0.7~3cm,下部常羽状裂;苞片叶状。花序穗状,顶生;花瓣淡黄色至黄色,以后带红晕。蒴果圆柱状,长2.5~5cm。花期5—9月,果期7—11月。

分布与生境　归化种。原产于美国。我国南方有归化。我市匡堰等地有归化;生于向阳荒坡、田园、路边。

主要用途　花美丽,供观赏。

195 小二仙草 *Gonocarpus micranthus* Thunb.

小二仙草科 Haloragaceae 小二仙草属

形态特征 多年生,高 10~30cm。全体无毛。茎纤细,具4棱,基部平卧,常分枝。叶对生,上部者互生;叶片卵形或宽卵形,长4~12mm,宽2~8mm,先端急尖或稍钝,基部圆形,边缘具软骨质锯齿,下面常紫红色。纤细总状花序组成顶生圆锥花序;花小,花瓣淡红色。坚果近球形,直径约1mm,具8棱。花期5—7月,果期7—8月。

分布与生境 见于全市丘陵地区;生于荒山路边草丛中及山顶岩缝间。产于全省各地;分布于长江以南地区。

主要用途 全草药用,有清热解毒、利水除湿、散瘀消肿之功效。

196 穗花狐尾藻

Myriophyllum spicatum L.

小二仙草科 Haloragaceae　　狐尾藻属

形态特征　多年生沉水草本。茎长1~1.5m,多分枝。4~5叶轮生;叶片羽状全裂,裂片10~15对,丝状,长1~1.5cm;叶柄极短或无。穗状花序顶生,挺出水面,近裸秃,长3~10cm,花常4朵轮生;雄花生于花序上部,花瓣4,淡粉色,早落;雌花生于花序下部,花瓣缺或不明显而早落,柱头4,近球状,具羽毛状凸起。果卵球形,有4条纵沟,熟时分离成4分果。花期4—7月,果期7—10月。

分布与生境　见于全市各地;生于池塘、河沟、水田中。产于全省各地;分布于我国南北各地。

主要用途　全草药用,有清凉、解毒、止痢之功效;植株可作猪、鱼、鸭饲料。

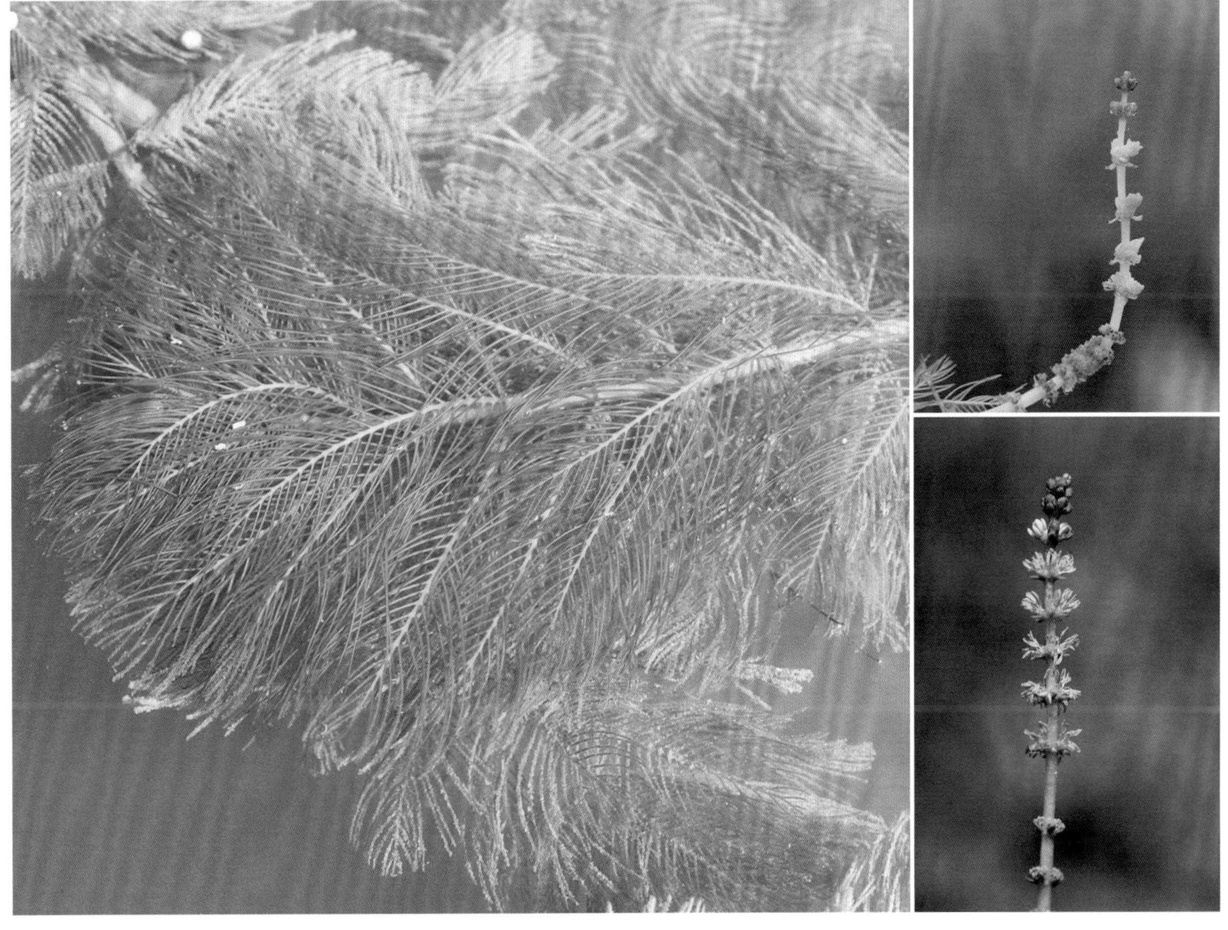

197 紫花前胡 土当归 | *Angelica decursiva*（Miq.）Franch. et Sav.

伞形科 Apiaceae **当归属**

形态特征 多年生，高1~2m。根圆锥状，有少数分枝，具浓香。茎单一，常暗紫红色，具纵沟纹。复叶，互生；基生叶和茎下部叶有长柄，叶鞘圆形，抱茎，紫色，一回3全裂或一至二回羽状分裂，末回裂片长圆状卵形或长椭圆形，长5~11cm；茎上部叶简化成紫色囊状叶鞘。复伞形花序；伞辐8~20；花深紫色，有萼齿。果实椭球形，背腹压扁，长4~7mm，侧棱具狭翅。花期8—9月，果期9—11月。

分布与生境 见于全市丘陵地区；生于山坡林下、林缘、溪旁或路边湿润处。产于全省丘陵山区；分布于除西部高原、干旱区以外的全国各地。

主要用途 根药用，有解表止咳、活血调经之功效；果实可提制芳香油；嫩茎叶作野菜。

198 峨参 小叶山芹菜 | *Anthriscus sylvestris* (L.) Hoffm.

伞形科 Apiaceae 峨参属

形态特征 二年生或多年生,高0.6~1.5m。茎较粗壮,多分枝,近无毛或下部有细柔毛。复叶,互生;叶片二至三回羽状分裂,末回裂片卵形或椭圆状卵形,长1~3cm,宽0.5~1.5cm,有粗锯齿;基生叶有长柄,基部有鞘;茎上部叶有短柄或无柄,基部呈鞘状,有时有缘毛。复伞形花序;伞辐4~15;花白色,带绿色;外缘花有辐射瓣。果实长卵形至条状椭球形,长6~10mm。花果期4—6月。

分布与生境 见于全市丘陵地区;生于山坡林下、山谷溪边或路旁。产于杭州、宁波及安吉等地;分布于华东、华中、西南、西北、华北及辽宁等地。

主要用途 根、叶药用,有补中益气、祛瘀生新之功效;嫩茎叶作野菜。

199 积雪草 老鸦碗 大叶伤筋草 | *Centella asiatica*（L.）Urban

伞形科 Apiaceae　　积雪草属

形态特征 多年生。茎匍匐，细长，节上生根。叶片圆形、肾形或马蹄形，长1.5~4cm，宽1.5~5cm，基部宽心形，边缘有钝锯齿，掌状脉5~7；叶柄长2~15cm；叶鞘膜质，透明。2~4个伞形花序聚生于叶腋；每一伞形花序有花3~4朵，聚集成头状；花梗长1mm或无梗；花瓣白色或紫红色。果实两侧扁压，长2.5~3mm，具纵棱与网纹。花果期4—11月。

分布与生境 见于全市各地；生于阴湿的山麓、山谷、水沟边、路旁或草地。产于全省各地；分布于长江流域及其以南地区。

主要用途 全草药用，有清热解毒、利尿除湿、活血化瘀之功效；地被植物。

200 蛇床 野芫荽

Cnidium monnieri (L.) Cuss.

伞形科 Apiaceae　　蛇床属

形态特征 一年生,高12~60cm。根圆锥状,细长。茎直立或斜上,多分枝,具棱,粗糙。复叶,互生;茎下部叶具短柄,中上部叶叶柄全部鞘状;叶片二至三回3出式羽状全裂,末回裂片条形或条状披针形,长3~10mm,宽1~2mm,具小尖头,边缘与脉上粗糙;茎上部叶与基生叶相似。复伞形花序;总苞片5~7,条状披针形;伞辐8~20;萼齿无;花瓣白色。果实椭球形,长约2mm,果棱宽翅状,分生果横剖面近五角形。花期4—8月,果期5—11月。

分布与生境 见于全市各地;生于田边、路旁、草地及水边湿地。产于全省各地;分布几遍全国。

主要用途 果实(蛇床子)药用,有燥湿、杀虫、止痒、壮阳之功效;嫩茎叶作野菜。

201 鸭儿芹 鸭脚菜 *Cryptotaenia japonica* Hassk.

伞形科 Apiaceae　　鸭儿芹属

形态特征 多年生,高20~100cm。茎略带淡紫色。复叶,互生;叶片3出式分裂,裂片近等大;基生叶和茎下部叶有长柄,叶鞘边缘膜质,中间裂片菱状倒卵形或宽卵形,长2~12cm,宽1.2~7cm,先端急尖,基部楔形,具不规则尖锐锯齿或重锯齿,两侧裂片斜卵形;茎中上部叶叶柄渐短至呈鞘状,裂片披针形。复伞形花序呈圆锥状;伞辐2~3,不等长;小伞形花序具花2~3朵,花梗极不等长;花瓣白色。果实细长。花期4—5月,果期6—10月。

分布与生境 见于全市丘陵地区;生于林下较阴湿处。产于全省丘陵山区;分布于全国大部分省份。

主要用途 全草药用,有活血祛瘀、镇痛止痒之功效;嫩茎叶作野菜。

202 细叶旱芹 *Cyclospermum leptophyllum* (Pers.) Sprague

伞形科 Apiaceae　　细叶旱芹属

形态特征　一年生，高20~45cm。复叶，互生；基生叶有柄，基部边缘略扩大成膜质叶鞘，三至四回羽状多裂，裂片线形至丝状；茎生叶通常3出式羽状多裂，末回裂片线形，长5~15mm。复伞形花序；伞辐2~3(5)；花瓣白色、绿白色或略带粉红色。果实心形或卵球形，长1.5~2mm，果棱5，圆钝。花期4—5月，果期6—7月。

分布与生境　归化种。原产于南美洲。我国南部多归化。全市各地有归化；生于田野、林缘及路旁。

主要用途　嫩茎叶作野菜。

203 野胡萝卜

Daucus carota L.

伞形科 Apiaceae　　胡萝卜属

形态特征　二年生，高20~120cm。全体被白色粗硬毛。根细圆锥形。茎单生，具纵棱。复叶，互生；基生叶具长柄，叶片二至三回羽状全裂，末回裂片条形至披针形，长2~15mm，宽0.8~4mm；茎生叶叶柄短，向上全部为叶鞘，叶片简化，最终裂片较细长。复伞形花序具长花序梗；总苞片多数，叶状，羽状分裂或不裂；伞辐多数；花白色或淡紫色。果实长球形或椭球形，长3~4mm，具刚毛和短钩刺。花期5—8月，果期7—9月。

分布与生境　见于全市各地；生于山坡、溪边、河池边、路旁或田间。产于全省各地；广布于全国。

主要用途　果实药用，名“南鹤虱”，有杀虫消积之功效；果可提取芳香油；嫩茎叶作野菜。

204 天胡荽 落地梅花 | *Hydrocotyle sibthorpioides* Lam.

伞形科 Apiaceae **天胡荽属**

形态特征 多年生。茎细长而匍匐，节上生根。叶互生；叶片圆形或肾圆形，长0.5~2cm，宽0.5~2.5cm，基部心形，常5浅裂，每一裂片再2~3浅裂，边缘有圆钝齿。伞形花序双生于茎顶，或单生于节上；花序梗纤细；小伞形花序有花5~18朵；花瓣绿白色。果实两侧压扁，长1~1.2mm，熟时有紫色斑点。花期4—5月，果期9—10月。

分布与生境 见于全市各地；生于湿润林下、水边、路旁和草坪上。产于全省各地；分布于长江流域及其以南地区。

主要用途 全草药用，有清热、利尿、消肿、解毒之功效；嫩茎叶作野菜。

附注 荽，音suī。

附种 破铜钱（变种）var. ***batrachium***，叶片3~5深裂几达基部，侧裂片有一侧或两侧仅裂达基部1/3处，裂片楔形。分布与用途同原种。

205 香菇草 南美天胡荽 钱币草 *Hydrocotyle vulgaris* L.

伞形科 Apiaceae **天胡荽属**

形态特征 多年生,高5~15cm。根状茎匍匐,节上常生根。单叶,每节常具叶2~3枚;叶片圆盾形,直径2~8cm,边缘具宽平圆齿或呈浅裂状,辐射状叶脉8~15条;叶柄盾状着生于叶片中央。穗状轮伞花序;花白色,在花序轴上间断性轮生,每轮具花2~7朵。果实近球形,两侧压扁,长约2mm。花果期6—12月。

分布与生境 原产于欧洲及美洲。我国南部有归化。全市各地有栽培,并逸生;生于水边、草坪、墙脚等处。

主要用途 挺水或湿生观赏植物;嫩茎叶可食。入侵性强,易扩散。

206 藁本 水芹三七 | *Ligusticum sinense* Oliv.

伞形科 Apiaceae　　藁本属

形态特征 多年生,高达1m。植株无毛。根状茎呈不规则团块状,具浓香,味辛麻。茎基部有时带紫红色。复叶,互生;基生叶和茎下部叶具长柄,二回羽状全裂,末回裂片卵形,长2.5~5cm,宽1.5~3cm,上面脉上粗糙,边缘齿裂或不整齐羽状深裂,具小尖头,顶端小裂片渐尖至尾尖;茎中部叶较大,上部叶简化。复伞形花序;伞辐14~28;花瓣白色。果实长球状卵形,背腹扁压,长约4mm。花期8—10月,果期9—12月。

分布与生境 见于市林场(周东畈)等地;生于溪沟边草丛中。产于杭州、台州、丽水、温州及德清、北仑、奉化、东阳、开化、嵊州等地;分布于华中及江西、四川、甘肃、陕西、内蒙古等地。

主要用途 根及根状茎药用,有发散风寒、祛湿止痛之功效;嫩叶作野菜。

附注 藁,音gǎo。

207 白苞芹 紫茎芹 *Nothosmyrnium japonicum* Miq.

伞形科 Apiaceae 紫茎芹属

形态特征 多年生，高 0.5~1.2m。全体疏被细柔毛。茎青紫色，有纵纹。复叶，互生；基生叶具长柄，二回羽状分裂，一回羽片有柄，二回羽片有柄或无柄，末回裂片卵形至长圆状卵形，长 2~8cm，宽 2~4cm，顶生小叶不裂或 3 裂，边缘具锯齿；茎生叶叶柄渐短，裂片渐小，有鞘。复伞形花序；总苞片 1~4，披针形或卵形；伞辐 7~12；小总苞片花期包着花序，后外折；花白色。果实卵球形，长 2~3mm，两侧压扁。花期 8—9 月，果期 10 月。

分布与生境 见于全市丘陵地区；生于山坡林下阴湿处或沟谷溪边。产于杭州、宁波、台州、丽水、温州及嵊州、江山等地；分布于长江流域及其以南地区。

主要用途 根药用，有镇静止痛之功效；全草可提取芳香油；根、嫩茎叶作野菜。

208 水芹 水芹菜 野芹菜

Oenanthe javanica (Blume) DC.

伞形科 Apiaceae 水芹属

形态特征 多年生,高20~80cm。根纤维状。茎直立或基部匍匐,下部节上生根。复叶,互生;基生叶有长柄,基部成叶鞘,叶片一至二回羽状分裂,末回裂片披针形、卵形至菱状披针形,长1~4cm,宽0.8~2cm,先端渐尖,边缘有不整齐牙齿或锯齿;茎上部叶叶柄渐短成鞘,裂片较小。复伞形花序;伞辐6~16;总苞片无或1;花瓣白色。果实椭球形或筒状长球形,长2.5~3mm,无钩刺。花果期5—9月。

分布与生境 见于全市丘陵地区及沿山平原;生于低洼地、池沼、溪沟旁。产于全省各地;分布于全国各地。

主要用途 嫩茎叶作野菜;全草药用,有清热解毒、凉血降压之功效;茎、叶作饲料。

209 滨海前胡

Peucedanum japonicum Thunb.

伞形科 Apiaceae　　前胡属

形态特征　多年生，高1m以上。枝、叶无毛；茎粗壮，直径1~2cm，具纵棱。复叶，互生；基生叶具长柄，宽阔叶鞘抱茎，边缘耳状，膜质；基生叶和下部茎生叶叶片宽大，粉绿色，质厚（近革质），一至二回3出式分裂，末回羽片的侧裂片卵形，中间裂片倒卵状楔形，均无柄，边缘有3~5个粗大钝锯齿，网脉清晰；茎生叶向上渐简化，叶柄全成鞘。复伞形花序；伞辐15~30；花瓣白色。果实长卵形至椭球形，长4~6mm。花期5—6月，果期8—9月。

分布与生境　见于观海卫（海黄山）；生于近海山丘疏林下。产于象山、普陀、温岭、温州市区、瑞安等地；分布于江苏、福建、山东、台湾等近海岸地带。

主要用途　根药用，有消热利湿、坚骨益髓、消肿散结之功效；供滨海绿化；嫩叶作野菜。

附种　白花前胡 ***P. praeruptorum***，叶片纸质，二至三回3出式羽状分裂，末回裂片菱状倒卵形，边缘具不整齐锯齿，叶鞘狭；伞辐7~18；花期8—9月。见于全市丘陵地区；生于向阳山坡林下、林缘、溪沟边草丛中。

210 变豆菜 *Sanicula chinensis* Bunge

伞形科 Apiaceae　　变豆菜属

形态特征 多年生,高达1m。根状茎粗而短。复叶,互生;基生叶有长柄;基生叶和下部茎生叶叶片掌状3全裂或5裂,长3~9cm,宽4~12cm,中间裂片楔状倒卵形,两侧裂片宽椭圆状倒卵形至斜卵形,通常各具1深裂,具刺芒状重锯齿;茎生叶向上渐小,通常3裂,有柄至无柄。花序二至三回叉式分枝;伞辐2~3;总苞片叶状,通常3深裂;萼齿条状披针形;花瓣白色或绿白色。果实卵球形,长4~5mm,皮刺基部膨大,顶端钩状。花果期4—10月。

分布与生境 见于市林场(周东畈);生于阴湿林下、路旁草丛中。产于杭州、宁波、丽水、温州及普陀、江山、天台等地;分布几遍全国。

主要用途 全草药用,有散寒止咳、活血通络之功效;嫩叶作野菜。

211 窃衣

Torilis scabra（Thunb.）DC.

伞形科 Apiaceae　　窃衣属

形态特征　二年生，高30~70cm。茎常带紫色，具倒向贴生短硬毛。复叶，互生；二回羽状全裂，小裂片披针形至卵形，长5~10mm，宽2~8mm，边缘具整齐缺刻或分裂，两面被短硬毛；茎上部叶渐小，叶柄全部成鞘。复伞形花序；总苞片无，稀1~2，长2~3mm；伞辐3~5；小伞形花序具花2~7朵；花瓣白色，略带淡紫色。果实长球形，长4~7mm，密被斜上内弯皮刺。花果期4—7月。

分布与生境　见于全市各地；生于山坡、溪边、田野和路边草丛中。产于全省各地；分布于秦岭以南地区。

主要用途　果和根药用，有活血消肿、收敛杀虫之功效；嫩茎叶作野菜。

附种　小窃衣（破子草）***T. japonica***，叶片一至二回羽状分裂；总苞片3~6，长4~7mm；伞辐4~12；小伞形花序具花4~12朵；果实长1.5~4mm。见于全市各地，生于林下、林缘、路旁、水边草丛中。

212 点地梅

Androsace umbellata (Lour.) Merr.

报春花科 Primulaceae　　点地梅属

形态特征　一年生或二年生。全株被多节细柔毛。无茎。叶基生,通常10~30枚呈莲座状;叶片圆形至心状圆形,直径5~15mm,边缘具粗大三角状牙齿;叶柄长1~2cm。花葶直立,数条或多条,高5~15cm;伞形花序具花3~15朵;苞片轮生,卵形至披针形;花梗长1~3.5cm;花萼5深裂,具明显纵脉3~6;花冠白色,喉部黄色,漏斗状,直径4~5mm,5裂。蒴果近球形,直径约4mm,5瓣裂。花果期4—6月。

分布与生境　见于全市丘陵地区,平原偶见;生于山坡疏林下、林缘、溪沟边及田野潮湿处。产于全省各地;广布于我国南北各地。

主要用途　全草药用,有清凉解毒、消肿止痛之功效。

213 泽珍珠菜 泽星宿菜 *Lysimachia candida* Lindl.

报春花科 Primulaceae **珍珠菜属**

形态特征 一年生或二年生，高15~40cm。全株无毛。茎直立，肉质，基部常带红色。叶两面、苞片、花萼均散生黑色至暗红色腺点和短腺条。基生叶匙形，长3~5cm，宽1~1.5cm，具带狭翅的长柄；茎生叶互生，倒卵形、倒披针形或条形，长2~3cm，宽3~10mm，先端钝，基部渐狭，下延至柄。总状花序顶生，花密，初为伞房状，后渐伸长，果时长10~20cm；苞片狭披针形或条形；花冠白色，管状钟形，长6~10mm；花柱细长，稍伸出花冠筒。蒴果球形，直径约3mm。花果期3—6月。

分布与生境 见于全市各地；生于潮湿处及水田中。产于全省各地；广布于长江以南各地。

主要用途 全草药用，有解毒、活血、止痛之功效；嫩茎叶作野菜；花供观赏。

附种 滨海珍珠菜 ***L. mauritiana***，滨海植物；茎基部木质化；苞片叶状；花柱内藏于花冠筒；蒴果卵球形，直径4~5mm。见于龙山（大岙十塘闸外）；生于海滨石缝及沙滩上。

214 过路黄

Lysimachia christinae Hance

报春花科 Primulaceae　　珍珠菜属

形态特征　多年生。全株无毛或疏生短柔毛;叶、花萼、花冠新鲜时均散布透明腺条,干后成显著黑色腺条。茎柔弱,匍匐,长20~60cm,节上常生根。叶对生;叶片心形或宽卵形,长2~4cm,宽1~3.5cm,先端急尖或圆钝,基部浅心形,全缘;叶柄长1~3cm。花单生于腋生;花梗与叶等长或长于叶;花冠黄色,辐射状钟形,长1~1.2cm,基部1/3合生,裂片舌形;雄蕊具黄色糠秕状腺体。蒴果球形,有黑色短腺条。花期5—7月,果期7—9月。

分布与生境　见于全市丘陵地区;生于疏林下、溪沟边、路旁湿润处。产于全省各地;分布于长江流域及其以南地区、山西等地。

主要用途　全草药用,有清热解毒、利尿排石之功效;嫩茎叶作野菜;花供观赏。

215 星宿菜 *Lysimachia fortunei* Maxim.

报春花科 Primulaceae　　**珍珠菜属**

形态特征　多年生，高30~70cm。根状茎具鳞片状叶。茎、叶无毛。茎直立，有黑色腺点与腺条，基部带紫红色。叶互生，有时近对生；叶片椭圆形、宽披针形或倒披针形，长3~9cm，宽1~3cm，先端急尖或渐尖，基部楔形，全缘，边缘密生腺点；近无柄。总状花序顶生，柔弱，长5~25cm；花梗长1~3mm；花冠白色，管状钟形，长3~4mm，背面有黑色斑点。蒴果球形。花期6—9月，果期8—11月。

分布与生境　见于全市丘陵地区；生于山坡疏林下、山麓、溪谷、路旁、田边潮湿处。产于全省各地；分布于华东、华中、华南。

主要用途　带根全草药用，有清热解毒、活血调经、镇痛之功效；嫩茎叶作野菜；花供观赏。

附注　宿，音xiù。

附种　珍珠菜 ***L. clethroides***，全株不同程度被毛；叶片较大，长6~13cm，宽2~5.5cm；花梗长5mm，果期长达1cm；花冠长6~9mm。见于全市丘陵地区；生于林下、溪沟边、路旁。

216 黑腺珍珠菜

Lysimachia heterogenea Klatt

报春花科 Primulaceae　　珍珠菜属

形态特征　多年生,高40~80cm。全株无毛。茎直立,具4棱及狭翅,散生黑色(偶尔棕红色)短腺条。叶对生;基生叶宽椭圆形,长1~6cm,宽0.6~4cm,先端圆钝,基部下延成翼柄;茎生叶披针形至椭圆状披针形,长2~10cm,宽1~3cm,先端急尖或稍钝,基部耳垂形,半抱茎,两面密生黑色腺点。花生于苞片内,组成总状花序,再集成广阔的圆锥花序;苞片椭圆状披针形至披针形,叶状,长0.2~1.5cm;花冠白色。蒴果球形。花果期5—10月。

分布与生境　见于全市丘陵地区;生于湿润林下、水边草丛中。产于宁波及安吉、德清、临安、天台、温岭、龙泉、庆元等地;分布于江苏、江西、福建、湖南、湖北、广东。

主要用途　全草药用,有行气破血、消肿解毒之功效;嫩茎叶作野菜。

217 小茄 *Lysimachia japonica* Thunb.

报春花科 Primulaceae **珍珠菜属**

形态特征 多年生,高10~25cm。全株被灰色下向柔毛。茎丛生,细弱,有棱,初倾斜,后披散伸长。叶对生;叶片宽卵形至近圆形,长0.5~2cm,宽0.5~1.5cm,先端急尖或圆钝,基部圆形,下延,两面均密生半透明腺点,干后呈粒状凸起;叶柄长3~5mm。花单生于叶腋;花梗长2~3mm;花萼5深裂几达基部,裂片果时增大;花冠黄色,直径5~8mm,5深裂。蒴果球形,顶端被疏柔毛。花果期4—6月。

分布与生境 见于全市丘陵地区及南部平原;生于林下阴处和水边、路旁、田野草丛中。产于宁波、舟山、台州、温州等地;分布于江苏、安徽、台湾、广东、海南。

主要用途 全草药用,有清热解毒、祛湿止痛之功效。

218 假婆婆纳 *Stimpsonia chamaedryoides* Wright ex A. Gray

报春花科 Primulaceae　　假婆婆纳属

形态特征 一年生,高10~20cm。全体被多节腺毛。茎纤细,基部带淡紫色。基生叶卵形至卵状椭圆形,长1~2.5cm,宽0.7~1.3cm,先端圆钝或急尖,基部圆形、微心形或平截,边缘有不整齐钝齿,两面具锈色腺点或短腺条,叶柄长0.5~1.5cm;茎生叶互生,宽卵形至近圆形,向上渐次缩小成苞片状,边缘有缺刻状锐锯齿。花单生于茎上部苞片状叶腋,组成总状花序;花冠白色,裂片顶端微凹。蒴果球形。花果期4—7月。

分布与生境 见于全市丘陵地区;生于山坡草地和林缘。产于全省低山丘陵地区;分布于华东、华南及湖南。

主要用途 全草药用,有活血、消肿止痛之功效。

219 百金花

Centaurium pulchellurn (Sw.) Druce var. *altaicurn* (Griseb.) Kitag. et Hara

龙胆科 Gentianaceae 百金花属

形态特征 一年生,高15~30cm。茎直立,近四棱形,多分枝。叶对生;茎基部叶片椭圆形,先端钝尖;上部叶片椭圆状披针形,先端急尖,苞叶状,长1~1.5cm,宽3~8mm,具3出脉;无叶柄。疏散的二歧聚伞花序;花梗细,长4~7mm;花萼5深裂,裂片中脉背部呈脊状;花冠高脚碟状,淡桃红色或白色,长1.5cm,筒部狭长,顶端5裂,裂片短;柱头2裂,片状。花果期7—8月。

分布与生境 见于龙山(大岙十塘闸外);生于一线海塘外潮湿草丛中。产于萧山、镇海;分布于我国沿海省份及山西、内蒙古、陕西、新疆。

主要用途 全草药用,有清热解毒之功效;花供观赏。

220 龙胆

Gentiana scabra Bunge

龙胆科 Gentianaceae　　龙胆属

形态特征　多年生,高30~90cm。具根状茎,簇生多数细长条状根,直径达4mm,长达20cm,淡棕色。茎略具4棱,有时带紫褐色,具乳头状毛。单叶,对生;叶片卵形或卵状披针形,长2~7cm,宽0.8~2cm,先端渐尖,基部圆形,边缘及下面中脉具乳头状毛,基出脉3~5,无柄;下部叶有时缩小成鳞片状。花单生或簇生,无梗;花萼长2~2.5cm,萼筒钟状,裂片与萼筒近等长;花冠蓝紫色,管状钟形,长约4.5cm,裂片卵形,长0.7~1cm,先端尖;褶片三角形,稀2齿裂。花期9—11月,果期11—12月。

分布与生境　见于全市丘陵地区;生于向阳山坡、山顶、路旁灌草丛中。产于全省各地;分布于华东、华南、华北、东北。

主要用途　根及根状茎药用,有清热解毒、泻肝胆火之功效;嫩茎叶作野菜;花供观赏。其由于特殊的药用功能而被过度采挖,野生种源日稀。

221 荇菜 莕菜 莲叶荇菜 水葵 | *Nymphoides peltata*（S.G. Gmel.）Kuntze

龙胆科 Gentianaceae 荇菜属

形态特征 多年生水生草本。水底泥中具匍匐地下茎。茎圆柱形，具分枝，沉于水中，具不定根。叶互生，上部近对生；叶漂浮于水面，革质，心状卵形、近圆形或肾圆形，长5~12cm，宽2.5~10cm，先端圆形，基部深心形，边缘微波状，下面常带紫红色，有腺点；叶柄基部扩大成鞘。花黄色，簇生于叶腋；花梗稍长于叶柄；花冠长2~2.5cm，5深裂，喉部具毛，裂片边缘啮齿状或流苏状。蒴果。花期7—10月，果期10—11月。

分布与生境 见于丘陵地区与南部平原；生于池塘与不甚流动的河流、溪沟中。产于全省各地；广布于我国各地。

主要用途 全草药用，有清热、利尿、消肿、解毒之功效；供浅水区绿化；嫩叶作野菜。

附注 荇，音xìng。

222 折冠牛皮消 飞来鹤 牛皮消 | *Cynanchum boudieri* H. Lév. et Vaniot

萝藦科 Asclepiadaceae 鹅绒藤属

形态特征 蔓生半灌木。植株具乳汁。根肥厚,呈块状。茎被微柔毛。叶对生;叶片宽卵状心形至卵形,长4~16cm,宽3~13cm,先端短渐尖或渐尖,基部深心形,两侧常耳状下延或内弯;叶柄长2~10cm。聚伞花序伞房状,花可达30朵;花冠白色,辐射状,裂片反折,内面被疏柔毛;副花冠浅杯状,5深裂,裂片肉质,钝头,每一裂片内面中部有三角形的舌状鳞片1。蓇葖果双生,披针状圆柱形,长8~10cm。种毛白色,绢质。花期6—8月,果期9—11月。

分布与生境 见于全市丘陵地区;生于林缘灌丛中或山谷、溪沟边湿地。产于全省丘陵山区;分布于除东北及新疆以外的全国各地。

主要用途 根药用,有健胃、平喘、止痛、解毒之功效。

223 鹅绒藤

Cynanchum chinense R. Br.

萝藦科 Asclepiadaceae 鹅绒藤属

形态特征 多年生草质藤本。植株具乳汁。主根圆柱状，长约20cm，直径约8mm，干后灰黄色。全株被短柔毛。叶对生；叶片宽三角状心形，长3~7cm，宽3~5cm，先端渐尖或长渐尖，基部心形，下面苍白色；叶柄长2~3cm。伞形聚伞花序腋生，二歧，具花10~20朵；花冠白色；副花冠杯状，上端裂成10个丝状体，2轮，外轮约与花冠裂片等长。蓇葖果双生，或仅1个发育，狭披针状圆柱形，长9~11cm。种毛白色，绢质。花期7—9月，果期9—10月。

分布与生境 见于庵东、新浦等地；生于河沟边、路边或盐土草丛中。产于北仑、象山；分布于黄河中下游地区及江苏、辽宁。

主要用途 根药用，有祛风解毒、健胃止痛之功效；嫩叶、主根作野菜。

224 萝藦 天将壳 小脚娘 | *Metaplexis japonica* (Thunb.) Makino

萝藦科 Asclepiadaceae 萝藦属

形态特征 多年生草质藤本。植株具乳汁。根细长,绳索状,黄白色。茎下部木质化。叶对生;叶片卵状心形或长卵形,长4~14cm,宽3~10cm,先端短渐尖,基部心形,两侧具圆耳,下面粉绿色;叶柄长1.5~5.5cm,顶端丛生腺体。总状聚伞花序腋生或腋外生,具花10~15朵;花冠白色,有淡紫色斑纹,裂片先端反卷;副花冠裂片兜状;花柱延伸成长喙。蓇葖果双生,纺锤形,长7~10cm。种毛白色。花期7—9月,果期9—11月。

分布与生境 见于全市各地;生于山坡林缘、溪边、田野、路旁灌草丛中。产于全省各地;分布于除海南、新疆以外的全国各地。

主要用途 全草、根、果分别供药用,种毛可外敷止血;嫩叶作野菜;茎皮纤维可制人造棉。

225 七层楼 多花娃儿藤 | *Tylophora floribunda* Miq.

萝藦科 Asclepiadaceae 娃儿藤属

形态特征 多年生草质藤本。植株乳汁不明显。根须状，黄白色。茎纤细，分枝多。叶对生；叶片卵状披针形或长圆状披针形，长2~6cm，宽1~3cm，先端渐尖或急尖，基部浅心形或截形，下面密被乳头状凸起；叶柄长0.5~1.7cm。聚伞花序，广展而多歧；花序梗曲折；花直径约2mm；花冠暗紫红色，5深裂；副花冠5；花粉块近球状，平展。蓇葖果双生，叉开，近平展，狭披针状圆柱形，长4~6cm。种毛白色，绢质。花期7—9月，果期10—11月。

分布与生境 见于全市丘陵地区；生于疏林下或灌丛中。产于全省丘陵山区；分布于江苏、江西、福建、湖南、贵州、广东、广西等地。

主要用途 根药用，有祛风化湿、解毒散瘀之功效。

226 打碗花 小旋花 | *Calystegia hederacea* Wall. ex Roxb.

旋花科 Convolvulaceae 打碗花属

形态特征 一年生。全株近无毛。茎蔓生,缠绕或匍匐。叶互生;基部叶卵状长圆形,长 2~3(5)cm,宽 1.5~2.5cm,先端钝圆、急尖至渐尖,基部截形;茎上部叶三角状戟形,3裂,中裂片披针形或卵状三角形,先端钝尖,基部戟形,侧裂片开展,通常2裂;具长柄。花单生于叶腋;花梗长;苞片2,宽卵形,长 0.8~1.5cm,包住花萼,宿存;萼片长 0.6~1.2cm;花冠淡红色,漏斗状,长 2.8~4cm。蒴果卵球形,顶端常裸露于苞片与宿存花萼外。花期 5—8 月,果期 8—10月。

分布与生境 见于全市平原至沿海;生于田野、路旁及绿化带中。产于全省平原区;分布于全国各地。

主要用途 根状茎药用,有健胃、利尿、调经、止痛之功效;嫩叶、根状茎作野菜。

附种 旋花(篱天剑)*C. silvatica* subsp. *orientalis*,苞片长 1.5~2.7cm;萼片长 1.3~1.6cm;花较大,长 4~7cm;蒴果包藏于苞片与宿存花萼内。见于全市各地;生于山坡林缘、田野及路旁。

227 肾叶打碗花 滨旋花 | *Calystegia soldanella*（L.）R. Br.

旋花科 Convolvulaceae **打碗花属**

形态特征 多年生。全株近无毛，具横走根状茎。茎平卧，不缠绕。叶互生；叶片肾形至肾心形，长1~3.5cm，宽1.2~5cm，先端微凹或圆钝，有小短尖，基部凹缺，全缘或波状；叶柄长于叶。花单生于叶腋；花梗长2.5~7cm；苞片2，与花萼等长或稍短，宿存；萼片5，长1.5cm；花冠淡红色，钟状，长3.5~5cm，5浅裂。蒴果卵球形。花期5—6月，果期秋季。

分布与生境 见于全市沿海地区；生于海滨滩涂、沙地、塘坎石缝及乱石堆中。产于宁波、舟山、台州、温州的沿海或海岛；分布于我国沿海省份。

主要用途 盐土指示植物；根药用，有祛风利湿、化痰止咳之功效；嫩叶作野菜；花供观赏。

228 南方菟丝子

Cuscuta australis R. Br.

旋花科 Convolvulaceae　　菟丝子属

形态特征 一年生寄生草本。茎缠绕,金黄色,纤细,直径0.4~0.8mm;无叶。花于茎侧簇生成球状;花序梗近无;花梗稍粗壮;花萼杯状或碗状,裂片5;花冠白色或淡黄色,杯状,长约2mm,裂片卵圆形,直立,宿存;雄蕊着生于花冠裂片弯曲之间;花柱2。蒴果球形,直径3~4mm,下半部为宿存花冠所包围,成熟时不规则开裂。花果期5—10月。

分布与生境 见于全市各地;寄生于草本或小灌木上。产于全省各地;分布于我国绝大多数省份。

主要用途 种子药用,有补肾壮阳、养血安胎之功效;嫩茎、花序作野菜。

附种1 菟丝子 ***C. chinensis***,蒴果成熟时被宿存花冠全部包住;雄蕊着生于花冠裂片弯曲之间的稍下方。见于全市各地;寄生于豆科、茄科、菊科、蓼科的草本植株上。

附种2 金灯藤(日本菟丝子) ***C. japonica***,茎较粗壮,直径1~2mm,常具紫红色瘤状斑点;花序穗状;花冠长3~5mm;花柱合生成1条。见于全市各地,丘陵地区多见;寄生于灌木上。

229 马蹄金 黄疸草 | *Dichondra micrantha* Urb.

旋花科 Convolvulaceae **马蹄金属**

形态特征 多年生。茎匍匐，长达30~40cm，被细柔毛，节上生根。叶片肾形至圆心形，直径0.4~2.2cm，先端钝圆或微凹，基部深心形，全缘，近无毛或疏被毛；叶柄长(0.5)2~5cm。花单生于叶腋，稀双生；花梗短于叶柄；花冠黄色，宽钟状，裂片5。蒴果近球形，分果状，有时单个。花期4—5月，果期7月。

分布与生境 见于全市各地；生于山坡、路边或阴湿草丛中。产于全省各地；分布于长江以南地区。

主要用途 全草药用，有清热利湿、行气止痛、消炎解毒之功效；嫩茎叶作野菜；供绿化观赏。

230 三裂叶薯 小花假番薯 *Ipomoea triloba* L.

旋花科 Convolvulaceae **甘薯属**

形态特征 一年生。茎缠绕,有时平卧,无毛或散生毛,节上较密。叶互生;叶片宽卵形至圆形,长2.5~7cm,宽2~6cm,全缘或有粗齿或3深裂,基部心形,两面无毛或疏生柔毛;叶柄长2.5~6cm,有时有小疣。花单生,或为伞状聚伞花序,花序梗长2.5~5.5cm,比叶柄粗壮,明显有棱,顶端具小疣;花梗长5~7mm,具棱,有小瘤凸;花冠漏斗状,长约1.5cm,淡红色或淡紫红色。蒴果近球形,被细刚毛。花果期8—11月。

分布与生境 归化种。原产于热带美洲。我国多数省份有归化。全市各地有归化;生于山坡路旁、溪边、田野、绿化带、宅旁。

主要用途 供垂直绿化观赏。

附种 瘤梗甘薯 ***I. lacunosa***,茎被稀疏疣毛;花梗具紧密瘤状凸起;花冠白色。归化种。原产于热带美洲。全市各地有归化;生于山坡、溪边、路旁、田野灌草丛中。

231 圆叶牵牛 紫牵牛 喇叭花 | *Pharbitis purpurea*（L.）Voigt

旋花科 Convolvulaceae 牵牛属

形态特征 一年生。全株被粗硬毛。茎缠绕。叶互生；叶片圆心形或宽卵状心形，长4~12cm，宽3~9cm，先端渐尖或骤渐尖，基部心形，全缘，有时3裂，具掌状脉；叶柄长2~8cm。花序有花1~5朵；花序梗长1~3cm；花冠漏斗状，紫红色、淡红色、蓝紫色或白色，长4~5cm，5浅裂。蒴果球形，直径6~10mm，3瓣裂。种子卵状三棱形。花果期7—11月。

分布与生境 原产于美洲。我国各地均有栽培，并逸生。全市普遍逸生；生于田野、路旁、篱边或林缘。

主要用途 花供观赏；种子药用，有泻水通便、消痰涤饮、杀虫攻积之功效。

232 柔弱斑种草 细叠子草 | *Bothriospermum zeylanicum* (J. Jacq.) Druce

紫草科 Boraginaceae　　斑种草属

形态特征 一年生或二年生,高15~30cm。茎直立或渐升,多分枝,有贴伏短糙毛。叶互生;叶片狭椭圆形或长圆状椭圆形,长1~3.5cm,宽0.6~1.5cm,先端急尖,基部楔形,两面疏生紧贴的短糙毛;下部叶具短柄,上部叶无柄。聚伞花序狭长,长达12cm;苞片叶状;花萼5深裂,背面密被糙伏毛,果期增大;花冠淡蓝色,直径约2mm,喉部有5个梯形附属物。小坚果4,肾形,密生小疣状凸起,腹面凹陷。花果期3—7月。

分布与生境 见于全市各地;生于山坡、溪沟边、田野、路边、宅旁及草坪中。产于全省各地;分布几遍全国。

主要用途 全草药用,有止咳、止血之功效。

233 梓木草 Lithospermum zollingeri A. DC.

紫草科 Boraginaceae 紫草属

形态特征 多年生，高10~25cm。匍匐茎长达30cm，有糙毛。基生叶倒披针形或匙形，长2.5~7cm，宽0.7~2cm，先端急尖，基部渐狭成短柄，全缘，两面被短糙硬毛；茎生叶似基生叶，但较小，常近无柄。聚伞花序；苞片长1.2~2cm，被白色短硬毛；花萼5裂至近基部；花冠蓝色，5裂，筒长0.8~1.1cm，内面上部有5条具短毛的纵褶，檐部直径约1cm。小坚果4，椭球形。花期3—5月，果期6—7月。

分布与生境 见于全市丘陵地区；生于山坡疏林下、路边灌草丛中和岩石旁。产于全省丘陵山区；分布于长江流域至南岭地区。

主要用途 全草药用，有温中健胃、消肿止痛、止血之功效；用于岩石点缀。

附注 梓，音zǐ。

234 附地菜

Trigonotis peduncularis (Trevir.) Steven ex Palib.

紫草科 Boraginaceae　　附地菜属

形态特征 二年生,高10~35cm。茎直立或渐升,常分枝,有短糙伏毛。基生叶片椭圆状卵形、椭圆形或匙形,长0.8~3cm,宽0.5~1.5cm,先端钝圆,有小尖头,基部近圆形,两面被短糙伏毛,叶柄长;茎下部叶似基生叶,向上叶柄渐短至无柄。聚伞花序似总状,长达25cm,仅在基部2~3朵花有苞片;花梗细;花萼5深裂;花冠直径1.5~2mm,5裂,蓝色,喉部黄色,喉部附属物5。小坚果4,三棱状四面体形。花果期3—6月。

分布与生境 见于全市各地;生于平原、丘陵草丛中或林缘。产于全省各地;分布于全国各地。

主要用途 全草药用,有清热解毒、消炎止痛之功效;嫩苗作野菜。

235 单花莸 莸 *Caryopteris nepetifolia*（Benth.）Maxim.

马鞭草科 Verbenaceae 莸属

形态特征 多年生，高10~50cm。茎蔓生，四方形，被向下弯曲柔毛，基部木质化。叶对生；叶片宽卵形至近圆形，长1.5~4.5cm，宽1~3.5cm，先端钝，基部宽楔形至圆形，边缘具4~6对钝齿，两面均具柔毛和腺点；叶柄长3~8mm，被柔毛。花单生于叶腋；花梗纤细，长1~2cm，近中部具细小苞片；花萼两面具柔毛和腺点；花冠蓝白色，有紫色条纹和斑点，疏生柔毛，花冠筒长6~8mm，全缘。蒴果4瓣裂。花果期4—8月。

分布与生境 见于全市丘陵地区；生于阴湿山坡、林缘、溪沟边。产于杭州、宁波、金华及普陀、诸暨、天台、龙泉等地；分布于江苏、安徽、福建。

主要用途 全草药用，有祛暑解表、利尿解毒、止血、镇痛之功效；嫩茎叶作野菜；蜜源植物。

236 马鞭草 *Verbena officinalis* L.

马鞭草科 Verbenaceae 马鞭草属

形态特征 多年生,高30~80cm。茎四方形,棱、节具硬毛。叶对生;叶片卵圆形至长圆状披针形,长2~8cm,宽1.5~5cm,基生叶边缘有粗锯齿和缺刻,茎生叶3深裂或羽状深裂,裂片边缘有不整齐锯齿,两面有硬毛。穗状花序细长如马鞭,长10~25cm,每朵花有1苞片,苞片和萼片均被硬毛;花冠淡紫色,长4~5mm,裂片5。蒴果4瓣裂。花果期4—10月。

分布与生境 见于全市各地;生于山麓、田边、路旁、村边及绿化带中。产于全省各地;分布几遍全国。

主要用途 全草药用,有清热解毒、活血散瘀、利尿消肿之功效;嫩茎叶作野菜;蜜源植物。

237 金疮小草 白毛夏枯草 *Ajuga decumbens* Thunb.

唇形科 Lamiaceae **筋骨草属**

形态特征 多年生，高10~30cm。具短根状茎。全株被白色长柔毛。具匍匐茎；茎下部伏卧，上部上升，老茎有时呈紫绿色。基生叶较大，花时常存在；茎生叶对生，叶片匙形、倒卵状披针形或倒披针形，长3~8cm，宽1.5~3cm，先端钝至圆形，基部渐狭，下延成翅柄，边缘具不整齐波状圆齿。轮伞花序腋生，排列成长5~12cm、间断的假穗状花序；苞片叶状；花冠白色，带紫脉或紫色，筒长7~8mm，基部略膨大，冠檐假单唇形，上唇极短，下唇宽大，中裂片狭扇形或倒心形，侧裂片长圆形或近椭圆形。花期3—6月，果期5—8月。

分布与生境 见于全市丘陵地区及沿山平原；生于溪沟边、路旁、林缘等处。产于全省各地；分布于长江以南地区。

主要用途 全草药用，有清热解毒、凉血平肝、止血消肿之功效；花供观赏。

附种 紫背金盘 ***A. nipponensis***，植株近直立，花时常无基生叶；叶片宽椭圆形或卵状椭圆形，下部叶下面常带紫色；花冠下唇中裂片扇形，侧裂片狭长圆形。见于全市丘陵地区；生于溪边、林下或林缘。

238 风轮菜

Clinopodium chinense (Benth.) Kuntze

唇形科 Lamiaceae　　风轮菜属

形态特征　多年生,高达1m。茎四棱形,基部匍匐生根,上部上升或直立,直径约3mm,密被具节柔毛。叶对生;叶片卵形或长卵形,长2~5cm,宽0.5~3cm,先端急尖或稍钝,基部圆形或宽楔形,边缘具整齐锯齿,上面密被平伏短硬毛,下面被疏柔毛;叶柄长3~10mm。轮伞花序多花,半球形或球形;苞片无明显中脉;花萼狭筒状,常带紫红色,长4.5~6mm,被柔毛,具13脉;花冠淡紫红色,长约9mm。花期5—10月,果期6—11月。

分布与生境　见于全市丘陵地区及沿山平原;生于林缘、山麓、路边草丛中。产于全省各地;分布华东、华中、华南。

主要用途　全草药用,有清热解毒、凉血止血、止痢之功效;嫩茎叶作野菜。

239 细风轮菜 瘦风轮 | *Clinopodium gracile*（Benth.）Matsum.

唇形科 Lamiaceae **风轮菜属**

形态特征 多年生，高8~25cm。具白色纤细根状茎。茎分枝，柔弱，上升，直径约1.2mm，四棱形，具槽，被倒向短柔毛，棱上毛密。叶对生；叶片圆卵形或卵形，长1~3cm，宽0.8~2cm，先端钝或急尖，基部圆形或宽楔形，边缘具锯齿，下面脉上疏被短硬毛；叶柄长0.3~1.5cm。轮伞花序组成长4~11cm的顶生短总状花序；苞片披针状；花萼脉上具短硬毛，萼齿边缘具睫毛；花冠粉红色或淡紫色，长4~5mm。花果期3—8月。

分布与生境 见于全市各地；生于山坡路旁、溪沟边、田边、墙脚等草丛中。产于全省各地；分布于长江流域及其以南地区。

主要用途 全草药用，有清热解毒、消炎止痛之功效；嫩茎叶作野菜。

附种 光风轮 ***C. confine***，茎近无毛或仅棱上疏生微柔毛；叶片两面均无毛；花序下部苞片叶状；花萼外面近无毛。见于全市各地；生于田边、山坡、溪沟边草丛中。

240 紫花香薷

Elsholtzia argyi H. Lév.

唇形科 Lamiaceae **香薷属**

形态特征 一年生,高0.5~1m。茎直立,上部钝四棱形,紫色,具槽,被白色短柔毛。叶对生;叶片卵形至宽卵形,长2~6cm,宽1~4cm,先端短渐尖或渐尖,基部宽楔形至截形,边缘具圆齿状锯齿,上面疏生柔毛,下面沿脉有短柔毛,密生淡黄色凹陷腺点;叶柄长0.5~3cm。穗状花序,长2~6cm,偏向一侧;苞片圆形或倒宽卵形,长3~4.5mm,宽4~6mm,先端芒状尖头长1~2.5mm,背面具白色柔毛及黄色腺点,具缘毛,常带紫色;花冠玫瑰红紫色。花果期9—11月。

分布与生境 见于全市丘陵地区;生于山坡林下、林缘、溪边灌草丛中。产于杭州、宁波、丽水、温州及长兴、安吉、普陀、温岭等地;分布于长江以南地区。

主要用途 全草药用,有发汗解暑、利尿、止吐泻、散寒湿之功效;嫩叶作野菜;花供观赏。

附注 薷,音rú。

附种 海州香薷 ***E. splendens***,叶片长圆状披针形或披针形,基部明显下延成狭翼;苞片近圆形或宽卵圆形,仅具缘毛。见于龙山、掌起、观海卫、桥头、市林场等丘陵地区;生于林缘及路旁草丛中。

241 小野芝麻 *Galeobdolon chinensis* (Benth.) C.Y. Wu

唇形科 Lamiaceae **小野芝麻属**

形态特征 多年生,高15~50cm。根端常具块根。茎直立,四棱形,具槽,密被污黄色倒向短柔毛。叶互生;叶片卵形、卵状长圆形或宽披针形,长1.5~7cm,宽1~3cm,先端钝或急尖,基部宽楔形至狭楔形,边缘具圆齿状锯齿,上面密被伏毛,下面有污黄色短柔毛;叶柄长0.3~2.2cm。轮伞花序腋生,具花4~8朵;苞片早落;萼齿披针形,先端渐尖成芒状;花冠粉红色,有紫红色斑点,长1.6~2cm,外面被白色短柔毛,花冠筒内有毛环;花药紫色。花期3—5月,果期5—6月。

分布与生境 见于全市丘陵地区;生于疏林下、溪沟边、路旁。产于全省丘陵山区;分布于华东及湖南、广东、广西。

主要用途 块根入药,用于治疗外伤出血;嫩叶作野菜。

242 活血丹 连钱草 金钱草 | *Glechoma longituba* (Nakai) Kupr.

唇形科 Lamiaceae 活血丹属

形态特征 多年生，高10~20cm。具匍匐茎，茎四棱形，幼茎疏被长柔毛。叶对生；茎下部叶较小，心形、肾心形或肾形，上部叶较大，心形，长1~3cm，宽1.2~4cm，先端急尖或钝圆，基部心形，边缘具圆齿或粗锯齿状圆齿，上面疏被伏毛，下面常带紫色，被疏柔毛；叶柄长0.5~6cm。轮伞花序；苞片刺芒状；花萼管状，长8~10mm；花冠淡红紫色，下唇具深色斑点，筒有长、短二型，檐部二唇形。花果期4—6月。

分布与生境 见于全市各地；生于疏林下、路旁、溪沟边、田间。产于全省各地；分布于除西北及内蒙古外的全国各地。

主要用途 全草药用，有清热解毒、排石通淋之功效；嫩叶作野菜；可作地被植物。

243 大萼香茶菜

Isodon macrocalyx (Dunn) Kudô

唇形科 Lamiaceae　　香茶菜属

形态特征 多年生，高60~100cm。根状茎坚硬，块状，直径达3cm。全株密被短微柔毛。茎直立，上部钝四棱形。叶对生；叶片宽卵形或卵形，长3~12cm，宽2~7cm，先端长渐尖或渐尖，基部宽楔形，骤狭下延，边缘有整齐圆齿状或三角状锯齿，具硬尖，下面散生淡黄色腺点；叶柄长2~4(7)cm。聚伞花序有花3~5朵，排成狭圆锥花序；花萼二唇形，下唇因仅顶端稍凹入而使2齿形似单齿状，疏生淡黄色腺点；花冠淡紫红色或紫红色，长约8mm，具腺点，花冠筒基部上方浅囊状；雄蕊与花柱略伸出花冠。花期8—10月，果期10—11月。

分布与生境 见于全市丘陵地区；生于山坡、溪边、路旁灌草丛中。产于宁波、丽水及安吉、临安、开化、泰顺等地；分布于华东、华中、华南。

附种 香茶菜 ***I. amethystoides***，密被倒向具节卷曲柔毛或短柔毛；萼齿近相等；雄蕊及花柱均内藏。见于全市丘陵地区；生于溪沟边或山坡灌草丛中。

244 宝盖草 佛座

Lamium amplexicaule L.

唇形科 Lamiaceae　　野芝麻属

形态特征　二年生,高10~30cm。茎上升,四棱形,常带紫色,幼时被倒向短柔毛。叶对生;叶片圆形或肾形,长1~2cm,宽1.2~2.5cm,先端圆,基部截形或心形,边缘具深圆齿或浅裂,两面被伏毛;下部叶有长柄,上部叶近无柄而半抱茎。轮伞花序具花6~10朵,其中常有闭花授精的花;近无梗;花萼钟状;花冠粉红色或紫红色,长1.2~1.8cm,筒细长,下唇中裂片倒心形,顶端深凹,基部收缩。花果期3—6月。

分布与生境　见于全市各地;生于林缘、路边、山麓、田间湿润处。产于全省各地;分布于华东、华中、西南、西北、华北。

主要用途　全草药用,有清热利湿、活血祛风、消肿解毒之功效;嫩叶作野菜。

245 野芝麻 *Lamium barbatum* Siebold et Zucc.

唇形科 Lamiaceae 野芝麻属

形态特征 多年生,高达1m。具根状茎。茎直立,四棱形,具浅槽,常有倒向粗毛。叶对生;叶片卵状心形至卵状披针形,长3~8cm,宽2~6cm,先端急尖、渐尖或尾尖,基部浅心形,边缘具牙齿状锯齿,具硬尖头,两面被伏毛;叶柄长1~7cm。轮伞花序具花4~14朵;花萼钟状;花冠白色,稀淡黄色,长2~3cm,筒内有毛环,下唇中裂片倒肾形,顶端深凹,基部急收缩,侧裂片顶端有1针状小齿。花期4—5月,果期6—7月。

分布与生境 见于全市丘陵地区及沿山平原;生于林缘、溪沟边、路旁、田边草丛中。产于全省各地;分布于华东、华中、华北、东北及四川、贵州。

主要用途 根、全草、花分别药用;嫩叶作野菜。

246 益母草 茺蔚

Leonurus japonicus Houtt.

唇形科 Lamiaceae　　益母草属

形态特征 一年生或二年生,高40~120cm。茎直立,钝四棱形,被糙伏毛。基生叶圆心形,直径4~9cm,5~9浅裂,每一裂片有2~3钝齿;茎下部叶卵形,掌状3全裂,中裂片长圆状菱形至卵形,长1.5~6cm,宽1~3cm,常再3裂;中部叶菱形,较小,通常3裂,基部狭楔形;最上部叶条形或条状披针形,全缘或具稀牙齿;基生叶具长柄,茎生叶叶柄渐短至近无柄。轮伞花序腋生,具花8~15朵;花萼钟状管形;花冠粉红色至淡紫红色,长1~1.2cm,花冠筒内有毛环,上唇外被柔毛。花期5—7月,果期8—9月。

分布与生境 见于全市各地;生于山坡、溪边、田野、路旁灌草丛中。产于全省各地;分布于全国各地。

主要用途 全草(益母草)药用,有活血调经、祛瘀生新、利尿消肿之功效;花有利水行血之功效;果实(茺蔚子)有活血调经之功效;嫩叶作野菜;蜜源植物;花供观赏。

附种 白花益母草(变种)var. ***albiflorus***,花白色。生境与用途同原种。

247 硬毛地笋

Lycopus lucidus Turcz. ex Benth. var. *hirtus* Regel

唇形科 Lamiaceae　　**地笋属**

形态特征　多年生，高80~120cm。根状茎横走，白色，圆柱形，顶端肥大。茎直立，四棱形，通常不分枝，被多节短硬毛，节上密生硬毛，节常带红紫色。叶对生；叶片披针形或长圆状披针形，多少弧弯，长3.5~10cm，宽1~3cm，先端渐尖，基部渐狭，边缘具尖锐锯齿，上面有细伏毛，下面脉上有刚毛状硬毛，并散生凹陷腺点；叶柄极短。轮伞花序；花萼钟形，长约5mm；花冠白色，长约5mm，冠檐外面具腺点，内面喉部具白色短柔毛；雄蕊4，前1对能育而伸出花冠，后1对退化成棍棒状。花期7—9月，果期9—11月。

分布与生境　见于全市丘陵地区及南部平原；生于田边、溪沟边、河滩、浅水等水湿处。产于全省各地；分布几遍全国。

主要用途　全草药用，为妇科要药，有活血祛瘀、通经行水之功效；根状茎、嫩茎叶作野菜。

附种　小叶地笋 *L. cavaleriei*，叶片长圆形或菱状卵形，长1.5~5.5cm，宽0.5~2cm，边缘疏生浅波状牙齿，两面无毛；花萼长2~2.5mm；前1对雄蕊几不伸出花冠，后1对雄蕊消失或退化成丝状。见于掌起（高山寺）、桥头（栲栳山）等地；生于水边。

248 薄荷 *Mentha canadensis* L.

唇形科 Lamiaceae　　薄荷属

形态特征　多年生,高30~100cm。植株具芳香。具匍匐根状茎。茎下部匍匐,上部直立,多分枝,锐四棱形,上部有倒向柔毛。叶对生;叶片长圆状披针形、披针形或卵状披针形,稀长圆形,长3~8cm,宽0.6~3cm,先端急尖或稍钝,基部楔形,边缘疏生粗大锯齿,两面疏生微柔毛和腺点;叶柄长0.3~2cm。轮伞花序腋生;花冠淡红色、青紫色或白色,长4~5mm,4裂,上裂片较大,先端2裂,下面3裂片近等大而全缘。花果期8—11月。

分布与生境　见于全市各地;生于水边、路旁等潮湿处。产于全省各地;分布于全国各地。

主要用途　全草药用,有清热、散风之功效;枝、叶可提取芳香油;茎、叶可作野菜、调味品、清凉食品饮料或代茶用;地被植物;蜜源植物。

249 杭州荠苎

Mosla hangchowensis Matsuda

唇形科 Lamiaceae　　石荠苎属

形态特征　一年生，高 50~60cm。茎四棱形，多分枝，有倒向卷曲短柔毛及棕黄色腺毛，有时混生稀疏平展多节毛。叶对生；叶片披针形，长 1.5~4cm，宽 0.5~1.5cm，先端急尖，基部宽楔形，边缘具疏锯齿，下面灰白色，两面均有细柔毛及凹陷腺点；叶柄长 0.5~1.2cm。轮伞花序密集或稍疏离，排成长 1~4cm 的总状花序；苞片覆瓦状排列，宽倒卵形，长 5~6mm，宽 4~5mm，具睫毛；萼齿 5，披针形，下唇 2 齿略长；花冠紫红色，长约 1cm。花果期 7—10 月。

分布与生境　见于全市丘陵地区；生于山坡林缘、溪沟边、路旁、岩石缝中。产于宁波、台州、温州及杭州市区、普陀、衢州市区等地；分布于江苏。

主要用途　全草药用，有发汗解表、清暑、和中利湿之功效。

附种　建德荠苎(变种)var. ***cheteana***，花序疏离；苞片非覆瓦状排列；萼齿长钻形，近等长。见于横河(长埭)；生于山坡路旁灌草丛中。

250 苏州荠苎 *Mosla soochowensis* Matsuda

唇形科 Lamiaceae 石荠苎属

形态特征 一年生,高15~50cm。茎纤细,四棱形,多分枝,疏被短柔毛。叶对生;叶片条状披针形或披针形,长1.2~4cm,宽0.2~1cm,先端渐尖,基部渐狭成楔形,边缘具细锐锯齿,两面有毛,下面密布黄色凹陷腺点;叶柄长2~12mm。轮伞花序疏离,排成长2~5cm的总状花序,花序轴有腺毛;苞片小;花萼5齿近相等,披针形;花冠淡紫红色或白色,长6~8mm。花果期7—11月。

分布与生境 见于全市丘陵地区及南部平原;生于山坡疏林下、路旁、溪沟边及田边草丛中。产于湖州、杭州、宁波及普陀、金华市区、兰溪、天台、龙泉等地;分布于江苏、安徽、江西。

主要用途 全草药用,有解表、理气止痛之功效。

附种1　小花荠苧 ***M. cavaleriei***，全株被多节柔毛；叶片卵形或卵状披针形；花萼二唇形，上唇3齿三角形；花小，花冠长约2.5mm。见于全市丘陵地区；生于山坡林缘、溪边草丛中。

附种2　小鱼仙草 ***M. dianthera***，叶片卵状披针形或菱状披针形，有时卵形，宽0.5~1.7cm；花萼二唇形，上唇3齿卵状三角形，中齿较短。见于全市丘陵地区；生于山坡、溪沟边、路旁草丛中。

附种3　石荠苧 ***M. scabra***，茎密被短柔毛；叶片卵形或卵状披针形；花萼二唇形，上唇3齿卵状披针形，中齿略小；花冠较短，长3.5~5mm。见于全市各地；生于山坡疏林下、水边、路旁草丛中。

251 紫苏

Perilla frutescens (L.) Britton

唇形科 Lamiaceae　　紫苏属

形态特征 一年生,高0.5~1.5m。茎绿色、绿紫色或紫色,钝四棱形,被长柔毛,棱及节上尤密。叶对生;叶片宽卵形至近圆形,长4~20cm,宽3~16cm,先端急尖或尾尖,基部圆形或宽楔形,边缘有粗锯齿,两面绿色或紫色,或下面紫色;叶柄长3~12cm。轮伞花序具花2朵,组成长3~15cm、偏向一侧的总状花序,每一花有1苞片;花萼钟状,果时增大,长达11mm,萼筒外面密被柔毛,并具黄色腺点;花冠紫红色或粉红色至白色。小坚果近球形,直径1.5~2.8mm。花期7—9月,果期9—11月。

分布与生境 见于全市各地;生于疏林下、林缘、溪边、田野和路旁。产于全省各地;分布于全国各地。

主要用途 药用和香料植物;种子油可食用;嫩叶作野菜;蜜源植物。

附种 野紫苏(变种) var. ***purpurascens***,茎疏被短柔毛;叶较小,卵形,长4.5~7.5cm,宽2.8~5cm,两面绿色,或下面紫色;果萼长4~5.5mm,下部疏被柔毛及腺点;小坚果直径1~1.5mm。见于全市各地;生于疏林下、林缘、溪沟边、田野和路旁。

252 夏枯草

Prunella vulgaris L.

唇形科 Lamiaceae　　**夏枯草属**

形态特征 多年生，高15~40cm。具匍匐根状茎。茎基部伏地，上部直立或斜升，钝四棱形，常带紫红色，有稀疏粗毛或近无毛。叶片卵形或卵状长圆形，长1.5~5.5cm，宽0.7~2cm，先端钝，基部圆形或宽楔形，下延至叶柄，成狭翅，边缘具不明显波状齿或近全缘；叶柄长1~3cm至近无柄。轮伞花序密集成顶生穗状花序，长2~5cm；苞片扁心形，先端尾尖，背面和边缘有毛，浅紫色；花冠蓝紫色或红紫色，长1.2~1.7cm，略超出花萼，上唇圆形，顶端微凹，呈盔状，下唇中裂片先端有流苏状条裂，侧裂片反折下垂。花期5—6月，果期7—8月。

分布与生境 见于全市丘陵地区；生于山坡路边、溪沟边草丛中。产于全省各地；分布于长江流域及其以南与新疆等地。

主要用途 带花果穗药用，有清肝火、散郁结之功效；叶可代茶；嫩茎叶作野菜；花供观赏。

253 鼠尾草 秋丹参

Salvia japonica Thunb.

唇形科 Lamiaceae 鼠尾草属

形态特征 一年生,高40~100cm。茎钝四棱形,具沟槽,沿棱常疏生长柔毛。茎下部叶常为二回羽状复叶,具长柄;茎上部叶为一回羽状复叶或3出复叶,具短柄,顶生小叶披针形或菱形,长达9cm,宽达3.5cm,先端渐尖或尾尖,基部长楔形,边缘具钝锯齿,两面疏被柔毛,侧生小叶歪卵形或卵状披针形,先端急尖或短渐尖,基部偏斜,近圆形。轮伞花序具花2~6朵,组成总状或圆锥花序;花萼筒状,外被腺毛,内有毛环;花冠淡红紫色,稀白色,长9~12mm,外面被毛,内具毛环。花果期6—9月。

分布与生境 见于全市丘陵地区;生于山坡疏林下、溪沟边、路旁潮湿处。产于全省各地;分布于华东、华南及湖北。

主要用途 根及全草药用,有清热解毒、活血祛瘀、消肿止血之功效;嫩叶作野菜;地被植物;蜜源植物。

附种 华鼠尾草(石见穿、紫参)***S. chinensis***,叶全为单叶或下部为3出复叶,叶片或小叶片卵形或卵状椭圆形;轮伞花序具花6朵。见于全市丘陵地区;生于林下、溪边、路旁草丛中。

254 荔枝草 雪见草 虾蟆草

Salvia plebeia R. Br.

唇形科 Lamiaceae **鼠尾草属**

形态特征 二年生,高30~90cm。茎直立,四棱形,具槽,被下向的灰白色短柔毛。基生叶莲座状,叶片卵状椭圆形或长圆形,上面显著皱缩,边缘具钝锯齿;茎生叶长卵形或宽披针形,长2~7cm,宽1~4cm,先端钝或急尖,基部圆形或楔形,边缘具圆齿或牙齿,两面被毛,下面散生黄褐色腺点;叶柄长0.4~2cm。轮伞花序具花6朵,密集成总状或圆锥花序;花冠淡红色至蓝紫色,稀白色,长4.5mm。花果期5—7月。

分布与生境 见于全市各地;生于山坡林缘、溪边、田野、绿化带、路旁潮湿处。产于全省各地;分布于除甘肃、青海、新疆、西藏外的全国各地。

主要用途 全草药用,有清热解毒、利尿消肿、凉血止血之功效;嫩叶作野菜;蜜源植物。

255 韩信草 印度黄芩 耳挖草 | *Scutellaria indica* L.

唇形科 Lamiaceae **黄芩属**

形态特征 多年生,高 10~40cm。全株被白色柔毛。茎直立,基部稍倾卧,四棱形,常带淡紫红色。叶对生;叶片卵圆形或肾圆形,长 1~4.5cm,宽 1~3.5cm,先端钝或圆形,基部浅心形或心形,边缘有圆锯齿,两面被糙伏毛,下面常带紫红色;叶柄长 0.3~2.5cm。花对生,排成偏向一侧的总状花序;最下 1 对苞叶与茎生叶同形,其余苞片小而全缘;花萼盾片高约 1.5mm,果时竖起,增大;花冠蓝紫色,长 1.5~1.9cm,外面有短柔毛和腺点,下唇中裂片有深紫色斑点。小坚果呈"耳挖"状,具瘤状凸起。花果期 4—12 月。

分布与生境 见于全市丘陵地区及沿山平原;生于山坡林下、溪旁、路边阴湿草丛中。产于全省各地;分布于长江流域及其以南地区、河北、山西等地。

主要用途 全草药用,有清热解毒、活血止血、散瘀消肿之功效;嫩叶作野菜。

附注 芩,音 qín。

附种 半枝莲(并头草)***S. barbata***,茎无毛;叶片卵形、三角状卵形或卵状披针形,基部宽楔形或近截形,两面近无毛或下面沿脉疏被伏生短毛;花冠长 1~1.4cm,下唇中裂片无深紫色斑点。见于全市丘陵地区及沿山平原;生于溪沟、河滩、池塘、水田等湿草地。

256 庐山香科科

Teucrium pernyi Franch.

唇形科 Lamiaceae 香科科属

形态特征 多年生，高30~100cm。具根状茎及匍匐枝。茎密被白色弯曲短柔毛，上部四棱形。叶对生；叶片卵状披针形，长2~6cm，宽1~3.5cm，先端长渐尖或渐尖，基部楔形或宽楔形，下延，边缘具粗锯齿，两面被柔毛，下面具金黄色腺点；叶柄短。轮伞花序具花2朵，稀达6朵，组成穗状花序；花萼钟状，二唇形，上唇中齿发达，近圆形，2侧齿长不及中齿之半；花冠白色，或带红晕，长1~1.1cm，檐部单唇形，唇片与筒成直角，中裂片发达，椭圆状匙形，长约4mm，内凹，侧裂片斜三角形。花果期8—11月。

分布与生境 见于全市丘陵地区；生于山坡林下阴湿处、林缘、山谷溪边草丛中。产于宁波、温州及安吉、杭州市区、临安、金华市区、天台、莲都、龙泉等地；分布于华东、华中、华南。

主要用途 根及全草药用，有健脾利湿、解毒之功效。

257 血见愁 山藿香 假紫苏 | *Teucrium viscidum* Blume

唇形科 Lamiaceae **香科科属**

形态特征 多年生,高20~60cm。具根状茎,有时具带鳞叶的匍匐枝。茎四棱形,上部被弯曲短柔毛及腺毛。叶对生;叶片卵形至卵状长圆形,长3~10cm,宽1.5~5cm,先端急尖或短渐尖,基部圆形或宽楔形,下延,边缘具重锯齿,两面被毛或上面近无毛,下面散生淡黄色小腺点;叶柄长约为叶片长的1/4。轮伞花序具花2朵,密集成长3~5cm的穗状花序,再组成圆锥状;苞片全缘;花萼外被具腺长柔毛;花冠白色、淡红色或淡紫色,长约7mm,檐部单唇形,中裂片最大,圆形。花果期7—11月。

分布与生境 见于全市丘陵地区;生于山坡林下、路旁、溪沟边阴湿处。产于杭州、宁波、台州、丽水、温州及普陀等地;分布于长江以南地区。

主要用途 全草药用,有清热解毒、活血、止血之功效。

258 毛曼陀罗

Datura innoxia Mill.

茄科 Solanaceae 曼陀罗属

形态特征 一年生,高1~1.5m。全株密被白色细腺毛和短柔毛。茎粗壮。单叶,互生;叶片宽卵形,长8~9cm,宽5~5.5cm,先端急尖,基部近圆形而不对称,全缘而微波状,或有不规则波状疏齿。花单生于枝杈间或叶腋,直立或斜升;花梗长5~10mm;花萼管状,长8cm,直径1.5~2cm,5裂,裂片狭披针形,长约2cm,花后宿存部分果时增大成五角形,并向外反折;花冠长漏斗状,长15~17cm,上部白色,下半部淡绿色,呈喇叭状开放,有10尖头。蒴果俯垂,卵球形,直径3~4cm,密生等长细针刺。花果期6—11月。

分布与生境 原产于美洲。江苏、湖北、河南、山东、河北、新疆等地有归化。全市有栽培,常逸生;生于田野、路边、溪边、宅旁。

主要用途 花、叶、果实或种子分别药用,但全株有毒,慎用;花供观赏。

259 假酸浆 *Nicandra physalodes* (L.) Gaertn.

茄科 Solanaceae 假酸浆属

形态特征 一年生,高 0.4~1.2m。茎粗壮,有棱沟,上部叉状分枝。叶互生;叶片卵形或椭圆形,长 4~13cm,宽 3~9cm,先端短尖或短渐尖,基部楔形,渐狭成柄,边缘有不规则锯齿或浅裂,两面有疏毛;叶柄长为叶片长的 1/4~1/3。花单生,俯垂,直径 3~4cm;花萼 5 深裂,裂片顶端锐尖,基部心形,有尖锐耳片;花冠淡紫色,钟状,直径达 4cm,5 浅裂,檐部有折襞。浆果球状,黄色,直径 1.5~2cm,外包膨大宿存花萼。花果期 6—12 月。

分布与生境 归化种。原产于南美洲。我国有归化。全市各地有归化;生于田野、路旁、山麓、溪边。

主要用途 全草药用,有镇静、祛痰、清热解毒之功效;花、果实、种子亦可药用;果可食;花、果供观赏。

260 苦蘵 灯笼草 鬼灯笼 | *Physalis angulata* L.

茄科 Solanaceae **苦蘵属**

形态特征 一年生,高30~50cm。全株有短柔毛。茎多分枝。叶互生;叶片宽卵形或卵状椭圆形,长2~7cm,宽1~4cm,先端渐尖或急尖,基部偏斜,全缘或具不等大牙齿;叶柄长1~2cm。花单生;花萼5中裂,裂片披针形;花冠钟状,淡黄色,喉部常有紫斑,直径6~7mm,5浅裂;花药紫色。浆果球形,直径1~1.2cm,外包膨大宿存花萼;宿存花萼卵球形,薄纸质,熟时草绿色或淡黄绿色,长约2cm,直径1.5~2cm。花期6—9月,果期9—11月。

分布与生境 见于全市各地;生于山坡林下、林缘、溪旁、路边、田野。产于全省各地;分布于长江以南地区。

主要用途 全草药用,有清热解毒、化痰利尿之功效;果可食。

附注 蘵,音zhī。

261 白英 毛白藤 Solanum lyratum Thunb.

茄科 Solanaceae 酸浆属

形态特征 多年生草质藤本，长0.5~1m。茎及分枝密被具节长柔毛。叶互生；叶片琴形或卵状披针形，长3~8cm，宽2~5cm，先端渐尖，基部戟形，3~5深裂，近顶部叶片不分裂；裂片全缘，中裂片较大，卵形，侧裂片先端圆钝，两面均被长柔毛；叶柄长1~3cm。聚伞花序，顶生或腋外生，疏花；花梗长0.5~1cm，基部具关节；花冠蓝紫色或白色，直径约1.1cm，5深裂。浆果球形，直径8mm，成熟时红色。花期7—8月，果期10—11月。

分布与生境 见于全市丘陵地区，偶见于平原；生于山坡、山谷溪边或路旁灌草丛中、石缝中。产于全省各地；分布于长江流域及其以南地区、山东等地。

主要用途 全草药用，有清热解毒、祛风湿、抗癌之功效。

附种 千年不烂心 ***S. cathayanum***，叶片心形或长卵形，近全缘，少数为戟形3裂，基部心形。见于全市丘陵地区；生于山坡、路旁、溪边灌草丛中。

262 龙葵

Solanum nigrum L.

茄科 Solanaceae　　茄属

形态特征　一年生，高0.3~0.8m。植株较粗壮，茎多分枝，棱上疏被细毛。叶互生；叶片卵形或卵状椭圆形，长3~9cm，宽2~5cm，先端急尖或渐尖而钝，基部宽楔形或圆形，不对称，稍下延至叶柄，全缘或有不规则波状浅齿，两面光滑或疏被短柔毛；叶柄长1~2.5cm。蝎尾状花序近伞状，腋外生，有花4~10朵；花序梗长1~2.5cm；花梗长5~10mm，下垂；花冠白色，稀稍带紫色，直径约1cm，裂片卵圆形。浆果球形，直径5~7mm，熟时黑色，有光泽。花果期6—12月。

分布与生境　见于全市各地；生于田野、山坡林缘、溪边、路旁、绿化带、村边灌草丛中。产于全省各地；分布于全国各地。

主要用途　全草药用，有清热解毒、利水消肿、平喘、止痒之功效；嫩茎叶作野菜；成熟果实可食(青果有毒)。

附种　少花龙葵 ***S. americanum***，植株较纤细；花序近伞状，通常具花1~6朵，直径约7mm，裂片卵状披针形；果较小。归化种。原产于马来群岛。全市平原区有归化；生于田野、村边草丛中。

263 龙珠 灯笼珠草 | *Tubocapsicum anomalum* (Franch. et Sav.) Makino

茄科 Solanaceae **龙珠属**

形态特征 多年生,高30~70cm。全株疏被柔毛。茎二歧分枝,开展,稍呈"之"字形曲折。叶互生或2枚双生;叶片卵形或椭圆形,长4~18cm,宽2~8cm,先端渐尖,基部歪斜楔形,下延至柄,全缘或略呈波状。花单生或2~6朵簇生,俯垂,花梗长0.5~1.5cm,果时顶端增粗;花萼皿状,平截,直径3mm;花冠淡黄色,宽钟状,直径约8mm,檐部5裂。浆果球形,俯垂,直径7~10mm,熟时橘红色至红色,宿存花萼稍增大。花期7—9月,果期8—11月。

分布与生境 见于全市丘陵地区;生于山坡林下、山谷或水边灌草丛中。产于全省丘陵山区;分布于长江以南地区。

主要用途 茎、叶及果实药用,有清热解毒、除烦热之功效;嫩茎叶作野菜。

264 戟叶凯氏草 *Kickxia elatine*（L.）Dumort.

玄参科 Scrophulariaceae　　凯氏草属

形态特征 一年生。全株被白色绵毛及腺毛。茎匍匐或斜升，多分枝。叶互生；叶片宽卵形至卵形，长0.2~2cm，宽0.1~1.8cm，基生叶或更大，向上渐小，先端急尖或钝，基部戟形，全缘或叶缘中下部具不规则锯齿；叶柄长1~7mm。花单生，花梗长1~3cm，纤细；花冠假面形，外面淡紫色至近白色，上唇2裂片内侧深紫色，下唇3裂片黄色至淡黄色，稀近白色，两侧近基部常有稍淡的紫色斑块，向内呈囊状凸起；距漏斗状，弯曲，长5~8mm。蒴果近球形。花期6—9月，果期8—10月。

分布与生境 归化种。原产于欧洲、北非和亚洲西南部。上海、江苏（南通）有归化。浙江仅归化于我市庵东（跨海大桥桥脚东侧十一塘）；生于海塘内侧绿化带草丛中。

265 石龙尾 *Limnophila sessiliflora* (Vahl) Blume

玄参科 Scrophulariaceae 石龙尾属

形态特征 多年生。茎气生部分通常被多节短柔毛。叶3~8枚轮生,无毛;沉水叶多裂,裂片细而扁平或毛发状,有短柄;气生叶片通常羽状深裂或羽状全裂,长6~15mm,密被腺点,具1~3脉,无柄。花单生;常具小苞片1对;花萼狭钟形,被多节短柔毛;花冠长6~12mm,紫红色或粉红色。蒴果近球形,两侧扁,花萼宿存。花果期8—10月。

分布与生境 见于全市各地;生于池塘、水田或湿地。产于全省各地;分布于长江流域及其以南地区、辽宁等地。

主要用途 全草药用,有清热解毒、利尿消肿之功效。

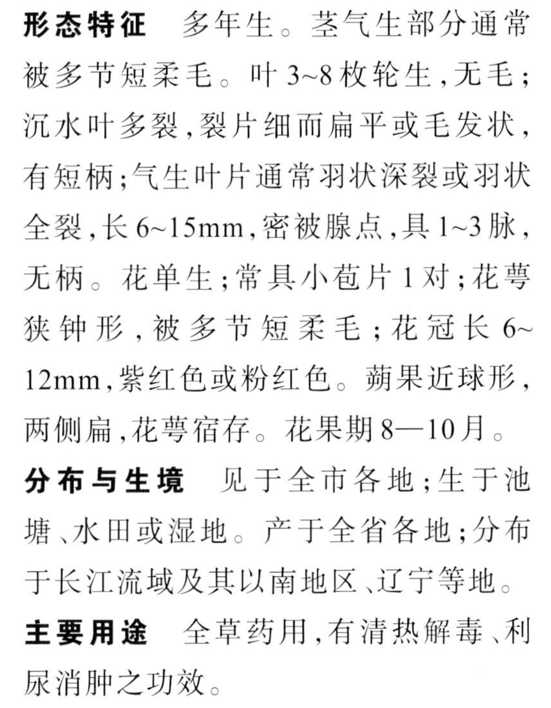

266 母草

Lindernia crustacea (L.) F. Muell.

玄参科 Scrophulariaceae　　母草属

形态特征 一年生,高8~20cm。植株无毛或有疏毛。茎铺散成密丛,基部多分枝,枝弯曲上升,微方形,有深沟纹。叶对生;叶片三角状卵形或宽卵形,长10~20mm,宽5~11mm,先端钝或急尖,基部宽楔形或近圆形,边缘有浅钝锯齿,叶脉羽状;叶柄长1~8mm。花单生,或组成短总状花序;花梗细弱,长1~2.5cm;花萼坛状,5浅裂,裂片三角形;花冠紫色,长5~7mm,筒略长于花萼;雄蕊4,二强,全育;花柱常早落。蒴果长椭球形或卵形,包藏于宿存花萼内或与宿存花萼近等长。花果期7—10月。

分布与生境 见于全市各地;生于田边、路旁、疏林下或溪沟边等低湿处。产于全省各地;分布于长江流域及其以南各地。

主要用途 全草药用,有清热、利湿、解毒之功效。

附种1　泥花草*L. antipoda*，叶片椭圆形、椭圆状披针形、长圆状倒披针形至条状披针形，叶柄近于抱茎；花萼5深裂，裂片条状披针形；发育雄蕊2，不发育雄蕊2；蒴果圆柱形，长为宿存花萼的2~2.5倍。见于全市各地；生于田边及潮湿草地中。

附种2　狭叶母草*L. micrantha*，叶片条状披针形、披针形至条形，基部具短狭翅；花萼5深裂，裂片狭披针形；花柱宿存，形成细喙；蒴果圆柱形，长为宿存花萼的2倍。见于龙山、掌起、观海卫等地；生于山坡、河流、水田等低湿处。

267 陌上菜 *Lindernia procumbens*（Krock.）Borbás

玄参科 Scrophulariaceae　　母草属

形态特征 一年生，高5~20cm。根系发达，细密成丛。茎、叶无毛。叶对生；叶片长椭圆形或倒卵状长圆形，长1~2.5cm，宽4~10mm，先端钝至圆头，全缘或有不明显钝齿，叶脉基出，3~5条，近平行；无叶柄。花单生，花梗长1.2~2cm；花萼5深裂；花冠粉红色或紫色，上唇长约1mm，2浅裂，下唇远大于上唇，3裂；雄蕊4，二强，全育。蒴果卵球形或椭球形，与宿存花萼等长或略长。花果期7—10月。

分布与生境 见于南部平原；生于田埂、水边等低湿处。产于全省各地；分布于华东、华中、华南、西南、东北及河北等地。

主要用途 全草药用，有清热利湿、凉血解毒之功效。

268 通泉草

Mazus pumilus (Burm. f.) Steenis

玄参科 Scrophulariaceae 通泉草属

形态特征 一年生,高3~30cm。茎直立、上升或倾卧上升,无毛或疏生短柔毛。基生叶莲座状或早落,叶片倒卵状匙形至卵状倒披针形,长2~6cm,宽8~15mm,先端圆钝,基部楔形,下延成带翅叶柄,边缘具不规则粗钝锯齿或基部有1~2浅羽裂;茎生叶对生或互生,与基生叶相似或几等大。总状花序;花萼钟状;花冠白色、淡紫色,长约10mm,上唇2裂,下唇3裂,中间裂片较小,略凸出;雄蕊4,二强。蒴果球形。花果期4—10月。

分布与生境 见于全市各地;生于湿润的田野、草地、路边、宅旁、林缘。产于全省各地;分布几遍全国。

主要用途 全草药用,有止痛、健胃、解毒之功效;嫩苗作野菜。

附种 匍茎通泉草 ***M. miquelii***,茎有匍匐茎和直立茎,花后抽出长匍匐茎,着土时节上生根;花冠长1.5~2cm。见于全市各地,生于田野、路边、山坡湿润处。

269 绵毛鹿茸草 | *Monochasma savatieri* Franch. ex Maxim.

玄参科 Scrophulariaceae　　鹿茸草属

形态特征 多年生,高15~30cm。全株密被灰白色绵毛,老时变稀,上部并具腺毛。茎丛生,细而硬。叶对生或3叶轮生,较密集,节间很短;基部叶片鳞片状,向上渐大,呈狭披针形,长1~2.5cm,宽2~3mm,先端急尖,基部渐狭,下延于茎并成狭翅,全缘。花单生,呈总状花序状;叶状小苞片2;花萼筒状,筒部具粗肋9条,4齿裂;花冠长2~2.5cm,淡紫色或近白色,筒部细长,近喉部扩大,上唇盔状弯曲,2裂,下唇3裂。花果期3—9月。

分布与生境 见于全市丘陵地区;生于向阳山坡、岩石旁及疏林下。产于全省丘陵山区;分布于华东。

主要用途 全草药用,有清热解毒之功效;植株供观赏。

附种 **鹿茸草 *M. sheareri***,植株稍被绵毛,上部仅有短柔毛或无毛;叶对生;花冠长10mm。见于横河(高楼山),生于砂质山坡草丛中。

270 加拿大柳蓝花 *Nuttallanthus canadensis* (Linn.) D.A. Sutton

玄参科 Scrophulariaceae　　柳蓝花属

形态特征　一年生或二年生,高20~60cm。全体无毛。茎直立,基部有多数无花小枝。叶在无花小枝及花枝下部通常对生或轮生,在花枝上部多互生;叶片条形至条状倒披针形,长5~25mm,宽1~2mm,全缘;无柄。总状花序;花冠紫色或蓝色,长10~15mm,下唇有2个白色圆形凸起。蒴果球形,直径约3mm。花期4—6月,果期6—9月。

分布与生境　归化种。原产于加拿大、美国。我省临安、鄞州、奉化有归化。我市横河(乌玉桥)有归化;生于山麓桃园中。

271 浙玄参 玄参 | *Scrophularia ningpoensis* Hemsl.

玄参科 Scrophulariaceae 玄参属

形态特征 多年生,高达1m以上。地下块根纺锤状或胡萝卜状。茎直立,四棱形,有浅槽,无翅或有极狭翅,无毛或具白色卷毛。茎下部叶对生,上部叶有时互生;叶形多变,通常为卵形,上部叶片卵状披针形至披针形,长7~20cm,宽4.5~12cm,先端渐尖,基部楔形、圆形或近心形,边缘有细钝锯齿,稀具细重锯齿;叶柄长约1.5cm。聚伞花序疏散、开展,呈圆锥状;花梗有腺毛;花冠暗紫色,长8~9mm,筒略呈球形,上唇长于下唇,裂片圆形,相邻边缘相互重叠。花期7—8月,果期8—9月。

分布与生境 见于龙山、掌起、市林场等地;生于山坡林下或草丛中。产于杭州、宁波、温州、台州、丽水及诸暨、开化、普陀等地;分布于长江流域及其以南地区、河北、山西等地。

主要用途 块根药用,为“浙八味”之一,有滋阴清火、生津润肠、祛瘀散结之功效。

272 腺毛阴行草 山芝麻 | *Siphonostegia laeta* S. Moore

玄参科 Scrophulariaceae 阴行草属

形态特征 一年生,高30~70cm。全株密被腺毛。茎直立,中空。叶对生;叶片三角状长卵形,长1.5~2.5cm,宽0.8~1.5cm,近掌状3深裂,中裂片较大,菱状长卵形,羽状半裂至羽状浅裂,侧裂片三角状卵形,仅外侧羽状半裂。总状花序,花对生;苞片叶状,稍羽裂或近全缘;花梗无或很短;花萼筒状钟形,筒长1~1.5cm,具细主脉10条,5裂,裂片长6~10mm;花冠黄色,长2.3~2.7cm,二唇形,上唇镰状拱曲,下唇3裂。蒴果包藏于宿存花萼内。种子黄褐色。花期7—9月,果期9—10月。

分布与生境 见于全市丘陵地区;生于山坡和路旁草丛中。产于全省丘陵山区;分布于华东及湖南、湖北、广东等地。

主要用途 全草药用,有清热利湿、凉血止血、祛瘀止痛之功效;嫩叶作野菜。

273　蚊母草

Veronica peregrina L.

玄参科　Scrophulariaceae　　　　婆婆纳属

形态特征　一年生或二年生，高10~25cm。全体无毛或疏生腺状柔毛。茎直立，通常自基部分枝，呈丛生状。叶对生；茎下部叶片倒披针形，茎上部叶片长圆形，长1~2cm，宽2~4mm，基部楔形，全缘或中上部有三角状锯齿；茎下部叶片有柄，上部叶片无柄。花单生，苞片与叶同形或略小；花梗长约1mm；花萼4深裂；花冠白色或淡蓝色，长2mm，裂片长圆形至卵形。蒴果倒心形，侧扁。子房常被虫寄生形成虫瘿而肿大，呈桃形。花果期4—7月。

分布与生境　见于全市各地；生于潮湿荒地、水田边、路旁草地等处。产于全省各地；分布于华东、华中、西南、东北等地。

主要用途　带虫瘿全草药用，有活血止血、消肿止痛之功效。

274 阿拉伯婆婆纳 波斯婆婆纳 | *Veronica persica* Poir.

玄参科 Scrophulariaceae 婆婆纳属

形态特征 一年生或二年生，高10~25cm。茎自基部分枝，下部伏生于地面，斜上伸展，密生2列多节柔毛。茎基部叶对生，上部叶互生；叶片卵圆形或卵状长圆形，长6~20mm，宽5~18mm，先端圆钝，基部浅心形、平截或圆形，边缘具钝齿，两面疏生柔毛；无柄或上部叶具柄。花单生；苞片叶形；花各部无腺毛；花梗长于苞片；花冠蓝色或蓝紫色，直径约7mm。蒴果肾形，具明显网脉，顶端凹口角度大于直角，宿存花柱明显超过凹口。种子背面具皱纹。花果期1—5月。

分布与生境 归化种。原产于亚洲西部与欧洲。我国南方有归化。全市各地广泛归化；生于田野、山坡、溪边、路边、草坪、宅旁。

主要用途 全草药用，有清热解毒之功效；嫩苗作野菜。

附种1 直立婆婆纳 *V. arvensis*，茎直立或斜升；花各部具白色腺毛；花梗远短于叶状苞片；种子光滑。归化种。原产于欧洲。全市各地有归化；生于荒地、路边等处。

附种2 婆婆纳 *V. polita*，叶片长5~10mm，宽6~7mm；花梗略短于苞片，花冠淡紫色，直径4~5mm；蒴果无明显网脉，宿存花柱与蒴果凹口几乎齐平。见于全市各地；生于田野、路边、草坪等处。

275 水苦荬

Veronica undulata Wall.

玄参科 Scrophulariaceae　　婆婆纳属

形态特征 一年生或二年生，高15~40cm。茎、花序轴、花梗、花萼和蒴果被腺毛。茎直立，稍肉质，圆柱形，中空。叶对生；叶片长圆状披针形或披针形，稀条状披针形，长3~8cm，宽0.5~1.5cm，先端近急尖，基部耳廓状微抱茎，边缘有波状齿或近全缘；无柄。总状花序；花冠白色、淡蓝紫色或淡红色，直径5mm。蒴果球形，先端微凹，宿存花柱长1.5mm。花果期4—6月。

分布与生境 见于全市各地；生于水田、溪沟河池边及旱地湿润处。产于全省各地；广布于全国各地。

主要用途 带虫瘿的全草药用，有和血止痛、通经止血之功效；嫩苗作野菜。

276 爬岩红

Veronicastrum axillare (Siebold et Zucc.) T. Yamaz.

玄参科 Scrophulariaceae　　腹水草属

形态特征　多年生。根状茎短而横走。茎细长而拱曲,顶端着地生根,中上部有棱脊,无毛,稀在棱处有疏卷毛。叶互生;叶片无毛,卵形至卵状披针形,长5~12cm,宽2.5~5cm,先端渐尖,基部圆形或宽楔形,边缘具偏斜三角状锯齿;具短柄。穗状花序腋生,稀顶生,长1.5~3cm;无花梗;每朵花下具披针形苞片;花萼5裂;花冠紫色或紫红色,长5~6mm,顶端4裂。花果期7—12月。

分布与生境　见于全市丘陵地区;生于林下、林缘、草地及山谷溪边阴湿处。产于杭州、宁波及普陀、天台等地;分布于华东及广东等地。

主要用途　全草药用,有利尿消肿、消炎解毒之功效;供垂直绿化。

277 茶菱 *Trapella sinensis* Oliv.

胡麻科 Pedaliaceae　　茶菱属

形态特征 多年生浮水草本。根状茎横走。茎长45~60cm。叶对生;叶下面淡紫红色;沉水叶披针形,长3~4cm,边缘具疏锯齿;浮水叶肾状卵形或心形,长1.5~2.5cm,宽2~3cm,边缘有波状齿;叶柄长1~1.5cm。花单生;花梗长1~3cm;花冠漏斗状,长2~3cm,白色或淡红色,筒部黄色,5裂。蒴果。花果期8—11月。

分布与生境 见于横河(梅湖);生于溪中。产于宁波、金华及湖州市区、桐乡、杭州市区、临安、开化、天台、缙云、温州市区;分布于东北及江苏、安徽、福建、湖北、湖南、广西、河北。

主要用途 供水面绿化。

278 少花狸藻

Utricularia gibba L.

狸藻科 Lentibulariaceae 狸藻属

形态特征 一年生沉水草本。假根少数,具短总状分枝。匍匐枝丝状,多分枝。叶器互生于匍匐枝上,一至二回二歧状深裂,末回裂片丝状;捕虫器侧生于叶器裂片上,斜卵球形,侧扁,具柄。花序直立,伸出水面,高2~12cm,具花1~3朵,花序梗具1鳞片;花冠黄色,长4~5mm,二唇形,上唇圆形或宽卵形,先端圆形或截形,喉凸隆起,呈浅囊状;距细筒形。花果期6—11月。

分布与生境 见于桥头(栲栳山);生于山岙水池中。产于杭州市区、鄞州、宁海、缙云等地;分布于长江以南地区。

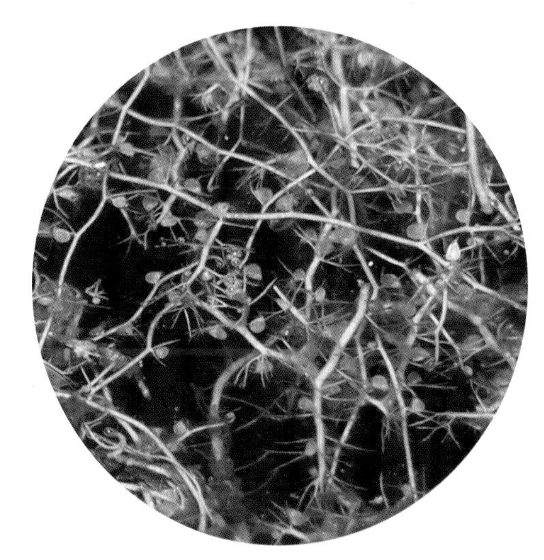

279 白接骨 *Asystasia neesiana* (Wall.) Nees

爵床科 Acanthaceae　　白接骨属

形态特征　多年生，高40~100cm。根状茎白色，富黏液。茎直立，略呈四方形，节稍膨大。叶对生；叶片卵形、椭圆形至椭圆状长圆形，长5~15cm，宽2~6cm，先端渐尖至尾尖，基部渐狭，下延至柄，边缘浅波状或具浅钝锯齿，上面疏被白色伏毛，两面有凸点状钟乳体；叶柄长0.5~6cm。总状花序顶生，或基部有分枝；花单生或双生；花冠淡红紫色，漏斗状，直径约3.3cm，外面疏被腺毛，裂片5。蒴果棍棒形。花期7—10月，果期8—11月。

分布与生境　见于掌起(长溪岭)；生于山谷、溪边与阴湿疏林下。产于杭州、宁波及诸暨、常山、天台等地；分布于长江流域及其以南地区。

主要用途　根状茎及全草药用，有清热解毒、活血止血、利尿之功效；花供观赏。

280 水蓑衣 *Hygrophila ringens* (L.) R. Br. ex Spreng.

爵床科 Acanthaceae **水蓑衣属**

形态特征 一年生或二年生,高30~60cm。茎直立,方形,具钝棱和纵沟,节上被疏柔毛。叶对生;叶片披针形或披针状条形,稀椭圆形或卵形,长3~13cm,宽0.5~2.2cm,先端钝,基部渐狭,下延成柄,近全缘,有针状钟乳体;近无柄。花2~7朵簇生于叶腋,有时假轮生,无梗;有苞片和小苞片;花冠淡红紫色,长0.7~1.3cm,上唇2浅裂,下唇3裂。蒴果柱状或长椭球形,长约1cm。花果期9—11月。

分布与生境 见于全市丘陵地区及南部平原;生于溪沟边、水田边、低洼地等处。产于杭州、宁波、绍兴、台州、丽水及开化等地;广布于长江流域及其以南地区。

主要用途 全草药用,有活血通络、理气祛瘀、解毒之功效;嫩茎叶作野菜。

附注 蓑,音suō。

281 九头狮子草

Peristrophe japonica（Thunb.）Bremek.

爵床科 Acanthaceae 山蓝属

形态特征 多年生，高25~50cm。茎直立，被倒生伏毛。叶对生；叶片卵状长圆形至披针形，长4~13cm，宽1.5~5cm，先端渐尖，基部楔形，稍下延，全缘，两面有钟乳体及少数平贴硬毛；叶柄长0.2~1.5cm。花序由2~8(14)个聚伞花序组成，每个聚伞花序托以一大一小2枚总苞状苞片，苞片椭圆形或卵状长圆形；花冠粉红色，长2.5~3cm，花冠筒细长，长1.4~1.6cm，冠檐近基部有紫斑，二唇形。花期7—10月，果期10—11月。

分布与生境 见于全市各地，以丘陵地区多见；生于溪沟边、路旁、草地、疏林下。产于全省各地；分布于长江流域及其以南地区。

主要用途 全草药用，有解表发汗、清热解毒、活血消肿之功效。

282 爵床

Rostellularia procumbens L.

爵床科 Acanthaceae　　爵床属

形态特征 一年生,高10~40cm。茎匍匐或披散,具6钝棱及浅槽,沿棱被倒生短硬毛,节稍膨大。叶对生;叶片椭圆形至椭圆状长圆形,长1.5~5cm,宽0.6~2cm,先端急尖或钝,基部楔形,全缘或微波状,两面常被硬短毛;叶柄长0.5~1cm。穗状花序呈圆柱形,长1~4cm,直径0.6~1.3cm;具苞片与小苞片;花萼4深裂;花冠淡红色或紫红色,稀白色,长7mm,二唇形。花期8—11月,果期10—11月。

分布与生境 见于全市各地;生于林下、溪沟旁、旷野、路边、草坪较阴湿处。产于全省各地;分布于长江流域及其以南地区。

主要用途 全草药用,有清热解毒、利尿消肿之功效;嫩苗作野菜。

283　少花马蓝　紫云菜　*Strobilanthes oligantha* Miq.

爵床科　Acanthaceae　　马蓝属

形态特征　多年生，高 30~60cm。茎直立，略四棱形，被白色多节长柔毛，基部节膨大膝曲。叶对生；叶片宽卵形或三角状宽卵形，长 4~11cm，宽 2.6~6cm，先端渐尖，基部楔形，稍下延，边缘具钝圆疏锯齿，两面贴生短条状钟乳体，沿脉疏生有节短毛；叶柄长 2~4cm。穗状花序头状，长 2.5~3.5cm，腋生者具花序梗；苞片叶状，与小苞片均具白色多节柔毛；花萼 5 裂，具白色多节柔毛；花冠漏斗状，长 2.5~3.5cm，淡紫色，花冠筒稍弯曲。花期 8—9 月，果期 9—10 月。

分布与生境　见于全市丘陵地区；生于山坡林下、林缘阴湿处及溪旁、路边草丛中。产于杭州、绍兴、宁波、金华、台州、丽水、温州及开化等地；分布于安徽、江西、福建、湖北、湖南、四川。

主要用途　全草药用，有清热凉血之功效。

284 透骨草 | *Phryma leptostachya* L. subsp. *asiatica* (H. Hara) Kitam.

透骨草科 Phrymataceae 透骨草属

形态特征 多年生,高30~80cm。茎直立,四棱形,被倒生短柔毛,节间下部常膨大。叶对生;叶片卵形或卵状长椭圆形,长5~10cm,宽4~7cm,先端渐尖或短尖,基部渐狭成翅,边缘有钝圆锯齿,两面脉上有短毛;叶柄长0.5~3cm。总状花序;花疏生,具短柄;花萼圆筒状,上唇3齿裂,呈钩状,具芒,下唇2齿裂,无芒;花冠唇形,粉红色或白色,长约5mm。瘦果下垂,包于宿存花萼内,棒状。花期7—8月,果期9—10月。

分布与生境 见于掌起(长溪岭);生于阴湿林下与路边。产于全省丘陵山区;分布于全国各地。

主要用途 全草药用,有清热解毒、杀虫、生肌之功效。

285 车前

Plantago asiatica L.

车前科 Plantaginaceae　　**车前属**

形态特征 多年生。须根系。根状茎短而肥厚。叶基生，外展；叶片卵形至宽卵形，长4~12cm，宽4~9cm，先端钝，基部楔形，全缘或有波状浅齿，两面无毛，叶脉弧状；叶柄长达4cm，基部膨大。花茎高20~60cm；穗状花序细圆柱状，长20~30cm，花排列不紧密；花两性，绿白色，具极短梗；花药白色。蒴果椭球形，周裂。种子6~8。花果期4—8月。

分布与生境 见于全市各地；生于田野、路旁、水边、宅旁等处。产于全省各地；分布几遍全国。

主要用途 全草及种子药用，有利尿、清热、止咳之功效；嫩叶可作野菜；蜜源植物。

附种 大车前 *P. major*，叶片宽卵形至卵状长圆形；穗状花序排列紧密，基部常间断；花无梗，花冠白色，花药紫色；种子8~18。见于全市各地；生于田野、河沟边等潮湿处。

286 北美毛车前 北美车前 | *Plantago virginica* L.

车前科 Plantaginaceae 车前属

形态特征 二年生。全体被白色长柔毛。直根系。叶片狭倒卵形或倒披针形,长4~7cm,宽1.5~3cm,先端急尖,基部楔形,下延成翅柄,边缘具浅波状齿,叶脉弧状;翅柄长2~9cm。花葶高10~30cm;穗状花序长10~20cm,密生花;苞片狭卵形,长2~2.5mm;花萼裂片中脉有龙骨状凸起;花冠白色。蒴果。种子2。花果期4—6月。

分布与生境 归化种。原产于北美洲。华东、华中及广西等地有归化。全市各地有归化;生于低湿草地、水畔等处。

附种 长叶车前 *P. lanceolata*,叶片条状披针形、披针形或椭圆状披针形,无毛或散生柔毛;花葶高10~60cm;穗状花序圆柱状或近头状,长2~7cm;苞片卵形或椭圆形,长2.5~5mm。见于龙山、新浦、庵东等地;生于海滨塘坎与草丛中。

287 四叶葎

Galium bungei Steud.

茜草科 Rubiaceae　　拉拉藤属(猪殃殃属)

形态特征　多年生草本,高可达50cm。茎纤细,丛生,具4棱,通常无毛。叶4枚轮生;茎中部以上叶片条状椭圆形或条状披针形,长0.6~1.2cm,宽2~3mm,先端急尖,基部楔形,边缘、上下两面、中脉上及近边缘处均有短刺状毛,后渐脱落;无柄或近无柄。聚伞花序,具花3至10余朵;花序梗纤细;花小;花冠淡黄绿色,无毛,4裂。果由2个半球形的分果组成,具鳞片状凸起。花期4—5月,果期5—6月。

分布与生境　见于全市各地;生于山坡、水旁、路边草丛中。产于杭州、宁波、丽水及安吉、开化、仙居、乐清等地;分布于除西北西部和青藏高原以外的全国各地。

主要用途　全草药用,有清热解毒、利尿消肿、止血、消食之功效;嫩苗作野菜。

288 猪殃殃 *Galium spurium* L.

茜草科 Rubiaceae　　拉拉藤属(猪殃殃属)

形态特征　一年生蔓生或攀援状草本。茎四棱状,棱上有倒生小刺毛。叶6~8枚轮生;叶片条状倒披针形至倒披针状长椭圆形,长1~3cm,宽2~4mm,先端急尖,有短芒,基部渐狭成楔形,上面连同中脉和叶缘均具倒生小刺毛,下面疏生倒刺毛或无;无柄。聚伞花序单生或2~3个簇生,每一花序具花2~10朵;萼筒有钩毛;花冠黄绿色,4深裂。果为2分果,分果近球形或宽肾状,密生钩毛。花期4—5月,果期5—6月。

分布与生境　见于全市各地;生于山坡、溪边、田野、路边等处。产于全省各地;分布几遍全国。

主要用途　全草药用,有清热解毒、消肿止痛之功效;嫩苗作野菜。

附种　小叶猪殃殃 ***G. trifidum***,叶4~5枚轮生;叶片长5~8mm,先端圆钝;花冠3(4)裂;分果具稀疏瘤状凸起。见于全市各地;生于山坡、沟谷溪边、路旁潮湿处及草坪中。

289 金毛耳草 黄毛耳草 铺地蜈蚣 | *Hedyotis chrysotricha*（Palib.）Merr.

茜草科 Rubiaceae　　耳草属

形态特征 多年生。植株干后黄绿色。茎匍匐，被金黄色柔毛。叶对生；叶片椭圆形、卵状椭圆形或卵形，长1~2.5cm，宽0.6~1.5cm，先端急尖，基部圆形，具缘毛，上面黄褐色，被疏短粗毛或无毛，下面黄绿色，被金黄色柔毛；叶柄长1~3mm；托叶合生，顶端齿裂。花1~3朵生于叶腋；花梗长约2mm；萼筒钟形，密被长柔毛，萼檐4裂；花冠淡紫色或白色，漏斗状，长5~6mm，4裂。蒴果不开裂。花果期6—11月。

分布与生境 见于全市各地；生于山坡、谷地、田野、路边草丛中。产于全省各地；分布于长江以南地区。

主要用途 全草药用，有清热解毒之功效。

294 田茜 野茜

Sherardia arvensis L.

茜草科 Rubiaceae **田茜属**

形态特征 一年生,高5~40cm。根细弱,橙红色。茎四棱形,被短硬毛,多分枝。叶4~6枚轮生,无柄,披针形,长4~13mm,宽3~4mm,先端锐尖或渐尖,全缘,具缘毛,下面中脉被短柔毛。聚伞花序,具花2~3朵,花序下部常6~8枚苞片基部合生成总苞;花序梗长1~2mm,无毛或疏被短柔毛;花小,直径4~5mm;花梗长2~4mm;花萼6浅裂;花冠粉红色至紫色,漏斗状,4裂,花冠筒基部白色。小坚果常为2分果,花萼宿存。花期5—6月,果期7—10月。

分布与生境 归化种。原产于欧洲及西亚。江苏、台湾、湖南等地有归化。我市城区(剑山)有归化;生于草坪中。

295 接骨草 陆英 蒴藋

Sambucus javanica Reinw. et Blume subsp. *chinensis*（Lindl.）Fukuoka

忍冬科 Caprifoliaceae **接骨木属**

形态特征 多年生，稀亚灌木状，高0.8~3m。奇数羽状复叶，对生，小叶7~9；侧生小叶片披针形、椭圆状披针形，长5~17cm，宽2.5~6cm，先端渐尖，基部偏斜或宽楔形，边缘具细密锐锯齿，上面散生糠屑状细毛，下面中脉和侧脉显著隆起，小叶柄短或近无；叶片搓碎后有臭味；托叶叶状或退化成腺体，早落。复伞形花序大而疏散，顶生；花序梗基部具叶状总苞片；不孕性花变成黄色杯状腺体，不脱落；可孕性花小，白色或略带黄色，辐射状；花冠5深裂。果熟时橙黄色至红色。花期6—8月，果期8—10月。

分布与生境 见于全市丘陵地区，平原与沿海偶见；生于山坡、山谷路旁、林缘或溪沟边、宅旁、海岸带。产于全省各地；分布于长江以南地区。

主要用途 全草或根、茎、叶分别药用；嫩茎叶作野菜；果色艳丽，供观赏。

附注 蒴藋，音shuòdiào。

296 白花败酱 苦叶菜 *Patrinia villosa* (Thunb.) Juss.

败酱科 Valerianaceae 败酱属

形态特征 多年生,高50~100cm。地下根状茎长而横走,偶在地表匍匐生长。茎密被倒生白色粗毛,或仅具2列倒生粗短伏毛。基生叶丛生,叶片宽卵形或近圆形,长4~10cm,宽2~5cm,先端渐尖,基部楔形下延,边缘有粗齿,不分裂或大头状深裂,叶柄略长于叶片;茎生叶对生,叶片卵形或窄椭圆形,羽状分裂或不分裂,两面疏被粗毛,叶柄长1~3cm,茎上部叶近无柄。聚伞花序,排列成伞房状圆锥花序;花冠钟状,白色。瘦果倒卵形,基部贴生于增大的圆翅状膜质苞片上,直径约5mm。花期8—10月,果期10—12月。

分布与生境 见于全市丘陵地区及南部平原;生于林下、林缘、溪沟边、路旁灌草丛中。产于全省各地;分布于长江流域及其以南地区。

主要用途 全草、根状茎、根药用;嫩茎叶作野菜。

297 盒子草 合子草 | *Actinostemma tenerum* Griff.

葫芦科 Cucurbitaceae 盒子草属

形态特征 一年生草质藤本。茎柔弱；卷须细，二歧。叶片心状狭卵形或披针状三角形，不分裂，或在基部浅裂，长3~12cm，宽2~8cm，先端稍钝或渐尖，基部弯缺，边缘波状或有齿，两面有疏散疣状凸起；叶柄细长。雄花组成总状或圆锥状花序；雌花单生或双生，花梗长4~8cm，具关节；花萼裂片边缘有疏小齿；花冠裂片披针形，顶端尾状钻形，长3~7mm。果卵形、宽卵形或近椭球形，直径1~2cm，疏生鳞片状凸起，近中部环状盖裂。种子有雕纹。花期7—9月，果期9—11月。

分布与生境 见于全市丘陵地区，平原偶见；生于水边、路边草丛中及绿化带内。产于全省丘陵山区；分布于华东、华中、华南、西南、华北及辽宁。

主要用途 种子和全草药用，有利尿消肿、清热解毒、祛湿之功效。

298 小果绞股蓝 歙县绞股蓝 | *Gynostemma shexianense* Z. Zhang

葫芦科 Cucurbitaceae **绞股蓝属**

形态特征 多年生草质藤本。茎具明显棱和沟,无毛;卷须单一或二歧。鸟足状复叶,互生,小叶5;叶两面有毛;叶柄长4~6cm。圆锥花序腋生,长2.5~14cm。花萼5裂;花冠5裂,三角形,先端长渐尖,开展;雄花淡绿色,长3.5~4.5mm,花梗长1.5~2.5cm;雌花直径4~5mm,不育雄蕊小。浆果球形,黑绿色,直径3.5~5mm,萼筒线位于果实中部,近顶端具3枚小鳞脐状物。花期9月,果期11月。

分布与生境 见于全市丘陵地区;生于疏林下、林缘、溪边、山麓阴湿处。产于全省中低海拔地区;分布于安徽。

主要用途 叶可代茶;嫩茎叶作野菜。

附注 歙,音Shè。

299 长萼栝楼 吊瓜 *Trichosanthes laceribracteata* Hayata

葫芦科 Cucurbitaceae **栝楼属**

形态特征 多年生草质藤本。全株被扁平硬刺毛。卷须二或三歧。叶片近圆形或宽卵形，形状多变，长5~16(19)cm，宽4~15(18)cm，先端渐尖，边缘具波状齿，掌状脉；叶柄长1.5~9cm。雄花为总状花序；雌花单生，花梗长1.5~2cm；花冠白色，长2~2.5cm，宽12~15mm，裂片先端撕裂状。果实球形至卵球形，直径5~8cm，无喙，成熟时呈橙黄色至橙红色，果瓤墨绿色。种子长方形或长方状椭圆形，压扁状，1室，长10~14mm，灰褐色。花期7—8月，果期9—11月。

分布与生境 见于全市丘陵地区；生于山坡疏林下、路旁、林缘。产于湖州、杭州、宁波、金华、丽水及衢州市区、开化、天台等地；分布于江西、湖北、台湾、广东、广西、四川。

主要用途 本种为"吊瓜籽"的来源之一，是重要的经济作物；根、叶、种子分别药用。

附注 栝，音guā。

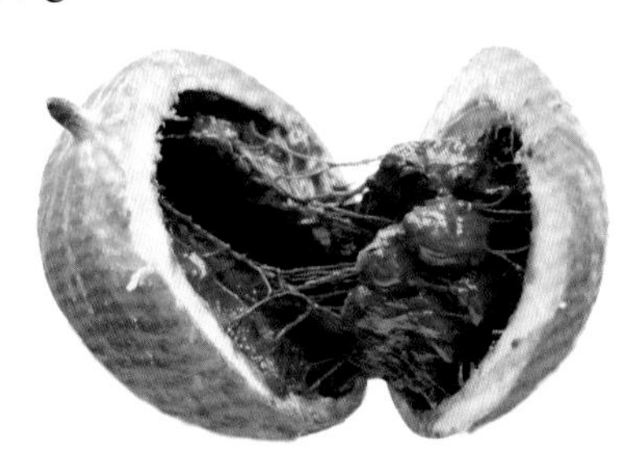

附种 王瓜 ***T. pilosa***，植株密被开展柔毛；卷须二歧；果形多样，具喙；种子横长圆形，3室，中央室呈凸起的增厚环带，两侧室大。见于全市丘陵地区；生于山坡疏林下、溪沟旁灌草丛中。

300 马㼎儿 日本马㼎儿 老鼠拉冬瓜 | *Zehneria japonica* (Thunb.) H.Y. Liu

葫芦科 Cucurbitaceae **马㼎儿属**

形态特征 一年生草质藤本。茎纤细;卷须单一。叶互生;叶片三角状宽卵形、近五角形或戟形,长2~4cm,宽2~4cm,先端尖,基部弯缺,边缘疏生波状锯齿,两面具瘤基状毛,脉上尤密;叶柄长1~3.5cm。雄花单生或几朵簇生,花冠淡黄色;雌花单生,花梗长1~2.5cm,花冠白色。果梗纤细,长2~3.5cm;果球形,直径0.5~1.5cm,成熟后灰白色。花果期7—10月。

分布与生境 见于全市丘陵地区;生于山坡疏林下、溪沟边、路边灌草丛中。产于杭州、绍兴、宁波、衢州、台州、温州及普陀等地;分布于长江以南地区。

主要用途 全草药用,有清热、利尿、消肿之功效;果可食用。

附注 㼎,音báo。

301 沙参 *Adenophora stricta* Miq.

桔梗科 Campanulaceae 沙参属

形态特征 多年生，高40~90cm。肉质根圆柱形，长达30cm。茎被短硬毛或长柔毛，稀无毛。基生叶片心形，大而具长柄；茎生叶片狭卵形、菱状狭卵形或长圆状狭卵形，长3~8cm，宽1~4cm，先端急尖或短渐尖，基部楔形，稀近圆钝，边缘具不整齐锯齿，两面疏生短柔毛或长硬毛，或近无毛；无柄或仅下部叶有极短的具翅柄。狭长假总状花序或狭圆锥状花序；花梗长达5mm；花冠蓝色或紫色，长1.5~1.8cm，5浅裂。花果期8—10月。

分布与生境 见于全市丘陵地区；生于山坡、山谷溪边灌草丛中。产于宁波及安吉、临安、富阳、开化等地；分布于长江流域及其以南地区。

主要用途 肉质根药用，有滋补、祛寒热、清肺止咳之功效；肉质根、嫩叶作野菜；花供观赏。

302 羊乳

山海螺 四叶参 | *Codonopsis lanceolata* (Siebold et Zucc.) Trautv.

桔梗科 Campanulaceae　　党参属

形态特征 多年生。根肥大,肉质,倒卵状纺锤形。植株具乳汁;通常全体无毛。茎缠绕;叶在主茎上互生,披针形或菱状狭卵形,小;在小枝顶端2~4叶簇生,近对生或轮生状,叶片菱状卵形、狭卵形或椭圆形,长3~10cm,宽1.5~4cm,先端急尖或钝,基部渐狭,全缘或有疏波状锯齿;叶柄长1~5mm。花单生或对生于小枝顶端;花梗长1~9cm;花萼筒部半球形;花冠宽钟状,长2~4cm,5浅裂,裂片三角形,反卷,黄绿色或乳白色,内有紫斑;花盘肉质,深绿色。蒴果半球形,具喙,直径2~2.5cm,具宿存花萼。花果期9—11月。

分布与生境 见于观海卫、匡堰、市林场等地;生于灌木林下阴湿处。产于全省各地;分布于华东、华中、华南、华北、东北。

主要用途 肉质根药用,有补虚通乳、排脓解毒之功效;肉质根、嫩芽作野菜;花、果供观赏。

303 半边莲

Lobelia chinensis Lour.

桔梗科 Campanulaceae 半边莲属

形态特征 多年生，高6~15cm。茎、叶无毛；茎常匍匐，节上常生根，分枝直立。叶互生；叶片长圆状披针形或条形，长8~20mm，宽3~7mm，先端急尖，基部圆形至宽楔形，全缘或顶部有波状小齿。花单生于叶腋，花梗超出叶部；花冠粉红色，稀白色，长10~15mm，5裂，裂片偏向一侧，位于同一平面上。蒴果倒圆锥状，长约6mm。花果期4—10月。

分布与生境 见于全市丘陵地区与南部平原；生于溪沟池塘边、田边、路旁、低洼地等潮湿处。产于全省各地；分布于长江中下游及其以南地区。

主要用途 全草药用，有清热解毒、利尿消肿之功效；供潮湿地带绿化观赏。

304 桔梗

Platycodon grandiflorus（Jacq.）A. DC.

桔梗科 Campanulaceae　　桔梗属

形态特征　多年生，高20~80cm。植株具白色乳汁，全体无毛。根圆柱形或圆锥形，肉质。叶全部轮生、部分轮生，或对生至全部互生；叶片卵形、卵状椭圆形至披针形，长2~7cm，宽1.5~3cm，先端急尖，基部宽楔形至圆钝，边缘具细锯齿，下面被白粉；叶柄无或极短。花单生于茎顶，或数朵集成假总状花序，有时成圆锥花序；花萼筒部半圆球状或圆球状倒圆锥形，被白粉；花冠大，长1.5~4cm，直径3~5cm，蓝色或紫色。蒴果球形、球状倒圆锥形或卵形，直径约1cm。花果期8—10月。

分布与生境　见于观海卫（卫山）；生于山坡疏林下、灌草丛中。产于丽水及湖州市区、临安、北仑、象山、开化等地；分布于我国南北各地。

主要用途　根药用，有宣肺、散寒、祛痰、排脓之功效；嫩芽和肉质根作野菜；蜜源植物；花大而美丽，供观赏。

305 蓝花参 兰花参 | *Wahlenbergia marginata*（Thunb.）A. DC.

桔梗科 Campanulaceae 蓝花参属

形态特征 多年生，高20~40cm。根细长，胡萝卜状，直径达4mm，外面白色。茎多分枝，直立或上升，有乳汁，无毛或下部疏生长硬毛。叶互生；叶片倒披针形至条状披针形，长1~3cm，宽2~4mm，全缘或呈波状，或具疏锯齿，无毛或疏被长硬毛；无柄。花具长梗，排成圆锥状；花萼筒5深裂；花冠漏斗状钟形，蓝色，长5~8mm，5深裂。蒴果倒圆锥状，长5~7mm，具10条细肋棱，有果颈。花果期3—10月。

分布与生境 见于全市各地；生于山坡、溪沟边、田边、路旁草丛中。产于全省各地；分布于长江以南地区。

主要用途 根药用，有益气补虚、祛痰、截疟之功效。

306 下田菊

Adenostemma lavenia (L.) Kuntze

菊科 Asteraceae　　下田菊属

形态特征　一年生,高30~100cm。茎单生,上部被白色短柔毛。叶对生;基部叶片较小;中部叶片较大,卵圆形或卵状椭圆形,长4~12cm,宽2~5cm,先端急尖或钝,基部楔形,边缘有圆锯齿,两面被稀疏短柔毛;叶柄长1~3cm,有狭翅。头状花序,直径7~10mm,排列成松散伞房状或伞房圆锥状;总苞半球形,直径6~8mm;总苞片2层,近等长;花两性,全为管状,白色,下部被黏质腺毛。瘦果;冠毛棒状,基部结成环状,顶端具棕黄色黏质腺体。花果期7—10月。

分布与生境　见于龙山、掌起、观海卫、市林场等地;生于溪沟边、山坡、路旁草丛中。产于杭州、宁波、衢州、丽水、温州及安吉、天台、温岭等地;分布于长江以南地区。

主要用途　全草药用,有清热解毒、祛风消肿之功效;嫩茎叶作野菜。

307 藿香蓟

Ageratum conyzoides L.

菊科 Asteraceae　　藿香蓟属

形态特征　一年生，高30~70cm。茎粗壮，被白色柔毛。叶对生，上部互生；叶片卵形或菱状卵形，长3~10cm，宽2~5cm，茎中部叶片最大，先端急尖，基部圆钝或宽楔形，边缘具圆锯齿，基出3脉或不明显5脉，两面具白色短柔毛和黄色腺点；叶柄长1~4cm。头状花序，排成伞房状；总苞半球形，直径5mm；总苞片2层，边缘撕裂；花全为管状，淡紫色、蓝色或白色。瘦果；冠毛膜片状，5~6枚。花果期6—11月。

分布与生境　归化种。原产于墨西哥。我国长江流域及其以南有归化。全市各地有归化；生于山坡、溪沟边、路旁、田野草丛中。

主要用途　全草药用，有清热解毒、止血止痛之功效；枝、叶可提取香精；花供观赏。

308 杏香兔儿风 | *Ainsliaea fragrans* Champ. ex Benth.

菊科 Asteraceae 兔儿风属

形态特征 多年生,高25~35cm。根状茎匍匐状。茎直立,不分枝,花葶状,密被棕色长毛。叶5~6枚,呈莲座状或假轮生;叶片卵状长圆形,长3~10cm,宽2~6cm,先端圆钝,基部深心形,全缘或有疏短刺状齿,上面无毛或疏被毛,下面有时紫红色,被棕色长柔毛;叶柄与叶片近等长。头状花序具短梗,排列成总状;总苞细筒状,长约15mm;花全为管状,白色,开放时具杏仁香气。瘦果;冠毛羽毛状,黄棕色。花果期9—11月。

分布与生境 见于全市丘陵地区;生于山坡疏林下、灌丛中、溪沟边草丛中。产于全省各地;分布于长江流域及其以南地区。

主要用途 全草药用,有清热解毒、祛风活血之功效;叶供观赏。

309 豚草

Ambrosia artemisiifolia L.

菊科 Asteraceae 豚草属

形态特征 一年生，高20~100cm。茎直立，被糙毛。下部叶对生，二至三回羽状分裂，裂片狭小，长圆形至倒披针形，全缘，有明显中脉，下面灰绿色，被密短糙毛，具短柄；上部叶互生，羽状分裂，无柄。雄花：头状花序半球形或卵形，直径2.5~5mm，具短梗，下垂，在枝端密集成总状；总苞片全部结合，边缘具波状圆齿；花序托具刚毛状托片；花冠淡黄色。雌花：头状花序无梗，位于雄性头状花序下方或在下部叶腋单生，或2~3个密集成团伞状，仅1朵雌花；总苞片结合，顶端具4~7齿，宿存于瘦果上部。花果期8—10月。

分布与生境 归化种。原产于北美洲。我国长江流域有归化。我市龙山、横河等地有归化；生于路旁或空旷草丛中。

附注 豚，音tún。

310 黄花蒿

| *Artemisia annua* L.

菊科 Asteraceae 蒿属

形态特征 一年生,高40~150cm。植株具特殊香气。茎直立,无毛。基部及下部叶花期凋萎;中部叶卵形,长4~5cm,宽2~4cm,二至三回羽状深裂,叶轴两侧具狭翅,裂片及小裂片长圆形或卵形,先端尖,基部耳状,两面被短柔毛,具短叶柄;上部叶小,通常一回羽状细裂,无叶柄。头状花序排列成圆锥状;总苞半球形,直径约1.5mm;总苞片2~3层;花全为管状,黄色。瘦果无冠毛。花果期8—11月。

分布与生境 见于全市各地;生于山坡、田野、路旁、海边。产于全省各地;分布于我国南北各地。

主要用途 全草(中药之“青蒿”)药用,有清热祛暑、凉血止血之功效,为抗疟药材;蜜源植物。

311 奇蒿 六月霜 南刘寄奴 | *Artemisia anomala* S. Moore

菊科 Asteraceae 蒿属

形态特征 多年生，高60~120cm。茎直立，被柔毛。基部叶片长圆形或卵状披针形，长7~11cm，宽3~4cm，先端渐尖，基部圆形或宽楔形，渐狭成短柄，边缘有尖锯齿，上面被微糙毛，下面被蛛丝状微毛或近无毛，侧脉5~8对；上部叶片渐小。头状花序无梗，密集排列成大型圆锥状；总苞近钟形；总苞片3~4层；花全为管状，白色。瘦果无毛。花果期6—10月。

分布与生境 见于全市丘陵地区；生于山坡林缘、溪边、路旁灌草丛中。产于全省各地；分布于我国中南部。

主要用途 全草(中药之"南刘寄奴")药用，有清热利湿、活血祛瘀、通经止痛、消食之功效；茎、叶可代茶。

312 茵陈蒿

Artemisia capillaris Thunb.

菊科 Asteraceae　　蒿属

形态特征　多年生,半灌木状,高 50~100cm。茎基部木质化,嫩枝顶端有叶丛,密被褐色丝状毛。茎中下部叶片一至三回羽状深裂,下部叶裂片较宽短,常被短丝状毛,有长柄,中部以上叶裂片细,宽 0.3~1mm,先端钝;茎上部叶羽状分裂、3 裂或不裂,无柄。头状花序极多数,圆锥状排列,有短梗与线形苞片;总苞球形,直径 1.5~2mm;花全为管状;缘花 3~5 朵,雌性且结实,盘花 5~7 朵,两性且不结实。瘦果无冠毛。花果期 9—12 月。

分布与生境　见于龙山、观海卫等地;生于滨海山坡、沙滩、路边草丛中。产于宁波、舟山、台州及洞头、文成、平阳、泰顺等地;分布于我国中部、东部沿海。

主要用途　全草药用,有清湿热、利胆退黄之功效;嫩茎叶作野菜。

313 滨蒿 滨艾

Artemisia fukudo Makino

菊科 Asteraceae 蒿属

形态特征 二年生，高30~50cm。茎粗壮，常向上拱曲。幼叶被蛛丝状毛；根出叶密集，呈莲座状，具长叶柄，叶片宽扇形，3~4掌状深裂；茎下部叶3~4羽状深裂，裂片疏离，条形，宽2mm，先端圆钝，有长柄；茎上部叶3裂或条形，全缘。头状花序，排列成狭长圆锥状；总苞宽倒圆锥形；花全为管状。瘦果无毛。花果期9—12月。

分布与生境 见于龙山、观海卫等地；生于滨海山坡、滩涂草丛中。产于舟山及奉化、宁海、象山、温岭、苍南等地；分布于台湾。

主要用途 嫩茎叶作野菜。

314 牡蒿

Artemisia japonica Thunb.

菊科 Asteraceae　　蒿属

形态特征 多年生,高30~120cm。茎被蛛丝状毛或近无毛,基部木质化。叶具假托叶;基部叶片长匙形,长4~5cm,宽2~3cm,3~5深裂,裂片长约1cm,宽约5mm,先端具不规则牙齿,基部楔形,中脉不显著,具长柄;中部叶片近楔形,先端具齿或近掌状分裂,无叶柄;上部叶片3裂或不裂,卵圆形。头状花序,排列成圆锥状;总苞卵形,直径1~2mm;花全为管状,黄色,缘花雌性且结实;盘花两性且不结实。瘦果无冠毛。花果期8—11月。

分布与生境 见于全市各地;生于山坡疏林下、林缘、田野灌草丛中。产于全省各地;分布几遍全国。

主要用途 全草药用,有清热、解毒、祛风、祛湿、健胃、止血、消炎之功效;嫩茎叶作野菜。

附种 南牡蒿 ***A. eriopoda***,基生叶与茎下部叶一至二回大头羽状深裂至全裂,裂片先端与边缘具不规则分裂;茎中部叶一至二回羽状深裂至全裂;茎上部叶羽状全裂。见于全市各地;生于山坡、溪边、田野、路旁、疏林下。

315 野艾蒿 野艾青 | *Artemisia lavandulifolia* DC.

菊科 Asteraceae　　蒿属

形态特征　多年生，高50~150cm。植株有香气。茎、叶被白色绵毛。叶具假托叶，上面具白色腺点；基部叶与茎下部叶二回羽状全裂，或第二回为深裂；中部叶长椭圆形、卵形或近圆形，长5~10cm，宽3.5~6cm，一至二回羽状全裂或第二回为深裂，末回裂片条状披针形，长3~6cm，宽约7mm，先端渐尖，基部下延，边缘反卷；上部叶小，披针形，全缘。头状花序下垂，具短梗及条形苞片，排成穗状或复穗状，再排成圆锥状；总苞椭球形，直径约3mm，被蛛丝状毛；花全为管状，红褐色。瘦果无毛。花果期7—10月。

分布与生境　见于全市各地；生于山坡、溪谷、田野、路旁、宅边灌草丛中。产于全省各地；分布于除青藏高原以外的全国各地。

主要用途　叶药用，有散寒、祛湿、温经、止血之功效，常作艾灸原料；嫩茎叶作野菜。

附种1 五月艾(印度蒿)***A. indica***,基生叶与茎下部叶一回羽状分裂,茎中部叶3~7裂;总苞初时稍被绒毛,后脱净;花黄色。见于全市各地;生于山坡、林缘、路旁。

附种2 白苞蒿(四季菜)***A. lactiflora***,茎、叶无毛;中部叶倒卵形;花黄白色或白色。见于全市各地;生于山坡疏林下、林缘、溪沟边灌草丛,平原偶见。

附种3 矮蒿***A. lancea***,茎中部叶羽状深裂,裂片披针形;头状花序直径约1mm,总苞近无毛;花紫色。见于全市各地;生于山坡、田野灌草丛中。

316 三脉紫菀 三脉叶马兰 *Aster ageratoides* Turcz.

菊科 Asteraceae 紫菀属

形态特征 多年生，高40~80cm。根状茎粗壮。茎下部叶片宽卵状圆形，基部渐狭成柄，在花期枯萎；中部叶片长圆状披针形或狭披针形，长6~16cm，宽1~5cm，先端渐尖，中部以下急狭成楔形柄，柄具宽翅，边缘有3~7对粗锯齿；上部叶片渐小，有浅齿或全缘；全部叶片上面被密糙毛，下面被疏短柔毛或仅沿脉有毛，稍有腺点，离基3出脉。头状花序直径1.5~2cm，排列成伞房状或圆锥状；总苞倒锥状半球形，长5~7mm，直径6~10mm；总苞片3层，无毛；缘花舌状，紫色或浅红色；盘花管状，黄色。瘦果。花果期7—11月。

分布与生境 见于全市丘陵地区及沿山平原；生于山坡疏林下、溪沟边、田野、路旁灌草丛中。产于杭州、宁波、丽水、温州等地；分布于除青藏高原和新疆以外的全国各地。

主要用途 全草药用，有祛风、清热解毒、祛痰止咳之功效；嫩茎叶作野菜；花供观赏。

附注 菀，音wǎn。

附种1 微糙三脉紫菀(变种)var. ***scaberulus***,叶片卵圆形或卵状披针形,上面密被微糙毛,下面密被短柔毛,具较密腺点;总苞片有毛及缘毛,先端紫红色;舌状花白色或带红色。见于全市丘陵地区;生于山坡、疏林下、路旁。

附种2 陀螺紫菀 ***A. turbinatus***,茎中部叶片无柄,长圆形或椭圆状披针形,边缘有浅齿,基部有抱茎的圆形小耳;头状花序单生或2~3个簇生于上部叶腋,总苞倒锥形,长10~12mm,总苞片多层。见于全市丘陵地区;生于山坡林下、溪边、路旁。

317 鬼针草 三叶鬼针草 *Bidens pilosa* L.

菊科 Asteraceae 鬼针草属

形态特征 一年生,高30~80cm。茎钝四棱形。茎下部叶较小,3裂或不裂,在花前枯萎;中部叶3全裂,稀羽状全裂,裂片5,两侧裂片椭圆形或卵状椭圆形,长2~4.5cm,宽1.5~2.5cm,先端急尖,基部近圆形或宽楔形,顶生裂片较大,长椭圆形或卵状长圆形,长3.5~7cm,先端渐尖,基部渐狭成近圆形,裂片边缘均具锯齿;上部叶片小,3裂或不分裂,条状披针形。头状花序直径8~9mm;总苞片7~8,条状匙形,先端增宽;缘花舌状,白色或黄色,1~4朵,或无舌状花;盘花管状,黄褐色。瘦果黑色,条状披针形,具棱,顶端芒刺3~4条,具倒刺毛。花果期7—11月。

分布与生境 归化种。原产于美洲。我国各地有归化。全市各地有归化;生于林缘、田野、路边草丛中。

主要用途 全草药用,有清热解毒、散瘀活血之功效;嫩茎叶作野菜;蜜源植物。

附种1　小白花鬼针草(变种) var. ***minor***,头状花序边缘具舌状花5~7朵,白色。归化种。原产于世界热带至亚热带地区。全市丘陵地区及南部平原有归化;生于山坡、溪边、田野、路旁。

附种2　金盏银盘*B. biternata*,中部叶片二回羽状分裂;总苞片外层先端不增宽,缘花舌状,淡黄色,3~5枚,或缺如。见于全市各地;生于山坡、溪边、田野灌草丛中。

附种3　大狼杷草(大狼耙草)***B. frondosa***,顶生小裂片披针形,基部楔形;头状花序直径1.2~2.5cm,总苞片外层披针形或匙状倒披针形,叶状;瘦果扁平,狭楔形,顶端平截,通常具芒刺2条。归化种。原产于北美洲。全市各地有归化;生于山坡、溪谷、田野、水边。

318 天名精 狗屙篮 | *Carpesium abrotanoides* L.

菊科 Asteraceae 天名精属

形态特征 多年生，高30~90cm。植株有特殊气味，粗壮，密被短柔毛。基生叶开花前凋萎；茎下部叶片宽椭圆形或长椭圆形，长8~16cm，宽4~7cm，先端钝或锐尖，基部楔形，边缘具不规则钝齿，齿端有腺体状胼胝体，上面粗糙，下面具小腺点，叶柄长5~15mm；茎上部叶长椭圆形或椭圆状披针形。头状花序直径5~10mm，近无梗，排成穗状，顶生花序具椭圆形或披针形苞片2~4枚，腋生者无苞片或苞片甚小；总苞钟形或半球形，直径6~8mm，上端稍收缩；总苞片3层；花管状，黄色。瘦果。花果期8—11月。

分布与生境 见于全市各地；生于林缘、溪沟边、路旁、田边草丛中。产于全省各地；分布于长江流域及其以南地区、河北。

主要用途 全草药用，有清热解毒、祛痰止血之功效；果可提取挥发油。

附种 金挖耳 ***C. divaricatum***，茎下部叶片卵形或卵状长圆形；头状花序均具明显花序梗和叶状苞片，且叶状苞片中有2枚长度均为总苞直径的3~6倍，总苞片4层。见于全市丘陵地区；生于山坡疏林下、溪边、路旁草丛中。

319 石胡荽 鹅不食草 球子草 | *Centipeda minima* (L.) A. Braun et Asch.

菊科 Asteraceae 石胡荽属

形态特征 一年生,高 5~20cm。茎多分枝,匍匐状,微被蛛丝状毛或无毛。叶互生;叶片楔状倒披针形,长 7~20mm,宽 3~5mm,先端钝,基部楔形,边缘有少数锯齿,下面具腺点。头状花序小,直径 3~4mm,扁球形,单生,无梗或具极短梗;总苞半球形;缘花细管状,多层;盘花管状,淡紫色。瘦果圆柱形,具 4 棱,棱上有长毛。花果期 6—10月。

分布与生境 见于全市各地;生于田野、路边、水滩地、绿化带等阴湿处。产于全省各地;除干旱地区外,几遍全国。

主要用途 全草(中药之"鹅不食草")药用,有通窍散寒、祛风利湿、散瘀消肿之功效;嫩茎叶作野菜。

320 野菊

Chrysanthemum indicum L.

菊科 Asteraceae　　菊属

形态特征 多年生，高30~90cm。茎直立或铺散，被细柔毛。基生叶在花期凋萎；中部茎生叶片卵形或长圆状卵形，长3~8cm，宽1.5~3cm，一回羽状深裂，顶裂片大，卵形或长圆形，全部裂片边缘浅裂或有锯齿；上部叶片渐小；全部叶片上面有腺体及疏柔毛，下面毛较密，基部渐狭成具翅叶柄，假托叶有锯齿。头状花序直径1.5~2.5cm，排列成伞房圆锥花序式或不规则伞房状；总苞半球形；花黄色，缘花舌状，盘花管状。花果期9—12月。

分布与生境 见于全市各地；生于山坡、溪边、田野、海边灌草丛中。产于全省各地；分布于全国各地。

主要用途 全草药用，有清热解毒、平肝明目、疏风散热、凉血降压、散瘀之功效；花可代茶，亦供观赏；嫩茎叶作野菜；蜜源植物。

附种 甘菊 ***C. lavandulifolium***，茎中部叶二回羽状分裂，第一回几全裂，第二回深裂或浅裂；叶柄基部有分裂的假托叶或无。见于全市各地；生于山坡、疏林下、路旁、旷野。

321 刺儿菜 小蓟 刺尖草

Cirsium arvense (L.) Scop. var. *integrifolium* Wimm. et Grab.

菊科 Asteraceae　　蓟属

形态特征 多年生,高30~50cm。茎直立;幼茎、叶两面被白色蛛丝状毛。基生叶和中部茎生叶片椭圆形、长椭圆形或椭圆状倒披针形,长7~10cm,宽1.5~2.5cm,先端钝或圆,基部楔形,近全缘或有疏锯齿,齿端具针刺;无叶柄。雌雄异株;头状花序直立,单生或排成伞房状;总苞直径1.5~2cm,雄花序总苞长18mm,雌花序总苞长约25mm;总苞片约6层,先端有刺;花管状,紫红色,雄花花冠长1.8cm,雌花花冠长2.4cm。瘦果;冠毛羽毛状,污白色,整体脱落。花果期4—7月。

分布与生境 见于全市各地;生于山坡、溪边、田野、路旁等旱地。产于全省各地;分布于全国各地。

主要用途 全草药用,有利尿、止血之功效;嫩叶作野菜;蜜源植物;花供观赏。

附注 蓟,音jì。

322 大蓟 蓟

Cirsium japonicum DC.

菊科 Asteraceae 蓟属

形态特征 多年生，高0.4~1.2m。块根纺锤状或萝卜状。全体被多节长毛。基生叶片卵形、长倒卵状椭圆形或长椭圆形，长8~22cm，宽2.5~10cm，羽状深裂或几全裂，裂片边缘有大小不等的小锯齿，齿端有针刺，基部下延成翼柄；中部叶片长圆形，羽状深裂，裂片和裂齿顶端均有针刺，基部抱茎；上部叶较小。头状花序球形；总苞钟状，直径约3cm；总苞片约6层，外面沿中肋有黑色黏腺，向内渐长，外层和中层先端有针刺，内层先端呈软针刺状；花管状，紫色或玫瑰色。瘦果；冠毛浅褐色，整体脱落。花果期5—10月。

分布与生境 见于全市丘陵地区及南部平原；生于山坡疏林下、溪边、田野、路旁。产于全省各地；分布于全国各地。

主要用途 全草药用，有散瘀消肿、凉血止血之功效；嫩茎叶作野菜；蜜源植物；花可观赏。

323 苏门白酒草 *Conyza sumatrensis* (Retz.) Walker

菊科 Asteraceae **白酒草属**

形态特征 一年生或二年生,高80~150cm。植株整体呈灰绿色。茎下部带红紫色,被较密灰白色上弯糙短毛和开展疏柔毛。叶密集,基部叶花期凋落;茎下部叶片倒披针形或披针形,长6~10cm,宽1~3cm,先端急尖或渐尖,基部渐狭成柄,边缘上部具疏粗齿,无睫毛;茎中上部叶片渐小,狭披针形或近条形,具齿或全缘,两面密被糙短毛。头状花序直径5~8mm,排列成大型圆锥状;总苞直径3~4mm;总苞片3层,外被糙短毛;花序托具明显小窝孔;缘花细管状,淡黄色或淡紫色,顶端2细裂;盘花管状,淡黄色。瘦果;冠毛白色,后变黄褐色。花果期5—11月。

分布与生境 归化种。原产于南美洲。我国南方广泛归化。全市各地有归化;生于山坡草地、田野、路旁。

主要用途 全草入药,用于治疗咳嗽、风湿关节痛、崩漏;嫩茎叶作野菜。

附种1 **野塘蒿**(香丝草)***C. bonariensis***,头状花序直径8~10mm,排列成总状或圆锥状;缘花白色,无舌片或顶端具3~4细齿;冠毛淡红褐色。归化种。原产于南美洲。全市各地有归化;生于田野、海边、山中。

附种2 **小飞蓬**(加拿大蓬、小蓬草)***C. canadensis***,植株整体呈绿色;叶片边缘具睫毛;头状花序直径3~4mm,总苞片2~3层,外被疏柔毛;缘花白色。归化种。原产于北美洲。全市各地有归化;生于田野、路旁、海边、山中。

324 野茼蒿 革命菜 | *Crassocephalum crepidioides* (Benth.) S. Moore

菊科 Asteraceae 三七草属

形态特征 一年生,高30~80cm。茎无毛或稀被短柔毛。叶片卵形或长圆状倒卵形,长5~15cm,宽3~9cm,先端渐尖,基部楔形或渐狭下延至叶柄,边缘有不规则锯齿或基部羽状分裂,侧裂片1~2对,两面近无毛或下面被短柔毛;叶柄有极狭翅,长1~3cm;上部叶片较小。头状花序具长梗,排列成伞房状;总苞钟形,基部平截,有数枚不等长的狭条形外苞片;总苞片1层;花管状,橙红色。瘦果橙红色,被毛;冠毛白色,绢毛状。花果期7—12月。

分布与生境 归化种。原产于非洲。长江流域及其以南地区有归化。全市各地有归化;生于疏林下、林缘、溪边、路旁、田野。

主要用途 全草药用,有消炎止咳、清热解毒、健脾胃之功效;嫩茎叶作野菜。

325 假还阳参 *Crepidiastrum lanceolatum*（Houtt.）Nakai

菊科 Asteraceae　　假还阳参属

形态特征 多年生，或半灌木，高15~40cm。植株具乳汁。茎短，木质，粗壮，呈根状茎状，分枝匍匐状。基生叶莲座状，匙形，稀椭圆形，长5~15cm，宽1~4cm，先端钝或圆形，基部渐狭成柄，全缘至羽状深裂，稍肥厚，两面无毛；茎生叶小，匙状长圆形、卵形至披针形，长4~5cm，宽0.5~2cm，基部抱茎。头状花序直径1.5cm，稀疏伞房状排列；总苞圆筒形，直径3~5mm；卵形外苞片3~5；总苞片2层；花全为舌状，黄色。瘦果近纺锤形。花果期9—11月。

分布与生境 见于观海卫(海黄山)；生于近海山坡、山麓岩缝中。产于镇海、北仑、鄞州、宁海、象山、普陀、椒江、温岭、洞头、瑞安、平阳、苍南等地；分布于江苏、台湾等地。

主要用途 花供观赏。

326 鳢肠 墨旱莲 扚落乌

Eclipta prostrata (L.) L.

菊科 Asteraceae 醴肠属

形态特征 一年生,高达50cm。茎匍匐或近直立,被糙伏毛。叶对生;叶片长圆状披针形或条状披针形,长3~10cm,宽5~15mm,先端渐尖,基部楔形,全缘或有细齿,两面密被硬糙毛,基出3脉;无叶柄。头状花序直径5~8mm,花序梗长2~4cm;总苞球状钟形;总苞片5~6,卵形或长圆形,2层,外被紧贴糙硬毛;花白色,有时带淡紫色;缘花舌状,雌性;盘花管状,两性。雌花的瘦果三棱形,两性花的瘦果扁四棱形。花果期7—10月。

分布与生境 见于全市各地;生于田边、水边、路旁、山坡。产于全省各地;分布于全国各地。

主要用途 全草药用,有收敛、止血、补肝肾之功效;嫩茎叶作野菜。

附注 扚,音dí。

327 一点红 *Emilia sonchifolia* DC.

菊科 Asteraceae 一点红属

形态特征 一年生，高15~50cm。茎直立或近直立，多分枝，无毛或疏被柔毛。叶互生；叶片稍带肉质；下部叶片通常卵形，长5~10cm，宽2.5~6cm，琴状分裂或具钝齿；上部叶片较小，卵状披针形，无柄，抱茎，下面常带紫红色。头状花序直径10~12mm，有长梗；总苞圆筒状，基部稍膨大；总苞片1层，等长；花管状，紫红色。瘦果圆柱形，有5条纵肋；冠毛白色而软。花果期5—12月。

分布与生境 见于全市丘陵地区及南部平原；生于山坡、溪边、园地、路旁。产于全省各地；分布于长江以南地区。

主要用途 全草药用，有凉血解毒、活血散瘀之功效；嫩茎叶作野菜。

328 梁子菜

Erechtites hieraciifolius (L.) Raf. ex DC.

菊科 Asteraceae 菊芹属

形态特征 一年生,高40~120cm。茎直立,被疏柔毛。叶无柄,具齿,叶形变化大;茎下部叶片长椭圆形、倒披针形或披针形,基部渐狭;茎上部叶卵状披针形,基部半抱茎。头状花序长约1.5cm,直径1.5~1.8cm,排成伞房状;总苞筒状;总苞片外面无毛或疏被短柔毛;花管状,淡绿色或带红色;缘花花冠丝状;盘花花冠细管状。瘦果具明显肋;冠毛丰富,白色。花果期8—11月。

分布与生境 归化种。原产于北美洲。我国西南及福建、台湾有归化。全市丘陵地区有归化;生于山坡、山冈、溪旁、路边草丛中。

主要用途 嫩茎叶作野菜。

329 费城飞蓬 春飞蓬 *Erigeron philadelphicus* L.

菊科 Asteraceae 一年蓬属

形态特征 一年生或二年生，高30~80cm。茎被长柔毛。基生叶片倒披针形至倒卵形，长2~15cm，宽1~4cm，边缘具钝齿、粗锯齿或羽状分裂，疏被柔毛；茎生叶片长圆状倒披针形至披针形，上部叶小，基部抱茎，呈耳状。头状花序直径1~1.5cm，排成伞房状；总苞半球形，直径6~10mm；总苞片2~3层；缘花舌状，细条形至丝状，长5~10mm，白色略带粉红色；盘花管状，黄色。瘦果；冠毛2层，外层鳞片状，内层刚毛状。花果期4—10月。

分布与生境 归化种。原产于北美洲。华东有归化。全市各地有归化；生于田野、水边、路旁、村边、山坡、山坳。

主要用途 嫩茎叶作野菜。

附种 一年蓬 ***E. annuus***，茎被硬毛；叶柄基部不抱茎；舌状花条形，白色或带淡紫色。归化种。原产于北美洲。全市各地有归化；生于旷野、路边、山坡等处。

330 泽兰 白头婆 *Eupatorium japonicum* Thunb.

菊科 Asteraceae　　泽兰属

形态特征 多年生,高 0.5~1.5m。茎被白色短柔毛。叶对生;基生叶片花期枯萎;茎中部叶片椭圆形、长椭圆形、卵状长椭圆形或披针形,长 7~16cm,宽 2~6cm,先端渐尖,基部楔形,边缘有深浅、大小不等的裂齿,两面有毛和腺点或仅下面有腺点,叶脉羽状;叶柄长 1~2cm。头状花序排列成紧密伞房状;总苞钟状;总苞片 3 层,先端钝或圆形;头状花序具 5 花,花管状,白色或带紫色或粉红色。瘦果具 5 棱与黄色腺点;冠毛白色。花果期 6—11 月。

分布与生境 见于全市丘陵地区;生于山坡疏林下、溪边、路旁灌草丛中。产于全省各地;分布于除西北干旱区和青藏高原以外的全国各地。

主要用途 茎、叶药用,有利尿、行血散瘀、抑制流感病毒之功效;花供观赏;蜜源植物;香料植物。

附种1　华泽兰(多须公)*E. chinense*,茎中部叶片通常卵形、宽卵形、长卵形,基部圆形或心形;叶柄长2~4mm或近无。见于全市丘陵地区;生于山坡疏林下、林缘、路旁灌草丛中。

附种2　林泽兰*E. lindleyanum*,叶片不分裂或3全裂,叶缘具尖锐锯齿,基出3脉;无柄或几无柄;总苞片先端急尖。见于我市东部丘陵地区;生于山坡疏林下、林缘。

331 大吴风草

Farfugium japonicum (L.) Kitam.

菊科 Asteraceae 大吴风草属

形态特征 多年生。根状茎粗壮。茎花葶状,高 30~70cm,幼时密被淡黄色柔毛。叶莲座状;叶片肾形,长 7~15cm,宽 8~30cm,先端圆形,基部心形,边缘有尖头细齿至掌状浅裂,或全缘,两面幼时被灰色柔毛;叶柄长 10~38cm,基部扩大成短鞘,鞘内被密毛;茎生叶片 1~3,苞叶状,长圆形或条状披针形,长 1~2cm,无柄,抱茎。头状花序直径 4~6cm,呈疏散伞房状排列;总苞钟形或宽陀螺形,长 12~15mm;总苞片 2 层;花黄色,缘花舌状,盘花管状。瘦果圆柱形;冠毛糙毛状。花果期 7—12 月。

分布与生境 见于龙山(雁峰寺);生于山坡、山谷、溪边湿润处。产于全省东南沿海与岛屿;分布于我国东南沿海及湖北、湖南等省份。

主要用途 全草药用,有活血止血、散结消肿之功效;叶、花供观赏;嫩叶、叶柄作野菜。

332 牛膝菊

Galinsoga parviflora Cav.

菊科 Asteraceae 牛膝菊属

形态特征 一年生,高20~50cm。全部茎枝和花梗被开展短柔毛和腺毛。叶对生;茎中下部叶片卵形或长椭圆状卵形,长2~6cm,宽1~3.5cm,先端渐尖,基部圆形或宽楔形,边缘有浅钝锯齿,基出3脉或不明显5脉,两面粗涩,被白色短柔毛;向上叶渐小,通常披针形;叶柄长1~2cm,被短柔毛。头状花序直径6mm;总苞半球形或宽钟形;总苞片1~2层,先端圆钝;托苞倒披针形,边缘撕裂;缘花舌状,白色;盘花管状,黄色。瘦果;冠毛膜片状,白色,边缘流苏状。花果期5—11月。

分布与生境 归化种。原产于热带美洲。华东等地有归化。全市各地有归化;生于山坡林下、林缘或路边、溪旁、田边、宅旁。

主要用途 嫩茎叶作野菜。

333 鼠麹草 拟鼠麹草 凝结结 | *Gnaphalium affine* D. Don

菊科 Asteraceae 鼠麹草属

形态特征 二年生,高10~40cm。全体密被白色绵毛。茎直立,基部常匍匐或倾斜分枝。基生叶花后凋落;茎下部和中部叶片匙状倒披针形或倒卵状匙形,长2~6cm,宽3~10mm,先端圆形,具尖头,基部下延,全缘,脉1条;无叶柄。头状花序直径2~3mm,近无梗,在枝端密集排列成伞房状;总苞钟形,直径2~3mm;总苞片2~3层,金黄色或柠檬黄色;花黄色,结实;缘花细管状,盘花管状。瘦果;冠毛基部连合成2束。花果期3—7月。

分布与生境 见于全市各地;生于山坡疏林下、林缘、溪边、田野、路旁。产于全省各地;分布于全国各地。

主要用途 嫩茎叶制糕点;全草药用,有镇咳、祛痰、降血压之功效。

附注 麹,音qū。

附种1　秋鼠麹草(拟秋鼠麹草)***G. hypoleucum***,一年生;茎基部不分枝;叶片条形或宽条形;总苞片4~5层;冠毛基部分离;花期9—10月。见于全市各地;生于山坡疏林下、田野、路边草丛中。

附种2　白背鼠麹草(天青地白、细叶鼠麹草)***G. japonicum***,多年生;基生叶莲座状,在花期宿存,条状披针形或条状倒披针形,上面绿色,下面厚被白色绵毛;总苞片红褐色。见于全市各地;生于山坡、路旁、田野及草坪中。

附种3　匙叶鼠麹草(匙叶合冠鼠麹草)***G. pensylvanicum***,一年生;下部叶片倒披针形或匙形,中部叶片倒卵状长圆形或匙状长圆形,侧脉2~3对;头状花序数个簇生,再排列成穗状花序式;总苞片污黄色或麦秆黄色。见于全市丘陵地区及南部平原;生于山坡林缘、溪边、田野、路旁。

334 泥胡菜

Hemisteptia lyrata (Bunge) Fisch. et C.A. Mey.

菊科 Asteraceae　　泥胡菜属

形态特征 一年生,高30~100cm。根肉质,圆锥状。茎常被蛛丝状毛。基生叶莲座状,叶片倒披针形或倒披针状椭圆形,长7~21cm,宽2~6cm,羽状分裂或琴状分裂,顶裂片较大,卵状菱形或三角形,两侧裂片7~8对,长椭圆状披针形,下面密被白色蛛丝状毛,有柄;茎中部叶片椭圆形,先端渐尖,羽状分裂,无柄;茎上部叶片小,条状披针形至条形,全缘或浅裂。头状花序排成疏散伞房状,具长梗;总苞倒圆锥状钟形,直径1.5~3cm;总苞片多层,中、外层外面上方有直立小鸡冠状凸起的紫红色附属物;花管状,紫红色。瘦果;冠毛白色,2层,不同型。花果期4—8月。

分布与生境 见于全市各地;生于山坡、溪边、田野、路旁、绿化带中。产于全省各地;分布于除新疆、西藏以外的全国各地。

主要用途 全草药用,有清热解毒、消肿祛痰、消炎生肌之功效;花供观赏;嫩茎叶作野菜。

335 普陀狗娃花 普陀狗哇花 | *Heteropappus arenarius* Kitam.

菊科 Asteraceae 狗娃花属

形态特征 二年生或多年生。主根粗壮,木质化。茎平卧或斜升,自基部分枝,近无毛。叶片厚;基生叶片匙形,长3~6cm,宽1~1.5cm,先端圆形或稍尖,基部渐狭,全缘,有时疏生粗大齿,具缘毛,叶柄长1.5~3cm;茎下部叶片在花期枯萎;茎中上部叶片匙形或匙状长圆形,长1~2.5cm,宽2~6mm,具缘毛。头状花序直径2.5~3cm;总苞半球形,直径1.2~1.5cm;总苞片约2层,具缘毛;缘花舌状,淡紫色或淡白色;盘花管状,黄色。瘦果被绢状柔毛;舌状花冠毛短鳞片状,管状花冠毛刚毛状。花果期8—11月。

分布与生境 见于龙山(伏龙山)、观海卫(海黄山);生于岩边、路旁及山麓沙地。产于浙江东部滨海沙地。

336 旋覆花 旋复花

Inula japonica Thunb.

菊科 Asteraceae　　旋覆花属

形态特征 多年生,高20~60cm。根状茎短,横走或斜升。基部叶和茎下部叶在花期枯萎;茎中部叶片长圆形、长圆状披针形或披针形,长5~10cm,宽1.5~3cm,先端急尖,基部渐狭,常具圆形半抱茎小耳,全缘或有小尖头状疏齿,两面有疏毛,下面有腺点;茎上部叶渐狭小,条状披针形。头状花序直径3~4cm,具梗,排列成伞房状;总苞半球形,直径1.3~1.7cm;总苞片约5层,最外层常叶质;缘花舌状,黄色;盘花管状。瘦果圆柱形;冠毛灰白色。花果期7—11月。

分布与生境 见于全市各地;生于山坡路旁、溪边、河岸、田埂等湿润处。产于全省各地;分布于华东、华中、西南、华北、东北及广东等地。

主要用途 花序或全草药用,有消炎、下气、软坚、行水之功效;花供观赏;嫩茎叶作野菜;蜜源植物。

337 小苦荬 齿缘苦荬菜 *Ixeridium dentatum* (Thunb.) Tzvelev

菊科 Asteraceae 小苦荬属

形态特征 多年生,高 20~50cm。植株有乳汁。茎直立,上部多分枝。基生叶片倒披针形或倒披针状长圆形,长 5~13cm,宽 0.5~3cm,先端急尖,基部下延成叶柄,边缘具钻状锯齿或稍羽状分裂,稀全缘,叶柄无睫毛;茎生叶片 2~3,披针形或长圆状披针形,长 3~9cm,宽 1~2cm,先端渐尖,基部耳状抱茎,耳廓边缘有稀疏微尖齿,无叶柄。头状花序直径约 1.5cm,排列成伞房状;总苞圆筒状;总苞片 1 层;花全为舌状,黄色。瘦果喙长 0.5mm。花果期 4—6 月。

分布与生境 见于全市丘陵地区与南部平原;生于疏林下、溪沟边、田野、路旁。产于全省各地;分布于华东、西南、华北、东北。

主要用途 全草药用,有活血止血、排脓祛瘀之功效;嫩茎叶作野菜。

附种 褐冠小苦荬(平滑苦荬菜)***I. laevigatum***,基生叶片边缘具短尖头状细锯齿或全缘,叶柄常具睫毛;茎生叶片基部渐狭成短柄;蒴果喙长 2mm。见于全市丘陵地区及南部平原;生于山坡疏林下或路边阴湿处。

338 剪刀股

Ixeris japonica (Burm. f.) Nakai

菊科 Asteraceae　　苦荬菜属

形态特征　多年生,高10~30cm。植株有乳汁;具长匍匐茎。基生叶莲座状,叶片匙状倒披针形至倒卵形,长5~15cm,宽1~3cm,先端圆钝,基部下延成柄,全缘或具疏锯齿,或下部羽状浅裂;茎生叶片仅1~2枚或无,全缘,无柄或具短柄。头状花序直径1.5~2cm,有梗,排成伞房状;总苞钟状,总苞外苞片副萼状;总苞片2~3层,花后增厚,呈龙骨状;花全为舌状,黄色。瘦果具喙,喙长2~3mm。花果期4—6月。

分布与生境　见于全市平原区至海边;生于田野、水边、路边、海涂。产于全省各地;分布于华东、华中、华南、东北。

主要用途　全草药用,有清热解毒、利尿消肿之功效;嫩茎叶作野菜。

339 苦荬菜 多头苦荬菜

Ixeris polycephala Cass.

菊科 Asteraceae 苦荬菜属

形态特征 二年生，高15~30cm。植株有乳汁。茎直立，有分枝。基生叶片条状披针形，长6~25cm，宽0.5~1.5cm，先端渐尖，基部楔形下延，全缘，稀羽状分裂，具短柄；茎生叶宽披针形或披针形，长6~12cm，宽7~13mm，先端渐尖，基部箭形抱茎，全缘或具疏齿，无叶柄。头状花序，排列成伞房状或近伞房状；总苞花期钟形，果期坛状，直径3~4mm；总苞片1层；花全为舌状，黄色。瘦果；冠毛刚毛状，白色。花果期3—7月。

分布与生境 见于全市各地；生于田野、路旁、山坡、溪边草丛中。产于全省各地；分布于华东、华中、华南、西南。

主要用途 全草药用，有清热解毒、止血之功效；嫩茎叶作野菜。

340 马兰

Kalimeris indica（L.）Sch.-Bip.

菊科 Asteraceae　　马兰属

形态特征　多年生，高30~50cm。根状茎有匍匐枝。茎直立，被短毛。基生叶片在花期枯萎；茎中下部叶片披针形至倒卵状长圆形，长3~7cm，宽1~2.5cm，先端钝或尖，基部渐狭，边缘从中部以上具2~4对浅齿或深齿，具长柄；茎上部叶片渐小，全缘，无柄。头状花序直径2.5cm，单生于枝顶并排列成疏伞房状；总苞半球形，直径6~9mm；总苞片2~3层，有缘毛；缘花舌状，紫色；盘花管状，黄色。瘦果极扁，边缘具厚肋；冠毛短毛状。花果期5—10月。

分布与生境　见于全市各地；生于山坡林缘、溪边、河岸、湿地、路旁草丛中。产于全省各地；广布于全国。

主要用途　嫩茎叶为著名野菜；全草药用，有消食积、除湿热、利小便、退热止咳之功效；蜜源植物。

341 毒莴苣 野莴苣

Lactuca serriola L.

菊科 Asteraceae 莴苣属

形态特征 一年生，高 60~150cm。植株有乳汁。茎具稀疏皮刺。叶互生；茎中下部叶片狭倒卵状披针形或披针形，全缘或仅具稀疏牙齿状刺，脉上具皮刺。头状花序，排列成疏松圆锥状；总苞片 3 层，外层苞片宽短，在果实成熟时总苞开展或反折；花舌状，花冠淡黄色，干后变蓝紫色。瘦果上部有直立的白色刺毛，喙长约 5mm；冠毛白色。花果期 7—10 月。

分布与生境 归化种。原产于欧洲。江苏、云南、陕西、内蒙古、新疆等地有归化。全市各地有归化；生于路边、田野、海边高地草丛中。

342 稻槎菜 *Lapsanastrum apogonoides*（Maxim.）Pak et K. Bremer

菊科 Asteraceae 稻槎菜属

形态特征 一年生或二年生，高10~25m。植株有乳汁。茎纤细，疏被细毛。基生叶丛生，叶片椭圆形至长匙形，长4~10cm，宽1~3cm，羽状分裂，顶端裂片最大，卵圆形，先端钝圆或急尖，两侧裂片向下逐渐变小，边缘具稀疏小尖头或具齿，叶柄长1~1.5cm；茎生叶片较小，通常1~2，具短柄或近无柄。头状花序排成伞房状圆锥花序式，具梗；总苞圆筒状钟形；总苞片2层，先端喙状；花舌状，黄色。瘦果具肋约12条，顶端两侧各有1钩刺。花果期4—5月。

分布与生境 见于全市丘陵地区及南部平原；生于田野、路边、宅旁。产于全省各地；分布于长江流域及其以南地区。

主要用途 全草药用，有清热凉血、消痈解毒之功效；嫩叶作野菜。

附注 槎，音chá。

343 大头橐吾

Ligularia japonica（Thunb.）Less.

菊科 Asteraceae　　橐吾属

形态特征 多年生，高达1m。植株常被蛛丝状毛或长柔毛。下部叶片大型，近圆形，直径30~40cm，基部心形，掌状3~5全裂，裂片再掌状浅裂，小裂片羽状浅裂或具锯齿，稀全缘，叶柄长，基部扩大而抱茎；中部以上叶片渐小，掌状深裂，具扩大抱茎短柄。头状花序直径达10cm，2~8个排成伞房状，花序轴长达20cm；总苞半球形，直径1.5~2.4cm；总苞片2层；花黄色，缘花舌状，盘花管状。瘦果细圆柱状；冠毛红褐色。花果期4—7月。

分布与生境 见于龙山、掌起、市林场等丘陵地区；生于山坡、溪边、路旁灌草丛中及疏林下。产于宁波、丽水及安吉、临安、临海、温岭等地；分布于江苏、江西、福建、台湾、湖北、湖南、广东等地。

主要用途 根和根状茎药用，有理气活血、润肺下气、祛痰止咳之功效；叶、花供观赏；嫩叶、叶柄作野菜。

344 黄瓜菜 黄瓜假还阳参 | *Paraixeris denticulata* (Houtt.) Nakai

菊科 Asteraceae 黄瓜菜属

形态特征 一年生或二年生,高30~80cm。植株有乳汁。茎上部多分枝,常带紫红色。基生叶花期枯萎,叶片卵形、长圆形或披针形,长5~10cm,宽2~4cm,先端急尖,基部渐狭成柄,边缘具波状齿裂或羽状分裂,裂片具细锯齿;茎生叶片舌状卵形或倒长卵形,长3~9cm,宽1.5~4cm,基部微抱茎,耳状,边缘具不规则锯齿。头状花序直径1.3~1.5cm,排列成伞房状;总苞圆筒形,长6~9mm,外苞片小;总苞片1层;花全为舌状,黄色。瘦果纺锤形,有短喙;冠毛白色,刚毛状。花果期8—11月。

分布与生境 见于全市丘陵地区及南部平原;生于山坡疏林下、溪边、路旁、田边。产于全省各地;分布于全国各地。

主要用途 全草药用,有清热解毒、排脓、止痛之功效;嫩茎叶作野菜。

345 节毛假福王草

毛枝假福王草 | *Paraprenanthes pilipes*（Migo）Shih

菊科 Asteraceae　　假福王草属

形态特征 多年生，高达1.5m。植株有乳汁。茎上部被稠密多节毛。茎下部叶早落，叶片三角状戟形、卵形、长椭圆形或披针形，长6~15cm，宽4~7cm，大头羽状全裂或深裂，顶裂片卵形、椭圆形、宽三角状戟形或长菱形，侧裂片1~2对，边缘有短芒状齿尖，叶柄具翅；茎中上部叶片渐小，羽状浅裂或不裂，具叶柄。头状花序排列成圆锥状，花序轴具稠密多节毛；总苞圆筒状；总苞片3层；花全为舌状，紫红色。瘦果；冠毛白色，刚毛状，2层。花果期6—9月。

分布与生境 见于全市丘陵地区；生于山坡、溪边、竹林下、路旁草丛中。产于杭州及开化等地；分布于江苏、江西、福建、湖南、广东、云南等地。

主要用途 全草药用，有清热解毒、止泻、止咳润肺之功效；嫩茎叶作野菜。

346 蜂斗菜

Petasites japonicus (Siebold et Zucc.) Maxim.

菊科 Asteraceae　　蜂斗菜属

形态特征 多年生。根状茎粗壮,具鳞叶。全株被白色茸毛或蛛丝状绵毛。茎生叶片苞叶状,披针形,长3~8cm,宽8~15mm,先端钝尖,基部抱茎;基生叶后出,圆肾形,直径12~30cm,不分裂,先端圆形,基部耳状深心形,边缘具不整齐牙齿,幼时上面被卷柔毛,下面被蛛丝状毛;叶柄长10~30cm。雌雄异株。雄花花茎高10~30cm;头状花序在茎上部密集,伞房状排列;全部小花管状,花冠黄白色。雌花花茎高达60cm;花序密伞房状排列,花后呈总状,头状花序具异型小花;花冠白色,顶端斜截形。瘦果;冠毛白色。花果期3—5月。

分布与生境 见于全市丘陵地区;生于山坡、山谷、溪边、路旁阴湿处。产于杭州、宁波及温岭、龙泉等地;分布于华东及湖北、四川、陕西等地。

主要用途 全草或根状茎、花蕾药用;叶柄、幼嫩花序作野菜。

347 高大翅果菊 毛脉翅果菊 *Pterocypsela elata*（Hemsl.）Shih

菊科 Asteraceae 翅果菊属

形态特征 一年生或二年生，高60~150cm。植株有乳汁。茎常紫红色或带紫红色斑纹，常有多节长柔毛。叶互生；叶片卵形、卵状三角形、椭圆形或菱状披针形，长5~13cm，宽2~6cm，先端急尖，基部近截形，下延成长翼柄而稍抱茎，边缘齿裂，下部叶片有时羽裂，下面粉绿色，沿脉有长糙毛。头状花序排列成狭圆锥状；总苞圆柱形；花舌状，黄色。瘦果扁，每面具3肋；冠毛白色。花果期4—9月。

分布与生境 见于全市丘陵地区；生于林下、林缘、路旁草丛中。产于杭州、宁波、台州、温州及开化、遂昌等地；分布于华东、西南、华北、东北。

主要用途 根、全草药用，根有止咳化痰、祛风之功效，全草有清热解毒、祛风、除湿、镇痛之功效；嫩茎叶作野菜。

348 多裂翅果菊 *Pterocypsela laciniata* (Houtt.) Shih

菊科 Asteraceae 翅果菊属

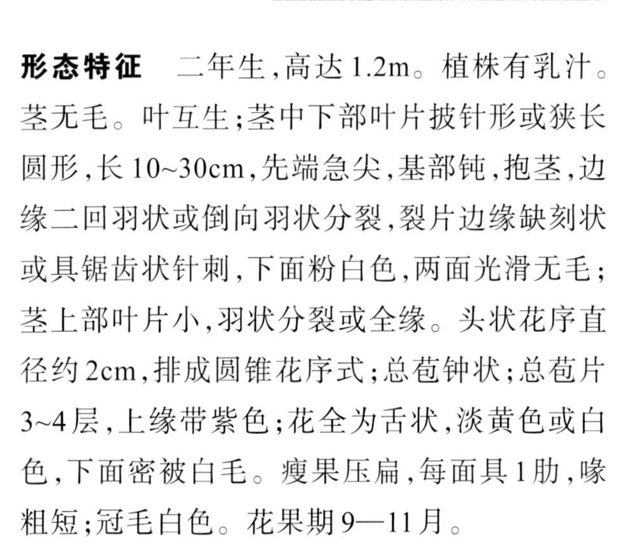

形态特征 二年生,高达1.2m。植株有乳汁。茎无毛。叶互生;茎中下部叶片披针形或狭长圆形,长10~30cm,先端急尖,基部钝,抱茎,边缘二回羽状或倒向羽状分裂,裂片边缘缺刻状或具锯齿状针刺,下面粉白色,两面光滑无毛;茎上部叶片小,羽状分裂或全缘。头状花序直径约2cm,排成圆锥花序式;总苞钟状;总苞片3~4层,上缘带紫色;花全为舌状,淡黄色或白色,下面密被白毛。瘦果压扁,每面具1肋,喙粗短;冠毛白色。花果期9—11月。

分布与生境 见于全市各地;生于山坡、溪边、田野、路旁和绿化带中。产于全省多数地区;分布于除西北以外的全国各地。

主要用途 嫩茎叶作野菜。

附种1　台湾翅果菊（台湾莴苣）***P. formosana***，上部茎枝有长刚毛或脱落至无毛；叶片两面粗糙，下面沿脉有小刺毛；果喙长约2mm。见于全市各地；生于山坡、溪边、田野、路旁、海边。

附种2　翅果菊（山莴苣）***P. indica***，叶片不分裂，条形、条状长圆形或披针状长圆形。见于全市各地；生于山坡林下、林缘、路旁、田野。

349　千里光

Senecio scandens Buch.-Ham. ex D. Don

菊科　Asteraceae　　千里光属

形态特征　多年生。根状茎木质化。茎攀援状倾斜,长0.6~2m,多分枝,初被疏短柔毛。叶互生;茎中下部叶片卵状披针形至长三角形,长3~7cm,宽1.5~4cm,先端长渐尖,基部楔形至截形,边缘具不规则钝齿、波状齿或近全缘,有时下部具1~2对裂片,叶柄长3~10mm,有时基部具耳;茎上部叶片渐小,条状披针形,近无柄。头状花序,排成复伞房状或圆锥状聚伞花序式;花序梗通常反折或开展,具条形苞叶;总苞杯状,直径4~5mm,基部具披针形小苞片;总苞片具3脉;花黄色,缘花舌状,盘花管状。瘦果;冠毛白色或污白色。花果期9—11月。

分布与生境　见于全市丘陵地区;生于山坡林下、溪边、林缘灌草丛中。产于全省各地;分布于长江流域及其以南地区。

主要用途　全草药用,有清热解毒、抗菌消炎、凉血明目、杀虫止痒、祛腐生肌之功效;花供观赏;嫩茎叶作野菜;蜜源植物。

350 毛梗豨莶 *Sigesbeckia glabrescens*（Makino）Makino

菊科 Asteraceae　　豨莶属

形态特征 一年生，高30~80cm。茎被平贴短柔毛。基部叶花期枯萎；中部叶片卵圆形、三角状卵圆形或卵状披针形，长2.5~11cm，宽1.5~7cm，先端渐尖，基部宽楔形或钝圆形，有时下延成翼柄，边缘具规则齿，两面被柔毛，下面有腺点，基出3脉；有短柄或无柄。头状花序直径10~18mm，排列成疏散圆锥状；花序梗纤细，疏生平伏短柔毛，无腺毛；总苞钟状；总苞片2层，密被紫褐色、具柄的头状腺毛；缘花舌状，紫褐色；盘花管状，黄色。瘦果；无冠毛。花果期9—11月。

分布与生境 见于全市丘陵地区与沿山平原；生于山坡灌丛、田野与路边草丛中。产于全省各地；分布于长江以南地区。

主要用途 全草药用，有祛风湿、利筋骨、降血压之功效；嫩茎叶作野菜。

附注 豨莶，音 xīxiān。

附种1 豨莶*S. orientalis*,叶片三角状卵形或菱状卵形至披针形,边缘具大小不规则的钝齿至浅裂;花二歧分枝,有长柔毛。见于全市丘陵地区及南部平原;生于山野灌草丛中。

附种2 腺梗豨莶*S. pubescens*,叶片下面沿脉具白色长柔毛,无明显腺点;花序分枝有稠密具柄腺毛和长柔毛;头状花序直径2~3cm。见于全市丘陵地区与沿山平原;生于林下、溪边、田野。

351 蒲儿根

Sinosenecio oldhamianus（Maxim.）B. Nord.

菊科 Asteraceae　　蒲儿根属

形态特征 一年生或二年生，高30~80cm。茎下部被白色蛛丝状绵毛及长柔毛。叶互生；下部叶片心状圆形，长、宽各2~4cm，先端尖，基部心形，边缘具不规则三角状牙齿，下面密被白色蛛丝状绵毛，叶脉掌状，侧脉分叉，在近叶缘网结，叶柄长3~6cm；中部叶片心状圆形或宽卵状心形，长3~7cm，宽3~5cm；上部叶片渐小，三角状卵形，先端渐尖，具短柄。头状花序直径1~1.5cm，排列成复伞房状；总苞宽钟形，直径4~5mm；总苞片1层；花黄色，缘花舌状，盘花管状。舌状花果实无毛，无冠毛；管状花果实被短柔毛，具白色冠毛。花果期4—8月。

分布与生境 见于全市丘陵地区及沿山平原；生于山坡疏林下、林缘、溪边、田野、路旁灌草丛中。产于全省各地；分布于长江流域及其以南地区。

主要用途 全草药用，有清热解毒、活血之功效；花供观赏；嫩叶作野菜。

352 加拿大一枝黄花 *Solidago canadensis* L.

菊科 Asteraceae 一枝黄花属

形态特征 多年生,高1~3m。根状茎长,直径0.4~0.5cm。茎粗壮,基部直径达3cm,密生短硬毛。叶互生,螺旋状排列;叶片椭圆形、披针形或条状披针形,茎中部叶片长16~22cm,宽1.8~3.5cm,先端渐尖,基部楔形,边缘有不明显锯齿,两面具短糙毛,离基3出脉;近无柄。头状花序长4~6mm,呈蝎尾状排列,再组成开展的圆锥花序;总苞片披针形;花黄色,缘花舌状,盘花管状。瘦果具细柔毛;冠毛白色。花果期9—12月。

分布与生境 归化种。原产于北美洲。我国多归化。全市各地广泛归化;生于山坡、谷地、溪边、田野、村旁、海边。

主要用途 花供观赏;全草药用,有疏风清热、抗菌消炎之功效。为外来入侵植物。

附种 一枝黄花 ***S. decurrens***,无地下茎;叶片卵形、长圆形或披针形;头状花序排列成总状或圆锥状;瘦果无毛或于顶端有疏柔毛。见于全市丘陵地区;生于山坡、路旁、林缘灌草丛中。

353 裸柱菊 *Soliva anthemifolia*（Jass.）R. Br.

菊科 Asteraceae　　裸柱菊属

形态特征 一年生。植株被绒毛，有时变无毛。茎极短，平卧。叶片长5~10cm，二至三回羽状分裂，裂片条形，全缘或3裂，被长柔毛或近无毛；具柄。头状花序近球形，直径6~12mm，无梗，多数生于茎基部，稀散生于茎上；总苞片2层；缘花无花冠，雌性，结实；盘花管状，2~4朵，黄色，两性，常不育。瘦果有厚翅，花柱宿存，鞘状，呈刺毛状。花果期3—10月。

分布与生境 归化种。原产于南美洲。我国东南部有归化。全市各地有归化；生于田野、路旁、水边等处。

主要用途 全草药用，有解毒散结之功效；幼苗作野菜。

354 苦苣菜 鹅栏浆 | *Sonchus oleraceus* L.

菊科 Asteraceae 苦苣菜属

形态特征 一年生或二年生,高50~120cm。植株具乳汁。根圆锥状,须根纤维状;无根状茎。茎直立,中上部及顶端稀被短柔毛及褐色腺毛。叶互生;茎下部叶片长圆形至倒披针形,长15~20cm,宽3~8cm,羽状深裂,裂片对称,狭三角形或卵形,边缘有不规则尖齿,顶裂片大,宽心形、卵形或三角形,侧裂片不对称,先端渐尖,基部扩大抱茎,边缘具刺状尖齿;茎中上部叶片渐狭,顶裂片狭披针形或条形,基部具急尖的耳状抱茎,边缘具不规则锯齿。头状花序直径2cm,排列成伞房状,具长梗,梗被腺毛;总苞钟形或圆筒形;总苞片2~3层,被腺毛,外层披针形;花舌状,黄色。瘦果稍扁,每面具3肋,肋间有粗糙细横皱纹;冠毛白色。花果期3—12月。

分布与生境 归化种。原产于欧洲。全国有归化。全市各地有归化;生于山坡林下、林缘、溪边、田野、海涂、墙脚、路旁。

主要用途 全草药用,有祛湿、降压、清热解毒之功效;嫩茎叶作野菜。

附种1　匍茎苦菜(剑苦草)***S. arvensis***,多年生,具匍匐根状茎;叶片边缘有稀疏缺刻或浅裂,裂片边缘有小微齿;头状花序直径3~5cm;总苞片3~5层,外层卵圆形;瘦果每面具5肋。归化种。原产于欧洲。全市各地有归化;生于山坡、田野、路旁。

附种2　续断菊***S. asper***,叶片不分裂或羽状浅裂,边缘具密而不等长的刺状齿,基部具扩大的圆耳状抱茎;瘦果肋间无横皱纹。归化种。原产于欧洲。全市各地有归化;生于山坡、田野、路旁及绿化带。

附种3　羽裂续断菊*S. oleraceo-asper*,茎生叶羽状分裂,叶缘刺长5~7mm。归化种。原产于日本。全市各地有归化;生于田野、林缘、路边、墙脚。

附种4　苣荬菜*S. wightianus*,多年生;具根状茎;茎中部叶片边缘有不规则波状或刺状尖齿,基部圆耳状抱茎;总苞片3~4层;瘦果每面具5肋。归化种。原产于欧洲。全市各地有归化;生于田野、路旁、宅边、盐地。

355 钻形紫菀 马鞭子草 水马鞭

Symphyotrichum subulatum (Michx.) G.L. Nesom

菊科 Asteraceae 联毛紫菀属

形态特征 一年生或二年生，高25~150cm。茎直立，无毛，基部略带红色。基生叶花时凋落，披针形至卵形；茎中部叶片条状披针形，长6~10cm，宽1~10mm，先端尖或钝，全缘，无毛，无叶柄；茎上部叶片渐狭至条形。头状花序直径5~6mm，排列成圆锥状；总苞钟形；总苞片3~5层，无毛，边缘膜质，先端略带红色；缘花舌状，1层，红色；盘花管状，黄色，后转为粉色。瘦果；冠毛白色，长于管状花的花冠筒。花果期7—11月。

分布与生境 归化种。原产于北美洲。我国东部至南部有归化。全市各地有归化；生于林缘、溪边、田野、路旁及滨海潮湿处。

主要用途 全草药用，有清热解毒、利湿之功效；嫩茎叶作野菜。

附种 夏威夷紫菀*S. squamatum*，叶片宽1~2.5cm；具明显叶柄；冠毛花时不长于花冠筒。归化种。原产于北美洲。全市各地有归化；生于田野、海边、路旁。

356 蒲公英 黄花地丁 | *Taraxacum mongolicum* Hand.-Mazz.

菊科 Asteraceae

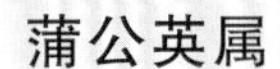

蒲公英属

形态特征 多年生。根圆柱形,黑褐色。植株具乳汁,大部被蛛丝状柔毛。叶基生;叶片宽倒卵状披针形或倒披针形,长5~12cm,宽1~2.5cm,先端渐尖,基部渐狭,边缘具细齿、波状齿、羽状浅裂或倒向羽状深裂,顶生裂片较大,三角状戟形,侧生裂片宽三角形,中脉极显著;叶柄长1~1.5cm,具翅。花葶高10~25cm,上部紫红色;头状花序单生,直径3~4cm;总苞钟形;总苞片2~3层,先端紫红色,具小角状凸起;花全为舌状,黄色,舌瓣背面具紫红色条纹。瘦果长椭球状,暗褐色;冠毛白色,长约6mm。花果期2—12月。

分布与生境 见于全市各地;生于山坡、溪边、田野、路旁草地。产于全省各地;分布于全国大多数省份。

主要用途 嫩叶为著名野菜;全草药用,有清热解毒、利水消肿、止痛之功效;蜜源植物;花供观赏;带冠毛之果供孩童玩耍。

357 碱菀 Tripolium pannonicum（Jacq.）Dobrocz.

菊科 Asteraceae 碱菀属

形态特征 一年生，高30~80cm。茎、叶无毛。茎下部常带红色。基生叶在花期枯萎；茎下部叶片条形或长圆状披针形，长5~10cm，宽0.5~1.2cm，先端急尖，基部渐狭，全缘或有具小尖头的疏锯齿，无叶柄；茎上部叶片渐小，苞叶状；全部叶片肉质，侧脉不显。头状花序直径2~2.5cm，排成复伞房状；总苞近管状，花后钟状，直径约7mm；总苞片边缘常带红紫色；缘花舌状，蓝紫色或淡红色；盘花管状，黄色。瘦果；冠毛白色。花果期8—12月。

分布与生境 见于我市沿海各地；生于盐地及近海旷野水湿处。产于我省沿海一带；分布于江苏、上海、山东、辽宁、吉林、山西、内蒙古、陕西、甘肃、新疆等地。

主要用途 盐土指示植物。嫩茎叶作野菜。

358 苍耳

Xanthium strumarium L.

菊科 Asteraceae **苍耳属**

形态特征 一年生,高30~100cm。植株被灰白色糙伏毛。叶片三角状卵形或心形,近全缘或不明显3~5浅裂,长4~13cm,宽5~15cm,先端钝或略尖,基部心形,边缘有不规则粗锯齿,基出3脉;叶柄长3~11cm。雄头状花序球形,直径4~6mm,花序托柱状;雌头状花序椭球形,总苞片2层,内层结合成囊状,宽卵形或椭球形,淡黄绿色,在瘦果成熟时变坚硬,连喙长12~15mm,外面疏生钩刺,刺长1.5~3mm。瘦果倒卵球形。花果期8—11月。

分布与生境 归化种。原产于美洲。我国南北各地均有归化。全市各地有归化;生于山坡、溪边、田野、路旁。

主要用途 全草药用,有祛风化湿、清热解毒、消瘀止痛、杀虫之功效;可提取苍耳籽油;全株有小毒。

359 黄鹌菜 卵裂黄鹌菜 *Youngia japonica* (L.) DC.

菊科 Asteraceae 黄鹌菜属

形态特征 一年生，高20~60cm。全体具乳汁，被柔毛。基生叶片长圆形、倒卵形或倒披针形，长8~13cm，宽0.5~2cm，琴状或羽状浅裂至深裂，顶裂片较大，椭圆形，侧裂片向基部渐小，先端渐尖，基部楔形，边缘深波状齿裂，叶柄有翅或无翅；茎生叶片羽状分裂至退化，或无。头状花序排列成聚伞状圆锥花序式；总苞圆筒形，果时变钟状；总苞片1层，外面基部具龙骨状凸起，先端反折；花全为舌状，黄色。瘦果棕红色或褐色。花果期4—10月。

分布与生境 见于全市各地；生于林下、林缘、水边、旷野、路边、宅旁。产于全省各地；几乎遍布全国。

主要用途 全草药用，有清热解毒、利尿消肿、止痛之功效；嫩茎叶作野菜。

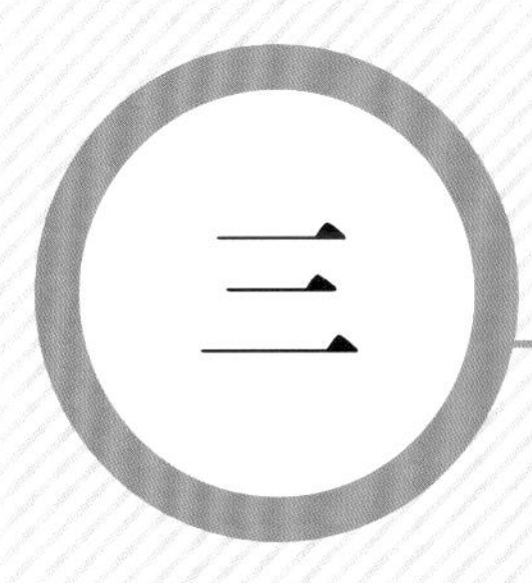

三 被子植物（单子叶植物）

ANGIOSPERMAE（Monocotyledoneae）

360 水烛 狭叶香蒲 *Typha angustifolia* L.

香蒲科 Typhaceae **香蒲属**

形态特征 多年生沼生草本,高1~2.5m。叶片条形,下部下面凸形,横切面半圆形,长35~100cm,宽0.5~0.8cm,先端急尖,基部扩大成鞘,抱茎,鞘口两侧有膜质叶耳。雌、雄穗状花序同轴,上部雄花序长20~30cm,下部雌花序长6~24cm,两者不相连接,中间间隔2~9cm;雌花序基部具1枚常宽于叶片的叶状苞片,花后脱落;雌花基部有小苞片。果序圆筒形,直径1~2cm;小坚果表面无纵沟。花期6—7月,果期8—10月。

分布与生境 见于全市各地;生于池塘边缘和河沟浅水处。产于全省各地;分布几遍全国。

主要用途 花粉药用,称"蒲黄",有消炎、止血、利尿之功效;叶片供编织、造纸用;幼嫩根状茎及茎心(嫩芽)作野菜;雌花可作枕芯、坐垫填充物;供水边栽培观赏。

361 菹草

Potamogeton crispus L.

眼子菜科 Potamogetonaceae 眼子菜属

形态特征 多年生水生草本。根状茎细长。茎多分枝,侧枝顶端常有芽苞,脱落后发育成新植株。叶互生,全为沉水叶;叶片条形或宽条形,长4~10cm,宽0.4~1cm,先端钝或圆,基部圆形或钝形,略抱茎,边缘有细锯齿,皱褶或呈波状,中脉明显,两侧各有1~2条平行脉,顶端连接,具横脉;托叶长约1cm,薄膜质。穗状花序,长1~1.5cm;花序梗长2~5cm,开花时伸出水面;花小。果实宽卵形,顶端具长喙,背部中脊有钝齿。花期4—7月,果期7—9月。

分布与生境 见于全市各地;生于河沟、小溪、池塘和水田中。产于全省各地;广布于全国各地。

主要用途 嫩茎叶作野菜,又可作饲料;全草药用,有清热利水、止血、消肿、驱蛔虫之功效。

附注 菹,音zū。

362 眼子菜

| *Potamogeton distinctus* A. Benn.

眼子菜科 Potamogetonaceae　　眼子菜属

形态特征 多年生水生草本。叶互生,二型;浮水叶质较厚,宽披针形、长圆形或长椭圆形,长4~8cm,宽1.5~3cm,先端急尖或钝圆,基部圆形或楔形,全缘,弧状脉7~11,中脉明显,叶柄长2~8cm,托叶长2~3cm,托叶鞘开裂,基部抱茎;沉水叶膜质而透明,较狭,披针形或条状长椭圆形,长可达11cm,宽约1.1cm,叶柄长可达10cm。穗状花序长2~5cm,花密集;花序梗粗壮,长3~6(8)cm;花柱短。果实倒卵球形,略偏斜,长3~3.5mm,背部有3条脊棱,棱上具小疣状凸起。花期4—8月,果期7—11月。

分布与生境 见于全市各地;生于池塘、水田、水沟中。产于全省各地;广布于全国各地。

主要用途 全草药用,有清热解毒、利尿通淋、止咳化痰之功效;嫩茎叶作野菜。

附种1 鸡冠眼子菜(小叶眼子菜)***P. cristatus***,浮水叶较小,长1.5~3cm,宽0.4~1cm,叶柄长0.5~1cm;沉水叶丝状,宽1~1.5mm,无叶柄;花柱细长;果实背部具龙骨状凸起,其上有数个不规则牙齿,呈鸡冠状。见于全市各地;生于池塘、湖泊、田沟中。

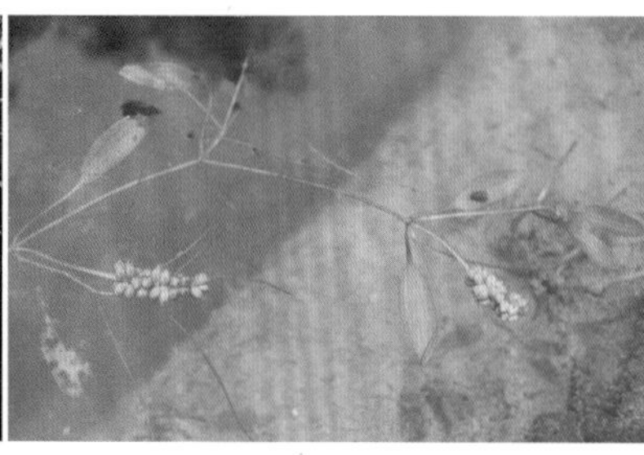

附种2 南方眼子菜(钝脊眼子菜)***P. octandrus***,浮水叶长1.5~2.5cm,宽0.3~0.8cm,叶柄长0.5~1.5cm;沉水叶丝状,宽0.3~1mm,无叶柄;果实背面有3条脊棱,中央1条较明显。见于全市各地;生于池塘、河沟、水田中。

363 尖叶眼子菜

Potamogeton oxyphyllus Miq.

眼子菜科 Potamogetonaceae　　**眼子菜属**

形态特征　多年生水生草本。具根状茎。茎细,常具分枝。全为沉水叶;叶片条形,长4~10cm,宽2~3mm,先端急尖,基部渐狭,中脉明显,两侧具数条细脉;无叶柄;托叶离生,膜质,长约2cm,边缘重叠抱茎。穗状花序长1~1.5cm,花较密集;花序梗长2~4cm。果实宽卵球形,略压扁,长约3mm,背部具3棱,中棱狭翅状,顶端有短喙。花期4—8月,果期7—10月。

分布与生境　见于全市各地;生于池塘、溪沟、江河、湖泊中。产于全省各地;分布于华东及云南、吉林等地。

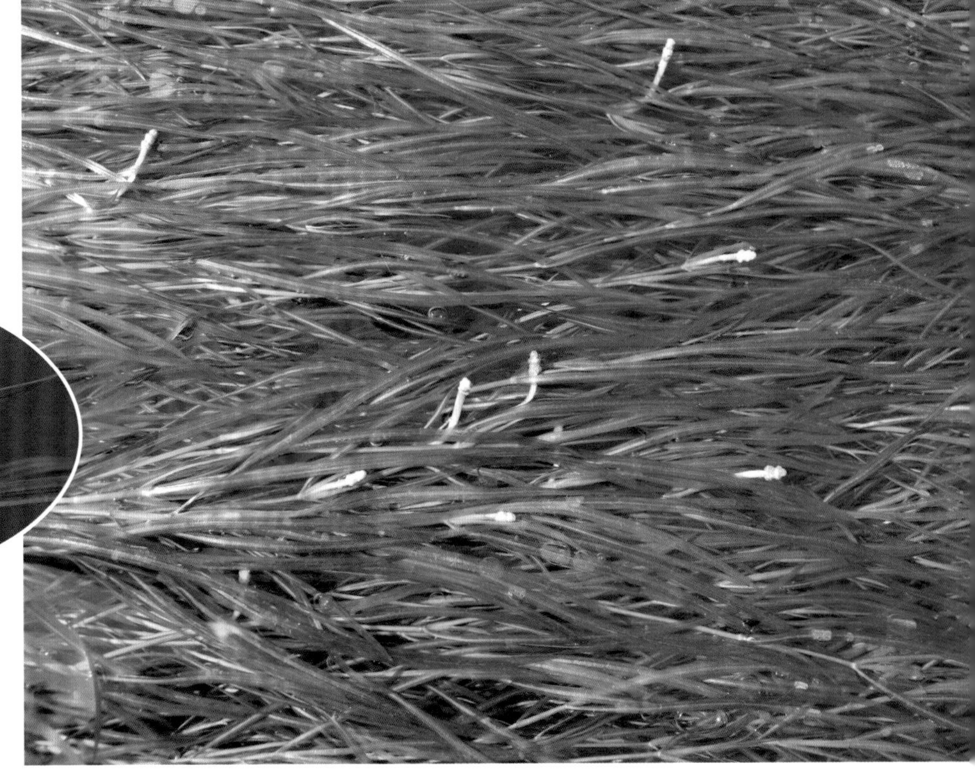

364 川蔓藻

Ruppia maritima L.

眼子菜科 Potamogetonaceae　　川蔓藻属

形态特征 沉水草本。茎细弱，粗0.3~1mm，多分枝，呈丛生状而披散。叶互生或近对生；叶片狭条形至丝状，长2~10cm，宽0.3~0.5mm，先端渐尖，向顶部疏生细齿，基部具膜质翅状鞘，鞘长1~1.5cm。穗状花序长2~4cm，具2花，花序梗长1~1.8cm，直或螺旋；无花被；雄蕊2，花丝缺如；柱头盾状。小坚果斜卵形，具短喙。花果期4—8月。

分布与生境 见于我市沿海地区；生于滨海水沟、池塘、河流等处。产于舟山及镇海、北仑、象山等地；分布于我国沿海省份和西北地区。

365 篦齿眼子菜 | *Stuckenia pectinata* (L.) Börner

眼子菜科 Potamogetonaceae　　篦齿眼子菜属

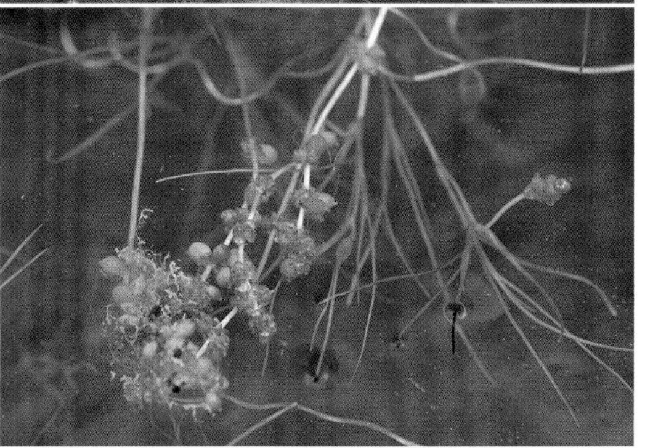

形态特征　多年生水生草本。根状茎白色,有白色卵形块茎。茎淡黄色,细长,密生叉状分枝。全为沉水叶;叶片绿色或褐绿色,丝状,长4~10cm,宽0.5~1mm,先端急尖,全缘,中脉明显,并有横小脉相连;托叶膜质,长1~2cm,中下部与叶柄结合成托叶鞘而抱茎,上部与叶片分离而呈叶舌状。穗状花序长1.5~3cm,常间断;花序梗细长。果实倒卵球形或斜卵球形,长3~3.5mm,背部圆而光滑,有短喙。花果期4—9月。

分布与生境　见于全市各地;生于池塘、河沟中。产于上虞、余姚、镇海、象山、定海等地;分布于我国南北各地。

主要用途　全草药用,名"红线儿菹",有清热解毒之功效。

366 小茨藻

Najas minor All.

茨藻科 Najadaceae　　茨藻属

形态特征　一年生沉水草本。茎细弱,多分枝,光滑。叶对生,上部3叶假轮生;叶片条形,长1.5~3.5cm,宽0.6~1mm,先端渐尖,上部窄而弯曲,边缘有刺状细锯齿;叶鞘半圆柱形或斜截形,边缘有刺状小齿。花单性,雌雄同株;雄花具佛焰苞,花被1;雌花1(2)朵生于1节,无佛焰苞和花被,柱头2。果实长椭球形,上部渐狭而稍弯曲,长2.5~3.5mm。外种皮细胞长四边形或纺锤状,宽大于长。花果期7—10月。

分布与生境　见于全市各地;生于池沼、水沟和缓流河溪中。产于全省各地;分布于我国绝大多数省份。

367 角果藻 | *Zannichellia palustris* L.

茨藻科 Najadaceae 角果藻属

形态特征 多年生沉水草本。具横走根状茎。茎纤细，粗约0.3mm，上部多分枝；叶对生，有时3~4枚呈轮生状；叶片狭条形，长2~5cm，宽0.5~1mm，先端急尖，基部具鞘状膜质托叶，中脉明显。花腋生，小，单性，雌、雄花同生于1膜质佛焰苞内；雌花花被杯状，半透明，柱头盾状，边缘具不明显钝齿。小坚果半月状、肾状，长约3mm，背部有细齿，顶端具长喙，略向背后弯曲。花果期4—11月。

分布与生境 见于我市北部平原和沿海地带；生于淡水、咸水河沟、水池中。产于舟山及鄞州、奉化等地；分布于长江流域及其以北、以西地区。

368 矮慈姑

Sagittaria pygmaea Miq.

泽泻科 Alismataceae　　慈姑属

形态特征　一年生,稀多年生沉水或沼生草本。具匍匐茎和小球茎。叶基生;叶片条形或条状披针形,长10~15cm,宽5~8mm,先端渐尖或急尖,稍钝头,基部鞘状,具横脉;无叶柄。花茎高10~25cm,常挺出水面;花单性,雌雄同株,排成疏总状花序;雄花2~5朵,生于花序上部,花梗长1~2cm;雌花1朵,生于花序最下部;花瓣3,白色。花果期6—10月。

分布与生境　见于全市各地;生于池塘、沼泽、水沟和水田中。产于全省各地;分布于长江流域及其以南地区。

主要用途　全草药用,有清热解毒、利尿之功效;茎、叶作饲料。

369 野慈姑

Sagittaria trifolia L.

泽泻科 Alismataceae 慈姑属

形态特征 多年生挺水草本。匍匐茎顶端膨大成球茎。叶基生;沉水叶条形;挺水叶箭形,长5~30cm,3裂,顶裂片卵形至三角状披针形,长5~20cm,先端渐尖,具稍钝头,具3~9脉,羽状脉明显,侧裂片狭长,披针形,长于顶裂片,先端长渐尖;叶柄长20~60cm,三棱形。花茎高20~50cm;花单性,常3朵成1轮排成总状花序,再组成圆锥花序,雄花生于上部,雌花生于下部;花瓣白色。花期6—9月,果期9—10月。

分布与生境 见于全市丘陵地区与南部平原;生于河沟池沼等浅水处或水田中。产于全省各地;分布于我国南北各地。

主要用途 全草药用,有清热解毒、止血消肿、散结之功效;球茎、嫩芽作野菜。

370 水筛 *Blyxa japonica* Maxim. ex Asch. et Gurke

水鳖科 Hydrocharitaceae　　**水筛属**

形态特征　沉水草本。全株无毛。具直立茎。叶基生兼茎生，螺旋状互生；叶片条状披针形，长3~7cm，宽2~3.5mm，先端渐尖，基部扩大成鞘状，抱茎，边缘有细锯齿，叶脉3条，中脉明显；无柄。佛焰苞腋生，筒状，长1~3cm，无梗或近无梗；花单生；外轮花被片绿色，中肋紫色；内轮花被片3枚，白色，长6~10mm；子房顶端具长喙。果实圆柱状，长约2cm。种子光滑。花果期8—10月。

分布与生境　见于全市各地；生于水田、水沟和池塘中。产于全省各地；分布于华东、华中、华南及辽宁等地。

主要用途　嫩茎叶作野菜，又可作鱼饲料。

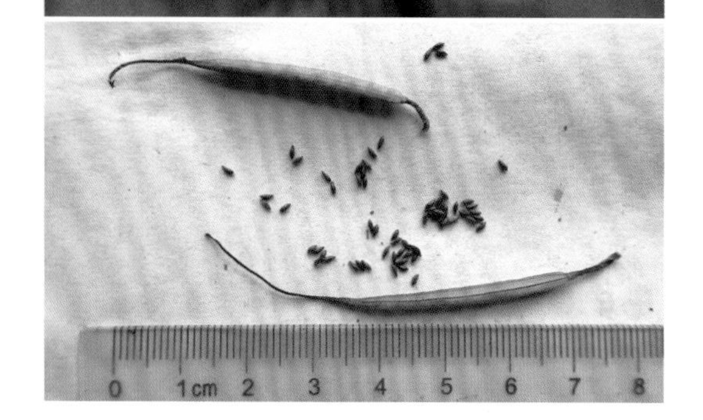

371 黑藻 水王荪

Hydrilla verticillata (L.f.) Royle

水鳖科 Hydrocharitaceae **黑藻属**

形态特征 多年生沉水草本。全株无毛。茎细长,多分枝。叶3~6枚轮生;叶片条状披针形,长1~2cm,宽1.5~2.5mm,先端急尖,边缘有细锯齿或近全缘,两面有红褐色小斑点和短条纹,中脉明显;无柄。花小,单性,腋生;花单生于无柄佛焰苞内;花被片外轮白色,内轮白色或淡粉红色;雄花具长梗;雌花无梗,子房具延伸的长喙,喙长1.5~4cm,开花时伸出水面。果实浆果状,有刺状凸起。花果期6—9月。

分布与生境 见于全市各地;生于池塘、湖泊、河溪和水沟中。产于全省各地;分布于全国各地。

主要用途 可作鱼、鸭、猪饲料;全草药用,有清热解毒、利湿之功效。

372 水鳖

Hydrocharis dubia (Blume) Backer

水鳖科 Hydrocharitaceae　　水鳖属

形态特征 多年生浮水草本。全株无毛。具越冬芽。须根有密集羽状根毛。茎匍匐。叶基生或在匍匐茎顶端簇生;叶片卵状心形或肾形,长3~7cm,宽3~7.5cm,先端圆形,基部心形,全缘,下面中央有一海绵质的漂浮气囊组织,基出脉7~9;叶柄长5~22cm。雄花2~3朵同生于佛焰苞内;雌花单生,直径约3cm,花梗长3~5cm,花瓣3,白色,基部黄色,具黄色腺体3枚,有退化雄蕊。果实浆果状,具沟纹。花果期6—11月。

分布与生境 见于全市各地;生于池塘、湖泊、水沟等静水中。产于全省各地,以平原地区为主;分布于华东、华中、华南、西南、华北、东北及陕西等地。

主要用途 全草药用,有清热利湿之功效;幼苗或嫩叶柄可作野菜;全草可作青饲料。

373 密齿苦草 密刺苦草 | *Vallisneria denseserrulata* (Makino) Makino

水鳖科 Hydrocharitaceae　　**苦草属**

形态特征 多年生沉水草本。匍匐茎有稀疏小刺棘凸。叶基生;叶片暗绿色,条形,长15~60cm,宽6~15mm,先端钝,基部略呈鞘状,边缘有细密锯齿,纵脉3~5;无柄。花单性,雌雄异株,花小;雄花生于卵形佛焰苞内,淡黄色;雌花单生于筒状佛焰苞内,花序梗细长,雌花各部具紫色斑纹,花柱3,2深裂。果半圆柱状三棱柱形。花果期8—10月。

分布与生境 见于全市各地;生于沟渠、湖泊和溪流中。产于我省中北部各地;分布于广东、广西。

主要用途 可作鱼、鸭、猪饲料。

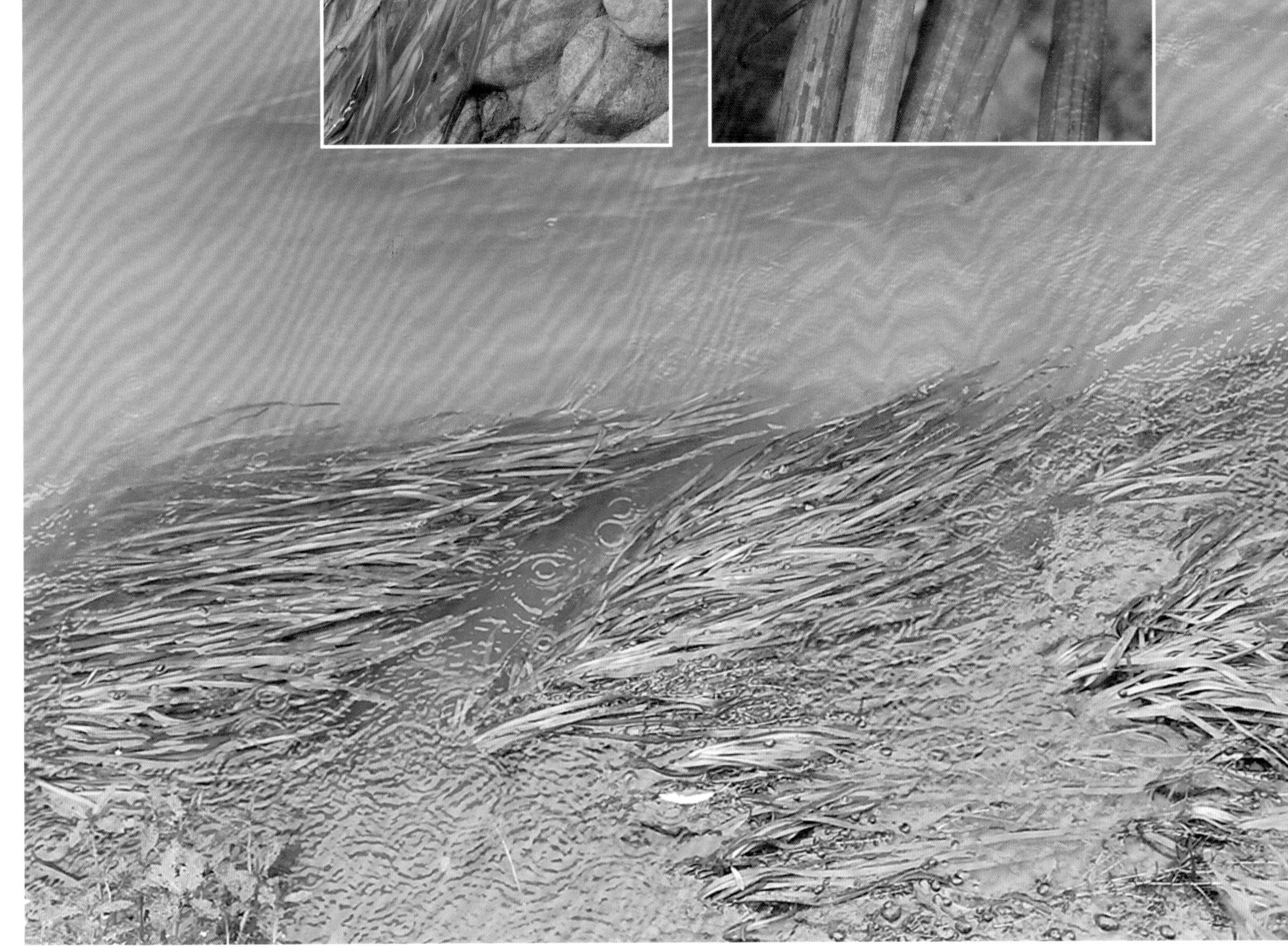

374 剪股颖 华北剪股颖

Agrostis clavata Trin.

禾本科 Poaceae 剪股颖属

形态特征 多年生，高20~60cm。秆丛生，直立，柔弱，直径约1mm，通常具2~3节。叶鞘疏松抱茎，光滑无毛；叶舌透明膜质，长1~2.5mm，先端圆形或具细齿；叶片扁平，长1.5~10(20)cm，宽1~3mm，微粗糙。圆锥花序狭窄，花后开展，长5~15cm，宽0.5~3cm，每节具细长分枝2~5枚；小穗长1.8~2mm；第一颖稍长于第二颖，节上微粗糙，先端尖；外稃长1.2~1.5mm，具5脉，无芒；内稃微小。花果期4—7月。

分布与生境 见于全市丘陵地区和南部平原；生于山坡、溪边、路旁及田野潮湿处。产于湖州、杭州、宁波、舟山、台州、温州等地；分布于华东、华中、西南、华北、东北及广东、陕西、甘肃等地。

附注 稃，音fū。

375 看麦娘

| *Alopecurus aequalis* Sobol.

禾本科 Poaceae　　看麦娘属

形态特征 一年生,高15~40cm。秆光滑,基部常膝曲。叶鞘疏松抱茎,短于节间,其内常有分枝;叶舌薄膜质,长2~5mm;叶片薄而柔软,长3~10cm,宽2~6mm。圆锥花序紧缩,呈穗状圆柱形,长3~7cm,直径3~5mm;小穗长2~3mm,含1小花;颖膜质,脊上被细纤毛,两颖边缘基部通常合生;外稃膜质,等长或稍长于颖,芒自稃体下部1/4处伸出,长2~3mm,隐藏或稍伸出颖体。花药橙黄色,长0.5~0.8mm。花果期3—7月。

附种 日本看麦娘*A. japonicus*,圆锥花序直径5~10mm;小穗长5~7mm;外稃芒长8~12mm,远伸出颖体;花药淡黄色或白色,长约1mm。见于龙山(龙山所);生于田野草丛中。

分布与生境 见于全市各地;生于田野、林缘、路边等处。产于全省各地;分布于我国南北各地。

主要用途 饲料植物;全草药用,有利湿、解毒消肿之功效。

376 弗吉尼亚须芒草 *Andropogon virginicus* L.

禾本科 Poaceae 须芒草属

形态特征 多年生，高1~1.7m。秆丛生，直立。叶鞘基部套折，被长柔毛；叶片长20~45cm，宽3~6mm，下部对折。圆锥花序狭窄，长0.6~1m，多次分枝，每次分枝均被佛焰苞包住，其内生2(3)枚总状花序和1枚次级分枝；佛焰苞长2.5~5cm；总状花序长1.5~3cm，着生小穗8~12枚，节间长2~2.5mm，具长5~7mm的纤毛；小穗孪生，有柄小穗全部退化成细棒状，密生长纤毛，无柄小穗狭披针形，长约3mm；颖与小穗近等长，外颖披针形，薄纸质，内颖稍长于外颖，脊上有短刺毛；第一小花退化，仅留外稃，膜质，与第一颖近等长；第二小花长约为小穗长的2/3，外稃薄膜质，芒长1.5~2cm，内稃缺如。花果期秋季至初冬。

分布与生境 归化种。原产于北美洲和中美洲。我省吴兴、宁海有归化。全市丘陵地区有归化；生于山坡、山冈、向阳山谷及路边。

主要用途 为对牲畜营养价值低、扩散容易的外来物种，应加强监测与控制。

377 荩草

Arthraxon hispidus (Thunb.) Makino

禾本科 Poaceae　　荩草属

形态特征　一年生,高30~50cm。秆细弱,基部倾斜,多节,无毛。叶鞘短于节间,生短硬疣毛;叶片卵状披针形,长2.5~5cm,宽8~16mm,下部边缘具纤毛。总状花序细弱,长1.5~4.5cm,2~10枚呈指状排列或簇生于秆顶;穗轴节间无毛;无柄小穗长4~4.5mm,含2小花;第一颖具7~9脉,脉上粗糙;第二颖与第一颖等长,侧脉不明显;第一外稃长为颖长的2/3;第二外稃与第一外稃等长,芒长6~9mm,膝曲,下部扭转;有柄小穗退化,仅存短柄或退化殆尽。花果期9—11月。

分布与生境　见于全市各地;生于山坡、田野、路旁、草坪潮湿处。产于全省各地;分布于全国各地。

主要用途　可作牧草;全草药用,有止咳定喘、杀虫解毒之功效。

附种　匿芒荩草(变种)var. ***cryptatherus***,芒长仅为小穗长的1/2,常包于小穗之内而不外露,或几无芒。见于全市各地;生境同荩草。

378 野古草

Arundinella hirta（Thunb.）Tanaka

禾本科 Poaceae　　野古草属

形态特征　多年生，高60~130cm。秆较坚硬，直径2~4mm，被脱落性白色疣毛及长柔毛。叶鞘有毛或无毛；叶舌长约0.2mm，顶端平截，具长纤毛；叶片扁平或边缘稍内卷，无毛乃至两面密生疣毛。圆锥花序长10~30cm；分枝及小枝均粗糙；小穗长3.5~5mm，灰绿色或带深紫色，含2小花；颖具3~5脉，脉隆起而粗糙，第一颖长为小穗长的1/2~2/3，第二颖与小穗等长或稍短；第一外稃具3~5脉，内稃较短；第二外稃长2.5~3.5mm，硬纸质，无芒或具芒状小尖头，基盘有柔毛，内稃稍短。花果期7—11月。

分布与生境　见于全市丘陵地区，平原少见；生于山坡、溪边、林缘、路边草地。产于全省各地；分布于除青海、新疆、西藏以外的全国各地。

主要用途　供护土保堤；可作牧草；全草药用，有清热、凉血之功效。

379 芦竹

Arundo donax L.

禾本科 Poaceae　　芦竹属

形态特征 多年生,高2~5m。具发达根状茎。秆粗大,坚韧,直径1~3cm,老株上部有分枝。叶鞘无毛或于颈部具长柔毛;叶舌长约1.5mm,先端平截;叶片扁平,长30~60cm,宽2~5cm,基部簸黄色,略呈波状,抱茎。圆锥花序大型,直立,长30~60cm,分枝稠密,斜升;小穗长8~12mm,含2~4小花;颖长8~10mm;外稃具长1~2mm之短芒,背面中部以下密生白柔毛,第一外稃长8~10mm;内稃长约为外稃之半。花果期8—12月。

分布与生境 见于全市各地;生于河岸、溪边、荒地、路旁。产于全省各地;分布于江苏、安徽、福建、广东、广西、四川、云南。

主要用途 秆供制管弦乐器的簧片;茎是造纸与人造丝原料;嫩芽作野菜;幼嫩枝、叶作青饲料;植株可供观赏;根状茎药用,有清热利水之功效。

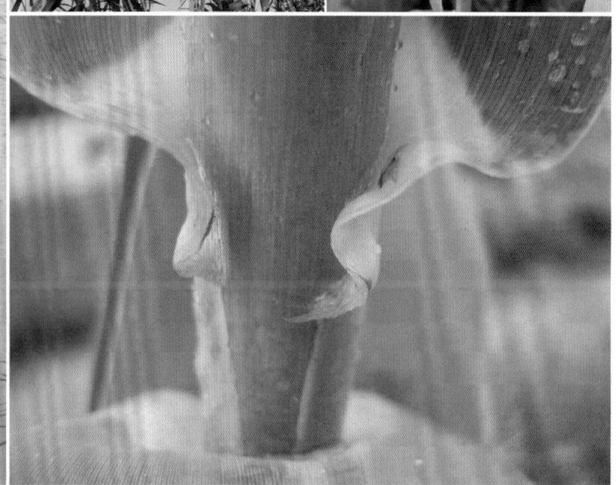

380 野燕麦

Avena fatua L.

禾本科 Poaceae　　燕麦属

形态特征 一年生,高60~120cm。秆光滑。叶鞘光滑或基部有毛;叶舌透明,膜质,长1~5mm;叶片扁平,长10~30cm,宽4~12mm,微粗糙或上面及边缘疏生柔毛。圆锥花序开展,长10~25cm,分枝有棱角,粗糙;小穗长18~25mm,含2~3小花;小穗轴节间易断落,通常密生硬毛;颖草质,常具9脉;外稃近革质,第一外稃长15~20mm,背面中部以下具硬毛,基盘密生短髭毛,芒自外稃中部稍下处伸出,膝曲,扭转,长2~4cm。颖果腹面具纵沟。花果期4—9月。

分布与生境 见于全市各地;生于田野、路边。产于全省各地;分布于全国各地。

主要用途 可作牧草及造纸原料;果富含淀粉;全草药用,有补虚损之功效。

381 菵草

| *Beckmannia syzigachne*（Steud.）Fern.

禾本科 Poaceae　　　菵草属

形态特征　一年生或二年生，高15~90cm。秆直立。叶鞘大多长于节间，无毛；叶舌透明膜质，长3~8mm；叶片扁平，长5~20cm，宽3~10mm，粗糙或下面平滑。圆锥花序长10~30cm，分枝稀疏，直立或斜升；小穗灰绿色，倒卵圆形，长约3mm，含1小花，呈双行覆瓦状排列于穗轴之一侧；颖两侧扁平，背部灰绿色，有淡绿色横纹；外稃具5脉，常具短尖头。颖果先端丛生短毛。花果期3—9月。

分布与生境　见于全市各地；生于田野、水沟、路边等潮湿处。产于全省各地；分布于我国南北各地。

主要用途　可作牧草；种子可食；种子药用，有滋养益气、健胃利肠之功效。

附注　菵，音wǎng。

382 白羊草

Bothriochloa ischaemum (L.) Keng

禾本科 Poaceae　　孔颖草属

形态特征 多年生，高40~90cm。秆丛生，直立或基部膝曲，节具白色髯毛或无毛。叶舌膜质，长1~1.5mm，具纤毛；叶片狭条形，长5~18cm，宽2~4mm，两面疏生疣基柔毛或下面无毛。总状花序(3)4至多枚簇生于秆顶，长3~7.5cm；穗轴节间与小穗柄两侧有丝状毛；无柄小穗长圆状披针形，长4~5mm，基盘具髯毛；第一颖背部中央稍下凹，有5~7脉，下部1/3常有丝状柔毛，第二颖舟形，中部以上有纤毛；第一外稃长约3mm，边缘上部疏生纤毛；第二外稃退化成线形，芒长10~15mm，膝曲；有柄小穗雄性，无芒。花果期7—10月。

分布与生境 见于我市城区(担山)；生于岩石旁与草丛中。产于杭州、温州及舟山市区、开化、金华市区、浦江、天台、三门、莲都、缙云等地；分布于华东、华中、华南、西南、华北、西北。

主要用途 可作牧草。

383 毛臂形草

| *Brachiaria villosa* (Lam.) A. Camus

禾本科 Poaceae　　臂形草属

形态特征　一年生,高10~30cm。秆基部常倾斜,密被柔毛。叶鞘被毛;叶舌为1层长约1mm的纤毛;叶片卵状披针形,长1~6cm,宽3~12mm,基部圆钝,边缘呈波状皱褶,两面密被柔毛。总状花序4~8枚,长1~3cm,花序轴与穗轴密生柔毛;小穗卵球形,长约2.5mm,小穗柄极短;第一颖具3脉,第二颖略短于小穗,具5脉;第一外稃与第二颖相似而狭小;第二外稃椭圆形,骨质,长约2mm,具横细皱纹,背部凸起,内稃与之同质。花果期7—10月。

分布与生境　见于全市丘陵地区;生于山坡、路旁草丛中。产于宁波、温州及淳安、天台、龙泉等地;分布于华南、西南及安徽。

主要用途　作牧草。

384 雀麦

Bromus japonicus Thunb.

禾本科 Poaceae 雀麦属

形态特征 一年生或二年生，高30~100cm。秆丛生。叶鞘紧密抱茎，被白色柔毛；叶舌透明膜质，顶端近圆形，长1.5~2mm，先端有不规则裂齿；叶片长5~30cm，宽2~8mm，两面被毛或下面变无毛。圆锥花序开展，下垂，长达30cm，每节具3~7分枝，上部着生1~4个小穗；小穗幼时圆筒形，成熟后压扁，长10~35mm，有7~14小花；颖边缘膜质，第一颖长5~8mm，具3~5脉，第二颖长7~10mm，具7~9脉；外稃顶端微2裂，芒自其下约2mm处伸出，芒长5~13mm。颖果压扁。花果期5—7月。

分布与生境 见于全市各地；生于山坡、田野、路旁草丛中。产于全省各地；分布几遍全国。

主要用途 可作牧草；种子可食；茎、叶药用，有催产、杀虫、止汗之功效。

附种 疏花雀麦 ***B. remotiflorus***，多年生；花序每节有2~4分枝；第一颖具1脉，第二颖具3脉。见于全市各地；生于山坡林下、溪边、河岸及路旁。

385 拂子茅 Calamagrostis epigeios (L.) Roth

禾本科 Poaceae　　拂子茅属

形态特征 多年生，高45~100cm。具根状茎。秆直径2~3mm，平滑无毛或在花序下稍粗糙。叶鞘平滑或稍粗糙；叶舌膜质，长圆形，长4~9mm，先端尖而易破碎；叶片条形，扁平或内卷，长15~30cm，宽5~8mm，先端长渐尖，上面粗糙。圆锥花序挺直，圆筒形，较紧密，有间断，长10~20cm，分枝粗糙，直立或开花时斜升；小穗灰绿色或稍带淡紫色，条形，长5~7mm；颖锥形，几等长；外稃透明膜质，长约为颖之半，先端2齿裂，基盘具长柔毛，芒自先端以下1/4处伸出，长2~3mm；内稃长约为外稃的2/3。花果期5—9月。

分布与生境 见于全市各地；生于山丘低湿处及平原至沿海湿地、河岸。产于全省各地；分布于全国各地。

主要用途 可作牧草；秆可编席、织草垫或覆盖房舍；为保土固堤植物。

附种 密花拂子茅(变种)var. ***densiflora***，圆锥花序更紧缩而密集，几无间断。分布与生境同拂子茅。

386 细柄草 | *Capillipedium parviflorum*（R. Br.）Stapf

禾本科 Poaceae　　细柄草属

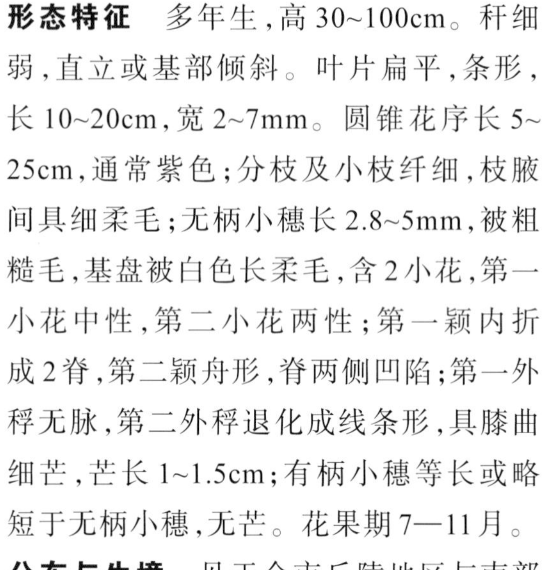

形态特征 多年生，高30~100cm。秆细弱，直立或基部倾斜。叶片扁平，条形，长10~20cm，宽2~7mm。圆锥花序长5~25cm，通常紫色；分枝及小枝纤细，枝腋间具细柔毛；无柄小穗长2.8~5mm，被粗糙毛，基盘被白色长柔毛，含2小花，第一小花中性，第二小花两性；第一颖内折成2脊，第二颖舟形，脊两侧凹陷；第一外稃无脉，第二外稃退化成线条形，具膝曲细芒，芒长1~1.5cm；有柄小穗等长或略短于无柄小穗，无芒。花果期7—11月。

分布与生境 见于全市丘陵地区与南部平原；生于山坡、沟谷、田边草丛中。产于全省各地；分布于华东、华中、西南。

387 朝阳青茅 朝阳隐子草 | *Cleistogenes hackelii*（Honda）Honda

禾本科 Poaceae 隐子草属

形态特征 多年生，高 30~80cm。秆丛生，基部有鳞芽。叶鞘常疏生疣毛，鞘口有较长疣毛；叶舌长 0.2~0.5mm，边缘具短纤毛；叶片条状披针形，长 2~9cm，宽 2~6mm，质较硬，边缘粗糙，扁平或内卷，与鞘口相接处有一横痕而易自此处脱落。圆锥花序长 4~10cm，开展，通常每节有 1 分枝；小穗长 5~9mm，含 2~4 小花；颖膜质，具 1 脉，第一颖长 1~2.5mm，第二颖长 2~4mm；外稃边缘及顶端带紫色，背部有青色斑纹，具 5 脉，边缘及基盘具短柔毛，第一外稃长 4~5mm，芒长 2~7mm。花果期 7—11 月。

分布与生境 见于全市各地；生于山坡林下、林缘、溪边、田野、一线海塘外石缝及草丛中。产于杭州、台州、温州及德清、新昌、镇海、余姚、奉化、普陀、开化、永康、磐安、缙云、景宁等地；分布于华东、华北、西北及黑龙江、辽宁、河南、湖北、四川、贵州等地。

388 菩提子 薏苡 | *Coix lacryma-jobi* L.

禾本科 Poaceae 薏苡属

形态特征 多年生，高1~1.5m。秆粗壮，多分枝。叶鞘光滑；叶舌质硬，长约1mm；叶片长而宽，条状披针形，长达30cm，宽1~4cm，先端渐尖，基部近心形，中脉粗厚而于下面凸起。总状花序腋生成束，长5~10cm，具花序梗；小穗单性；雌小穗长7~10mm，总苞念珠状，卵球形，直径6~8mm，硬骨质，光滑，雌蕊具长花柱，柱头分离；无柄雄小穗花药黄色；有柄雄小穗较小或退化。花果期6—12月。

分布与生境 原产于亚洲热带地区。全国各地有栽培，并逸生。全市各地有逸生；生于水滨、路边、宅旁。

主要用途 茎、叶可作饲料与造纸原料；总苞可作念珠状工艺品；果实(种仁)药用，有健脾渗湿、除痹止泻、清热排脓之功效；园林中常供湿地美化。

389 橘草

| *Cymbopogon goeringii*（Steud.）A. Camus

禾本科 Poaceae　　香茅属

形态特征 多年生，高60~100cm。秆较细弱，直立，无毛。叶鞘无毛，下部者多破裂而向外反卷，内面红棕色；叶舌先端圆钝，长1~2.5mm；叶片条形，长12~40cm，宽3~5mm，无毛。假圆锥花序较稀疏而狭窄，单纯；总状花序长1.5~2cm，基部1~2对小穗为同性对（均为雄性或中性），上部各对则为异性对（无柄者两性，有柄者雄性或中性）；佛焰苞长1.7~2.5cm；穗轴节间长3~3.5mm；无柄小穗长5~6mm，含2小花，第二外稃的芒长约12mm；有柄小穗长4~6mm，无芒，小穗柄具白色绒毛。花果期8—11月。

分布与生境 见于全市丘陵地区及平原孤丘；生于山坡、林缘草地。产于全省各地；分布于华东、华南、西南及河北。

主要用途 茎、叶可造纸或提取芳香油；嫩叶可作饲料；全草药用，名“野香茅”，有平喘止咳、止痛、止泻、止血之功效。

390 狗牙根

Cynodon dactylon（L.）Pers.

禾本科 Poaceae　　狗牙根属

形态特征 多年生。具横走根状茎。秆匍匐地面，长达1m，直立部分高10~30cm。叶互生，在下部者因节间短缩似对生；叶鞘具脊，无毛或疏生柔毛；叶舌短，具小纤毛；叶片披针形至条形，长1~6cm，宽1~3mm。穗状花序长1.5~5cm，3~6枚指状排列于茎顶；小穗灰绿色或带紫色，长2~2.5mm，含1小花；颖狭窄，两侧膜质，长1.5~2mm，几等长或第二颖较长，具1脉；外稃草质兼膜质，与小穗等长，脊上有毛；内稃与外稃等长。花果期5—10月。

分布与生境 见于全市各地；生于田野、路旁草丛中。产于全省各地；广布于黄河以南地区。

主要用途 优良牧草；水土保持和固堤植物，也供铺建草坪；全草药用，名“铁线草”，有祛风、活络、止血、生肌之功效。

391 疏花野青茅 | *Deyeuxia effusiflora* Rendle

禾本科 Poaceae 野青茅属

形态特征 多年生,高60~100cm。秆丛生,节部膝曲,基部直径1~2mm,具3~4节,在花序下微粗糙;叶鞘松散抱茎,无毛;叶舌长1~3mm,先端钝或齿裂;叶片扁平而基部折卷,长30~40cm,宽2~4mm,两面粗糙。圆锥花序开展,稀疏,长10~20cm,宽3~9cm,分枝粗糙,在中部以上分出小枝;小穗长4.5~5mm,通常含1小花,小穗轴有丝状柔毛;第一颖稍长于第二颖,无毛;外稃长约3.5mm,基盘两侧的毛长为稃体长的1/4,芒膝曲,自外稃近基部伸出,长约6mm。花果期8—11月。

分布与生境 见于全市丘陵地区;生于山坡林下、林缘、路旁草丛中。产于全省各地;分布于长江流域及其以南地区、山东等地。

主要用途 优良牧草。

392 升马唐 纤毛马唐

Digitaria ciliaris (Retz.) Koeler

禾本科 Poaceae 马唐属

形态特征 一年生，高30~90cm。秆基部横卧地面，节上生根，具分枝。叶鞘具柔毛；叶舌长约2mm；叶片条形或披针形，长5~20cm，宽3~10mm，上面散生柔毛，边缘稍厚，微粗糙。总状花序长5~12cm，5~8枚呈指状排列于秆顶；穗轴略呈三棱形，边缘粗糙；小穗披针形，长3~3.5mm，宽1~1.2mm，双生于穗轴各节，一具长柄，一具极短柄至几无柄；第一颖小，第二颖长约为小穗长的2/3，具3脉，脉间及边缘生柔毛；第一外稃与小穗等长，具7脉，但正面具5脉，中脉两侧的脉间较宽而无毛，侧脉间及边缘具柔毛；第二外稃黄绿色或带铅色。花果期5—10月。

分布与生境 见于全市各地；生于山坡、溪旁、田野、路边草丛中。产于全省各地；分布于我国南部省份。

主要用途 可作牧草。

附种1 毛马唐(变种)var. ***chrysoblephara***,第一外稃边缘及侧脉间在成熟后具广展的长柔毛和疣基长刚毛。见于全市各地;生于山坡、田野、路旁等处。

附种2 短叶马唐(红尾翎)***D. radicosa***,叶片较小,长2~6cm,宽3~7mm;小穗狭披针形,宽约0.7mm;第一外稃正面具3脉。见于全市各地;生于旷野、路旁及草坪。

附种3 紫马唐***D. violascens***,小穗椭圆形,长1.5~1.8mm;第二颖略短于小穗;第二外稃成熟后呈深棕色或黑紫色。见于全市各地;生于山坡、田野、路边草丛中。

393 油芒 *Eccoilopus cotulifer* (Thunb.) A. Camus

禾本科 Poaceae　　油芒属

形态特征　多年生，高90~150cm。具根状茎。秆强壮，无分枝，基部近木质化，直径3~8mm。叶鞘鞘口具柔毛；叶舌膜质，长2~3mm，顶端具小纤毛；叶片宽条形，长10~60cm，宽8~14mm，基部渐狭而呈柄状，两面疏生细柔毛。圆锥花序开展，长15~25cm，每节具2至数个细弱总状花序；小穗长5~6mm，基盘有长1mm之细毛，含2小花；第一颖具7~9脉，粗糙，边缘疏生柔毛，第二颖具7脉，具柔毛；第一外稃先端具微齿；第二外稃稍短于第一外稃，先端2深裂，芒长约12mm，中部以下膝曲，芒柱稍扭转；内稃较短。花果期9—11月。

分布与生境　见于龙山、掌起等丘陵地区；生于山坡、溪边疏林下。产于全省各地；分布于长江流域及其以南地区。

主要用途　幼嫩茎、叶可作饲料；全草入药，用于痢疾。

394 长芒稗

| *Echinochloa caudata* Roshev.

禾本科 Poaceae　　稗属

形态特征 一年生。秆丛生,高1~2m。叶鞘无毛或具疣毛,或具粗糙毛,或边缘具毛;叶舌缺如;叶片条形,长10~40cm,宽1~2cm,两面无毛,边缘增厚而粗糙。圆锥花序稍下垂,长10~25cm,花序轴粗糙,具棱,疏被疣基长毛,分枝密集,常再分小枝;小穗卵状椭球形,常紫色,长3~4mm,脉上具硬刺毛或疣毛;第一颖三角形,长为小穗长的1/3~2/5,先端尖,具3脉;第二颖与小穗等长,顶端具短芒,具5脉;第一外稃草质,顶端芒长1.5~5cm,具5脉,脉上疏生刺毛,内稃膜质;第二外稃革质,光亮,边缘包着同质之内稃。花果期6—10月。

分布与生境 见于全市各地;生于田边、浅水中及路旁湿润处。产于全省各地;分布于华东、华中、西南、华北及黑龙江、吉林、新疆等地。

主要用途 可作青饲料。

395 光头稗

Echinochloa colona (L.)Link

禾本科 Poaceae 稗属

形态特征 一年生,高15~50cm。秆较细弱,直径1~4mm。叶鞘具脊,无毛;叶片扁平,长3~20cm,宽3~7mm,无毛,边缘稍粗糙;叶舌缺如。圆锥花序长3~8cm,无毛,分枝单纯,不再具小分枝,斜升或贴向花序轴,长1~2cm,粗糙;小穗长2~2.5mm,具小硬毛,无芒,成4行较规则地排列于花序轴分枝之一侧,含2小花;第一颖三角形,长约为小穗长的1/2,具3脉;第二颖与第一颖等长而同形,具5~7脉,具小尖头;第一外稃具7脉及小尖头,内稃膜质,稍短于外稃;第二外稃长约2mm,边缘包裹同质之内稃。花果期7—11月。

分布与生境 见于全市各地;生于山坡、田野、路旁湿润处。产于全省各地;分布于长江流域及其以南地区、河北、新疆。

主要用途 可作牧草;全草药用,有利尿、止血之功效。

396 稗

| *Echinochloa crusgalli* (L.) P. Beauv.

禾本科 Poaceae　　稗属

形态特征 一年生，高30~130cm。秆基部倾斜或膝曲。叶鞘疏松裹茎，光滑无毛；叶舌缺如；叶片条形，长8~40cm，宽5~15mm，无毛，边缘粗糙。圆锥花序直立，长8~20cm，分枝常具小分枝，斜上或贴生，花序轴、穗轴粗糙或具疣基刺毛；小穗不规则地密集于穗轴之一侧，长3~6mm，通常绿色，含2小花；第一颖长为小穗长的1/3~1/2，具3~5脉，脉上具疣毛；第二颖先端成小尖头，具5脉，脉上具疣毛；第一外稃具7脉，脉上有疣毛，顶端芒长5~15mm，芒粗糙，内稃与外稃等长；第二外稃长约4mm。花果期6—11月。

分布与生境 见于全市各地；生于田野、山坡、路旁水湿处。产于全省各地；分布几遍全国。

主要用途 可作牧草；全草药用，有止血、生肌之功效。

附种1　小旱稗（变种）var. ***austrojaponensis***，秆高20~40cm；叶片宽2~5mm；花序狭窄，总状花序短，分枝紧贴花序轴；小穗长2.5~3mm，无芒或具短芒。见于全市各地；生于田野水湿处或路旁。

附种2　无芒稗（变种）var. ***mitis***，小穗无芒或芒长不逾5mm。见于全市各地；生于田野水湿处。

附种3　西来稗（变种）var. ***zelayensis***，圆锥花序分枝单纯，不具小枝；小穗无芒，脉上无疣毛，仅疏生硬刺毛。见于全市各地；生于田野、山坡、路旁。

397 牛筋草 蟋蟀草 千斤草 | *Eleusine indica* (L.) Gaertn.

禾本科 Poaceae 䅟属

形态特征 一年生,高15~90cm。根系极发达。秆丛生,基部倾斜,向四周开展。叶鞘压扁,具脊,松弛抱茎,无毛或疏生疣毛,鞘口常有柔毛;叶舌长约1mm;叶片扁平或卷折,长10~15cm,宽3~5mm。穗状花序长3~10cm,宽3~5mm,通常2至数枚呈指状着生于秆顶;小穗长4~7mm,宽2~3mm,含3~6小花;颖披针形,脊上粗糙,第一颖长约2mm,第二颖长约3mm;第一外稃长3~3.5mm,脊上具狭翅;内稃具小纤毛。花果期6—11月。

分布与生境 见于全市各地;生于山坡、溪边、田野、路旁草丛中。产于全省各地;分布几遍全国。

主要用途 全草药用,有祛风利湿、清热解毒、散瘀止血之功效;嫩叶作野菜;可作牧草。

附注 䅟,音cǎn。

398 知风草

Eragrostis ferruginea（Thunb.）P. Beauv.

禾本科 Poaceae　　画眉草属

形态特征 多年生，高30~80cm。秆丛生，直立或基部膝曲。叶鞘两侧极压扁，长于节间，基部互相跨覆，鞘口两侧密生柔毛，脉上有腺体；叶舌退化为1圈短毛；叶片扁平或内卷，质较坚韧，长20~40cm，宽3~6mm，上面粗糙或近基部疏生长柔毛。圆锥花序开展，长20~30cm，基部常为顶生叶鞘所包，分枝1~3个，各具一至二回小枝；小穗通常带紫色至紫黑色，长5~10mm，含5~12小花；小穗柄中上部具1腺体；颖具1脉，颖长1.5~3mm；外稃侧脉明显隆起；颖与外稃自下而上逐个脱落；小穗轴宿存。颖果棕红色。花果期7—11月。

分布与生境 见于全市各地；生于山坡、路旁及田野草丛中。产于全省各地；分布几遍全国。

主要用途 根药用，有舒筋散瘀之功效。

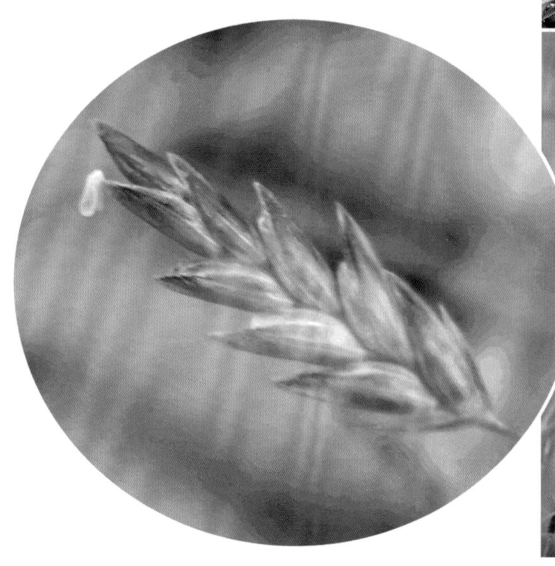

附种1 珠芽画眉草 *E. cumingii*,秆基部有鳞片包被的珠芽;叶片纤细,内卷,宽1~2mm;小穗柄无腺体,小穗含8至20余枚小花。见于龙山(伏龙山、雁门岭);生于山坡、路边草丛中。

附种2 乱草 *E. japonica*,叶鞘无毛;圆锥花序长圆柱形,长度超过植株的一半;小穗长1~2mm,小穗轴自上而下逐节脱落。见于观海卫(海黄山)等地;生于山麓、田野草丛中。

399 假俭草

Eremochloa ophiuroides (Munro) Hack.

禾本科 Poaceae　　假俭草属

形态特征 多年生，高达30cm。具贴地横走的匍匐茎。秆向上斜升。叶鞘压扁，多密集跨生于秆基，鞘口具短毛；叶片扁平，先端钝，无毛，长3~15cm，宽2~6mm，顶生者退化。总状花序直立或稍作镰状弯曲，长4~6cm，宽约2mm；穗轴节间压扁，略呈棍棒状，长2~3mm；小穗单生；有柄小穗退化，仅具扁平锥形柄，长3~4mm；无柄小穗长约4mm，含2小花；第一颖与小穗等长，具5~7脉，脊下部具篦齿状短刺，上部具宽翼，第二颖略呈舟形；第一外稃和内稃均等长于颖。花果期7—10月。

分布与生境 见于全市各地；生于山坡、溪边、田野、路旁等潮湿处。产于全省各地；分布于长江流域及其以南地区。

主要用途 可作牧草；供铺设草坪；全草入药，用于治疗劳伤腰痛、骨节酸痛。

400 小颖羊茅 | *Festuca parvigluma* Steud.

禾本科 Poaceae　　羊茅属

形态特征 多年生,高30~60cm。具鞘外分枝。根状茎短。秆疏丛生,较软弱,光滑无毛。叶鞘光滑或基部有短绒毛;叶舌干膜质,长0.5~1mm;叶片条状披针形,长10~30cm,宽2~5mm,两面无毛或上面微粗糙,基部具耳状凸起。圆锥花序柔软而下垂,每节有1~2分枝;小穗轴微粗糙,小穗长7~9mm,具3~5小花;颖卵圆形,先端尖或稍钝,长1~2mm,边缘膜质;第一颖长1~1.5mm,具1脉,第二颖长2~3mm,具3脉;外稃光滑无毛,边缘膜质,第一外稃长6~7mm,先端芒长3~12mm。花果期4—7月。

分布与生境 见于全市各地;生于山坡、溪边、田野、路旁与树荫下。产于全省各地;分布于长江流域及其以南地区。

主要用途 可作牛、羊饲料。

401 白茅 大白茅 茅草 茅针

Imperata cylindrica（L.）Raeusch. var. *major*（Nees）C.B. Hubb.

禾本科 Poaceae 白茅属

形态特征 多年生。根状茎横走，粗壮，密生鳞片。秆丛生，直立，高28~80cm，节上具长4~10mm之柔毛。叶鞘无毛，聚集于秆基，老时在基部常破碎而呈纤维状；叶舌干膜质，长约1mm；基生叶片扁平，长5~60cm，宽2~8mm，先端渐尖，基部渐狭，下面及边缘粗糙，主脉明显凸出，渐向基部变粗而质硬；秆生叶片长1~3cm，窄条形，常内卷。圆锥花序圆柱状，长5~24cm，直径1.5~3cm，分枝短缩密集；小穗长约4mm，基盘及小穗柄均密生长10~15mm之丝状柔毛，含2小花；无芒；花药黄色。花果期3—9月。

分布与生境 见于全市各地；生于山坡、溪边、田野、海涂、塘坎、路旁、草坪。产于全省各地；分布几遍全国。

主要用途 可作牧草；根状茎味甜，可食用或供酿酒；未开放之花序可食；根状茎、花序可药用；叶片为盖草房与造纸原料；固土植物。

402 柳叶箬

Isachne globosa (Thunb.) Kuntze

禾本科 Poaceae　　柳叶箬属

形态特征 多年生,高30~60cm。秆下部常倾卧,基部直径1~3mm,质较柔软,节上无毛。叶鞘仅一侧之边缘及上部具细小疣基纤毛;叶舌纤毛状,长1~2mm;叶片条状披针形,长3~10cm,宽3~9mm,先端尖或渐尖,基部渐窄而近心形,两面粗糙,边缘质较厚,粗糙而呈微波状。圆锥花序卵球形,长3~11cm,分枝斜上或开展,每小枝着生1~3小穗,分枝、小枝及小穗柄上均具黄色腺体;小穗长2~2.5mm,绿而带紫色,含2小花;颖草质,近相等,具6~8脉;第一小花雄性,稍狭长,稃质地较软;第二小花雌性,稍短。花果期6—10月。

分布与生境 见于全市丘陵地区;生于山谷、溪边湿地或山岙水田中。产于全省各地;分布几遍全国。

主要用途 可作禽畜饲料;全草入药,用于治疗小便淋痛、跌打损伤。

403 有芒鸭嘴草 *Ischaemum aristatum* L.

禾本科 Poaceae　　鸭嘴草属

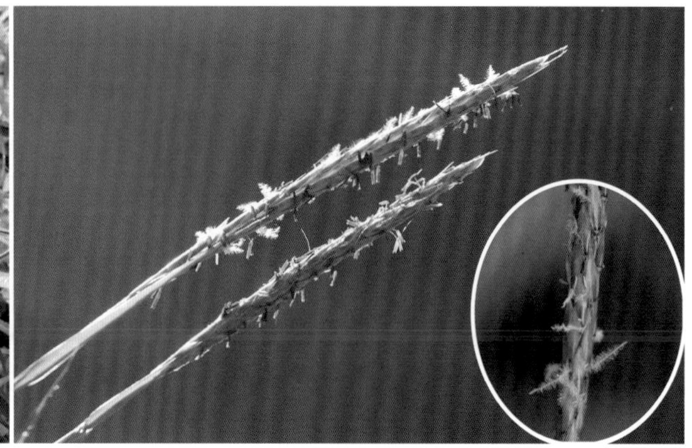

形态特征　多年生，高60~100cm。秆直立或下部膝曲。叶鞘被疣基长柔毛；叶舌干膜质，长2~3mm；叶片条状披针形，长5~16cm，宽4~8mm，边缘粗糙，无毛或两面有疣基柔毛。总状花序长4~6cm；穗轴节间与小穗柄外侧边缘均有白色纤毛，内侧无毛或略被茸毛；无柄小穗披针形，长6~7mm；第一颖具5~7脉，边缘内折，上部有脊，脊具翼，第二颖舟形，与第一颖等长，上部有脊，边缘有纤毛，或下部1/3无毛；第一外稃稍短于第一颖，第二外稃更短，2裂至中部，裂齿间芒长8~12mm，芒中部以下膝曲；有柄小穗稍小于无柄小穗，位于顶端者极退化，有细短直芒，稀无芒。花果期6—10月。

分布与生境　见于全市丘陵地区与沿山平原；生于山坡、溪谷、路旁、田边。产于全省各地；分布于长江流域及其以南地区、河北、辽宁。

附种1　鸭嘴草（变种）var. ***glaucum***，叶鞘通常无毛；无柄小穗无芒或具短直芒；花序轴节间和小穗柄的外棱粗糙，无纤毛。见于龙山（伏龙山）；生于山坡草丛中。

附种2　细毛鸭嘴草 ***I. ciliare***，无柄小穗倒卵状长圆形，长4~5.5mm；有柄小穗具膝曲的芒。见于东部丘陵地区；生于山坡、溪边、路旁较湿润处。

404 假稻

Leersia japonica Makino

禾本科 Poaceae　　假稻属

形态特征 多年生,高达80cm。秆下部匍匐,节上具多分枝的须根,上部斜升,节上密生倒毛。叶鞘粗糙或平滑;叶舌膜质,长1~3mm,先端平截,基部两侧与叶鞘愈合;叶片长5~15cm,宽4~10mm,粗糙或下面光滑。圆锥花序长8~10cm,分枝光滑,具棱角,直立或斜升,常不再分枝,近基部即着生小穗;小穗长4~6mm,含1小花;颖退化殆尽;外稃具5脉,中脉成脊,脊具刺毛;内稃具3脉,中脉具刺毛;雄蕊6。花果期5—10月。

分布与生境 见于全市各地;生于水边。产于嘉兴、杭州、宁波、温州及普陀等地;分布于秦岭至黄河以南地区。

主要用途 全草药用,有除湿、利水之功效;可作牧草。

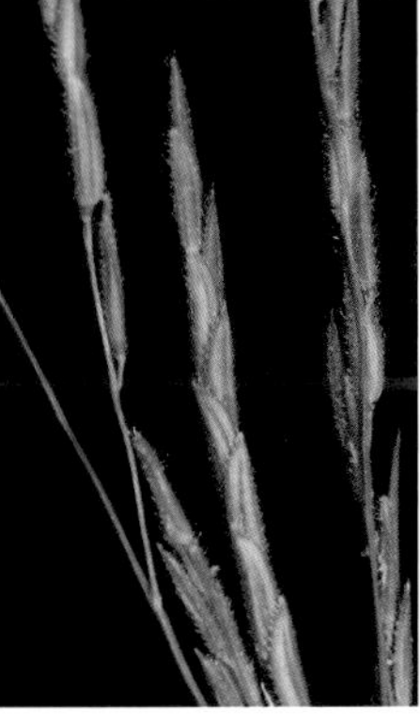

附种 秕壳草 ***L. sayanuka***,圆锥花序开展,长10~25cm,分枝可再具小枝,下部裸露而无小穗;小穗长约7mm;外稃和内稃脉间具刺毛;雄蕊2~3。见于全市丘陵地区;生于林下、溪旁或山塘边。

405 双稃草

Leptochloa fusca（L.）Kunth.

禾本科 Poaceae　　千金子属

形态特征　多年生，高20~90cm。秆直立或膝曲上升。叶鞘平滑无毛，疏松包住节间，自基部节处以上与秆分离；叶舌透明膜质，长3~6mm；叶片常内卷，上面微粗糙，长5~25cm，宽1.5~3mm。圆锥花序长15~25cm，花序轴与分枝均粗糙；分枝长4~10cm，上升；小穗灰绿色，近圆柱形，长6~10mm，含5~10小花，小穗轴疏生短毛；颖膜质，具1脉，第一颖长2~3mm，第二颖长3~4mm；外稃背部圆形，先端不裂或具2齿裂，具3脉，中脉具长约1mm的短芒，侧脉下部1/2处疏被柔毛，基盘有稀疏柔毛，第一外稃长4~5mm；内稃略短于外稃，先端近平截，脊上部呈短纤毛状。花果期6—9月。

分布与生境　见于庵东（杭州湾跨海大桥西侧十塘）；生于沿海路边。产于杭州市区（江干）、海宁、玉环；分布于江苏、安徽、福建、台湾、湖北、河南、广东、山东、辽宁等地。

主要用途　可作牧草。

406 虮子草

| *Leptochloa panicea* (Retz.) Ohwi

禾本科 Poaceae　　千金子属

形态特征 一年生,高30~70cm。秆细弱,斜升。叶鞘疏生疣基柔毛;叶舌膜质,撕裂,长约2mm;叶片质薄,长6~18cm,宽3~7mm,无毛或疏生疣基柔毛。圆锥花序长10~30cm,分枝细弱,上升,微粗糙;小穗灰绿色或带紫色,稍横向压缩,长1~2mm,含2~4小花;颖膜质,脊上粗糙,第一颖较狭,长约1mm,第二颖长1.2~1.5mm;外稃脉上被细毛,第一外稃长约1mm。花果期7—10月。

分布与生境 见于全市各地;生于田野、路边及草坪上。产于全省各地;分布于长江流域及其以南地区。

附种 千金子 ***L. chinensis***,叶鞘和叶片无毛;圆锥花序开展,分枝及花序轴均粗壮;小穗侧扁,长2~4mm,含3~7小花。见于全市各地;生于田野、路边潮湿处。

407 黑麦草

| *Lolium perenne* L.

禾本科 Poaceae　　黑麦草属

形态特征　多年生，高40~70cm。秆丛生，基部常倾卧，具柔毛。叶鞘疏松，常短于节间；叶舌短小；叶片质地柔软，扁平，长10~20cm，宽3~6mm，无毛或上面具微毛。穗状花序顶生，长10~20cm，宽5~7mm，穗轴节间长5~15mm，下部者长达2cm以上；小穗长1~1.5cm，宽3~7mm，含7~11小花；颖短于小穗，通常长于第一小花，具5~7脉，边缘狭膜质；外稃披针形，基部具明显基盘，无芒，偶具长不逾2mm的短芒；内稃稍短于外稃或与之等长，脊上具短纤毛。花果期4—5月。

分布与生境　原产于欧洲、中亚、西亚和北非。全国各地有归化，常栽培。全市各地有栽培，并逸生；生于路边、田边草丛中。

主要用途　优良牧草，作牲畜饲料和草鱼饵料。

408 淡竹叶

Lophatherum gracile Brongn.

禾本科 Poaceae　　淡竹叶属

形态特征 多年生,高40~100cm。具木质短缩根状茎。须根中部可膨大成纺锤形。秆丛生,光滑。叶鞘光滑或一边缘具纤毛;叶舌质硬,长0.5~1mm;叶片披针形,长5~20cm,宽1.5~3cm,基部渐狭,呈柄状,无毛或两面均有柔毛或小刺状疣毛。圆锥花序长10~40cm,分枝长5~13cm,斜升或开展;小穗排列疏松,长7~12mm,宽1~2mm;颖通常具5脉,边缘膜质,第一颖长3~4.5mm,第二颖长4~5mm;第一外稃长6~7mm,先端具短尖头;不育外稃自下而上逐渐狭小,先端各具长1~2mm之短芒。花果期7—11月。

分布与生境 见于全市丘陵地区及沿山平原,北部平原偶见;生于山坡、山冈、山谷林下或灌草丛中。产于全省各地;分布于长江流域及其以南地区。

主要用途 全草药用,有清热利尿之功效;鲜叶可代茶。

409 广序臭草

Melica onoei Franch. et Sav.

禾本科 Poaceae　　臭草属

形态特征 多年生，高 80~150cm。秆少数丛生，直径 2~3mm；叶鞘闭合几达鞘口，紧密抱茎，长于节间；叶舌质硬，长约 0.5mm，先端平截；叶片长 10~25cm，宽 3~13mm，扁平或干燥后卷折，常转向一侧，上面常带白粉色，两面粗糙。圆锥花序开展成金字塔形，长 15~40cm，每节具 2~3 分枝；小穗柄细弱，先端弯曲；小穗长椭圆形，长 5~8mm，有光泽，含 2 可孕性小花，不育外稃狭长，通常仅 1 枚；颖薄膜质，先端尖，第一颖长 2~3mm，具 1 脉，第二颖长 3~4.5mm，具 3~5 脉；外稃先端细点状，粗糙，具 7 脉，无芒，第一外稃长 4.5~5.5mm；内稃先端钝或具 2 微齿，脊上具狭翅。花果期 6—11 月。

分布与生境 见于掌起(洪魏)；生于山谷林下。产于临安、宁海等地；分布于江苏、安徽、湖北、云南、陕西、河北、山西。

主要用途 全草药用，有清热利尿、通淋之功效。

410 柔枝莠竹 *Microstegium vimineum* (Trin.) A. Camus

禾本科 Poaceae　　莠竹属

形态特征 一年生,高50~100cm。秆细弱,一侧常有深沟,无毛,下部匍匐于地面。上部叶鞘内常有隐藏小穗;叶舌膜质,先端具纤毛,长不及1mm;叶片条状披针形,先端渐尖,基部狭窄,长3~8cm,宽5~6mm,两面均有柔毛或无毛,边缘粗糙,主脉在上面灰白色。总状花序(1)2~3枚,长3~6cm;穗轴节间长3~5mm,边缘具纤毛;孪生小穗一有柄,一无柄,长4~5mm,基盘有少量短毛;第一颖先端平截而有微齿,上部具2脊,脊上有小纤毛,脊间具2~4脉,脉先端网状汇合;第二外稃先端延伸成小尖头或长至5mm的短芒,芒中部膝曲,下部扭曲,不伸出小穗。花果期9—11月。

分布与生境 见于全市各地;生于山坡、溪谷、田野、路边及绿化带阴湿处。产于全省各地;分布于华东、华中、华南、西南、华北。

主要用途 可作牧草。

附种 竹叶茅 ***M. nudum***,秆节上生纤毛;叶片披针形;上部叶鞘内无隐藏小穗;孪生小穗均有柄,穗轴节间边缘无毛;第二外稃芒长10~15mm。见于全市丘陵地区,平原偶见;生于山谷、溪边、路旁阴湿处。

411 五节芒 大叶旱秆 芒秆

Miscanthus floridulus (Labill.) Warb. ex K. Schum. et Lauterb.

禾本科 Poaceae 芒属

形态特征 多年生，高1~4m。具根状茎。秆粗壮，节下常具白粉。叶鞘无毛或边缘及鞘口有纤毛；叶舌长1~3mm，上面基部有微毛；叶片长25~60cm，宽15~30mm。圆锥花序长30~50cm，花序轴显著延伸，几达花序顶端，至少长达花序的2/3；总状花序细弱，腋间有微毛；小穗长3~3.5mm，基盘具丝状长毛，含2小花；小穗柄顶端膨大，短柄长1~1.5mm，长柄向外反曲，长2.5~3mm；第一颖先端钝或有2微齿，第二颖舟形；第一外稃无芒，第二外稃先端具2微齿，芒自齿间伸出，长5~11mm，膝曲；内稃极微小或缺如。花果期5—11月。

分布与生境 见于全市各地；生于山坡、溪边、路旁和河岸。产于全省各地；分布于长江流域及其以南地区。

主要用途 茎、叶可造纸、盖房；带秆花序可作扫帚；生物能源植物；根状茎药用，有利尿和止渴之功效；嫩芽、嫩茎作野菜。

附种 芒 ***M. sinensis***，叶片宽5~15mm；花序轴短，最长延伸至中部以下；小穗长4~5.5mm；花果期9—11月。见于全市各地；生于山坡、路旁、荒野。

412 荻 旱秆

| *Miscanthus sacchariflorus* (Maxim.) Hack.

禾本科 Poaceae **芒属**

形态特征 多年生,高1~4m。具粗壮被鳞片的根状茎。秆节上无分枝,具须毛;叶鞘无毛或有毛;叶舌长0.5~1mm,先端圆钝,具1圈纤毛;叶片长10~60cm,宽4~12mm,上面基部具柔毛,中脉白色。圆锥花序扇形,长20~30cm,花序轴无毛,总状花序腋间有短毛;小穗长4.5~6mm,基盘具长约为小穗长2倍的白色丝状柔毛,含2小花;第一颖背部具长柔毛;第二颖背部无毛或具稀疏长柔毛,边缘膜质透明;第一外稃具3脉;第二外稃具小纤毛,无芒,稀具1微小短芒。花果期8—11月。

分布与生境 见于全市各地;生于山谷、山坡、田野及海涂地。产于全省各地;分布几遍全国。

主要用途 根状茎药用,有清热、活血之功效;嫩芽、嫩茎作野菜;固堤护岸植物;茎、叶供造纸。

413 山类芦

| *Neyraudia montana* Keng

禾本科 Poaceae　　类芦属

形态特征　多年生，高40~100cm。具地下根状茎。秆密丛生，直径2~3mm，基部宿存枯萎叶鞘。叶鞘松散裹茎，短于节间，基生者密生柔毛；叶舌密生柔毛，长约2mm；叶片内卷，长达60cm，宽5~7mm，光滑或上面具柔毛。圆锥花序长30~60cm，分枝稀疏，向上斜升；小穗长7~10mm，含3~6小花，第一小花两性，上部小花渐小，顶生者极退化；颖长4~5mm，先端渐尖或呈锥状；外稃长5~6mm，先端具短芒，芒长1~2mm，基盘柔毛长约2mm。花果期7—9月。

分布与生境　见于全市丘陵地区；生于岩石壁上、山坡疏林下或路旁灌草丛中。产于全省各地；分布于安徽、江西。

主要用途　供边坡绿化。

414 求米草

Oplismenus undulatifolius（Ard.）P. Beauv.

禾本科 Poaceae　　求米草属

形态特征　一年生，高20~50cm。秆较细弱，下部匍匐，上部斜升，节处生根。叶鞘有疣基刺毛；叶舌膜质，短小，长约1mm；叶片披针形，具横脉，常皱而不平，长2~8cm，宽5~18mm，先端尖，基部略呈圆形而不对称，通常具细毛或刺毛。圆锥花序，有黏汁，花序轴长2~10cm，密生疣基长刺毛；小穗长3~4mm，被硬刺毛，几无柄，簇生于花序轴或分枝一侧，或近顶端孪生，含2小花；颖草质，第一颖长约为小穗长的1/2，具3~5脉，先端硬直芒长5~15mm；第二颖长于第一颖，具5脉，先端硬直芒长2~5mm；第一外稃草质，与小穗等长，具7~9脉，内稃缺如；第二外稃革质，边缘包卷同质之内稃。花果期9—11月。

分布与生境　见于全市丘陵地区及沿山平原；生于山坡林下、林缘、路旁及溪沟边阴湿处。产于全省各地；分布于秦岭至黄河以南地区。

主要用途　为林下护土植物；全草入药，用于治疗跌打损伤。

415 糠稷

| *Panicum bisulcatum* Thunb.

禾本科 Poaceae　　黍属

形态特征　一年生，高60~100cm。秆直立或基部倾斜，直径2~4mm，具10节以上。叶鞘松弛，无毛或边缘具纤毛；叶舌长约0.5mm，具小纤毛；叶片长5~15cm，宽3~10mm，光滑或上面疏生柔毛。圆锥花序长达30cm，花序轴直立，分枝细，斜向上升或水平开展；小穗稀疏着生于分枝上部，长2~3mm，腹背压扁，含2小花；第一颖先端尖或稍钝，长为小穗长的1/3~1/2，基部几不包卷小穗；第二颖与第一外稃等长，均具5脉，被细毛；第一小花内稃缺如；第二小花长约1.8mm，第二外稃边缘包裹内稃。花果期9—11月。

分布与生境　见于全市各地；生于潮湿山坡、田野与路旁草丛中。产于杭州、宁波、温州及安吉、普陀、开化、遂昌、龙泉等地；分布于长江流域及其以南地区、东北地区。

主要用途　优良牧草。

附种　细柄黍 ***P. sumatrense***，秆具3~4节；叶片宽4~6mm；第一颖长为小穗长的1/4~1/3，基部完全包卷小穗；第二颖与第一外稃均具9~13脉，无毛。见于全市各地；生于林缘、田野、路旁。

416 洋野黍

Panicum dichotomiflorum Michx.

禾本科 Poaceae　　黍属

形态特征 多年生,高30~100cm。秆粗壮,多分枝,无毛。叶鞘圆筒状,平滑;叶舌短,顶端具长纤毛;叶片条形,长18~40cm,宽7~20mm;主脉粗,绿白色。圆锥花序长约30cm,每节1~5分枝,斜上;小穗疏生,卵状椭球形至披针状长椭球形,长约2.3mm,平滑;第一颖宽三角形,钝尖或圆钝,包围小穗基部,长为小穗长的1/5~1/4;第二颖与小穗等长,具5~7脉;第一外稃与第二颖同形同大;第二外稃长椭圆形,平滑,具5脉。花果期9—11月。

分布与生境 归化种。原产于北美洲。福建、台湾、广东、广西、云南有归化。我市龙山(达蓬山)有归化;生于山坡林缘、路边。

主要用途 可作牧草。

417 假牛鞭草

| *Parapholis incurva*（L.）C.E. Hubb.

禾本科 Poaceae　　假牛鞭草属

形态特征　一年生，高30~40cm。秆、叶无毛。秆呈铺散状，具棱角，具5~6节，自基部第二节有分枝。叶鞘短于节间；叶舌膜质，长0.5~1mm；叶片条形，扁平或折叠，长4~12cm，宽1~2mm。穗状花序圆柱形而压扁，长4~10cm，呈镰状弯曲，单生，或因分枝短缩，而呈3~5个簇生于一鞘内之状；小穗单生，无柄，含1小花，嵌生于穗轴中；小穗长7~8mm，小穗轴细弱，呈丝状，长约1mm；颖革质，具3~5脉，边缘膜质，外侧之边缘内折，具翼，翼缘具小硬纤毛；外稃长5~6mm，膜质，两侧压扁；内稃透明膜质，具2脊，两侧内折，先端2浅裂。花果期4—6月。

分布与生境　见于庵东、周巷等地；生于近海盐土上。产于我省滨海地区；分布于江苏、福建。

418 双穗雀稗 游丝草 | *Paspalum distichum* L.

禾本科 Poaceae　　雀稗属

形态特征　多年生。具根状茎。秆粗壮，稍压扁，下部匍匐，长可达1m，节上易生根，直立部分高20~60cm，节生柔毛。叶鞘松弛，背部具脊，边缘上部常具纤毛；叶舌膜质，长1~3mm；叶片扁平，质地较柔薄，长3~15cm，宽2~7mm。总状花序通常2枚，开张成叉状，长2~6cm；小穗2行排列，长3~3.5mm；第一颖缺如或微小；第二颖膜质，常被微毛；第一外稃与第二颖同质同形；第二外稃长约2.5mm，先端被细毛。花果期5—9月。

分布与生境　见于全市各地；生于田野、路边潮湿处或浅水中。产于全省各地；分布几遍全国。

主要用途　优良保土植物；可作牛羊牧草。

419 雀稗 *Paspalum thunbergii* Kunth ex Steud.

禾本科 Poaceae　　雀稗属

形态特征　多年生，高 50~100cm。无根状茎。秆直立，丛生，节具柔毛。叶鞘松弛，具脊，常聚生于秆基，呈跨生状，被柔毛；叶舌膜质，褐色，长 0.5~1.5mm；叶片条形，长 10~25cm，宽 4~9mm，两面密被柔毛，边缘粗糙。总状花序长 5~10cm，3~6 枚排成圆锥花序；小穗倒卵状长圆形，先端微凸，长 2.5~3mm，成 2~4 行排列，同行小穗彼此多少分离，绿色或带紫色，含 2 小花；第一颖缺如，第二颖背面和边缘均被微毛；第一外稃与第二颖同形，第二外稃灰白色，卵状圆形，与小穗等长，细点状粗糙。花果期 6—11 月。

分布与生境　见于全市各地；生于山坡、溪边、田野、路旁草丛中。产于全省各地；分布于长江流域及其以南地区。

附种　圆果雀稗 ***P. scrobiculatum*** var. ***orbiculare***，节、叶鞘、叶片两面通常无毛；小穗成 2 行排列；第二颖全体无毛。见于全市各地；生于溪边、田野湿润处及草坪中。

主要用途　全草入药，用于治疗目赤肿痛、风热咳嗽、肝炎、跌打损伤。

420 狼尾草

Pennisetum alopecuroides (L.) Spreng.

禾本科 Poaceae 狼尾草属

形态特征 多年生。高 30~120cm。秆丛生,花序以下常生柔毛。叶鞘两侧压扁,基部者相互跨生,仅鞘口有毛;叶舌长不及 0.5mm,具 1 圈纤毛;叶片条形,长 15~50cm,宽 2~6mm,通常内卷,基部生疣毛。圆锥花序紧缩成圆柱状,长 5~20cm,直径 1~1.5cm(刚毛除外),直立,花序轴硬,密生柔毛;小穗通常单生,长 6~9mm,含 2 小花,小穗或小穗簇下托有多数总苞状刚毛;刚毛长 1~2.5cm,具向上微小糙刺,成熟后通常呈黑紫色;颖与第一外稃草质,第二外稃软骨质。颖果长约 3.5mm。花果期 8—10月。

分布与生境 见于全市丘陵地区及沿山平原;生于山坡、溪沟边、路旁、田野。产于全省各地;分布于我国南北各地。

主要用途 谷粒可食用;全草、根分别药用;花序、果序供观赏。

421 束尾草

| *Phacelurus latifolius*（Steud.）Ohwi

禾本科 Poaceae　　束尾草属

形态特征 多年生，高1~1.8m。具发达根状茎。秆粗壮，近实心，直径7~10mm，节处具白粉。叶鞘光滑；叶舌硬纸质，长2~3mm；叶片条状披针形，质地硬，长达40cm，宽1.5~3cm，中脉灰白色。总状花序长达20cm，4~10枚伞房状兼指状排列；穗轴节间与小穗柄均几等长于无柄小穗；无柄小穗嵌生于穗轴节间与小穗柄之间，长8~10mm，含2小花；第一颖硬革质，背部扁而稍下凹，边缘内折，脊具细刺，第二颖舟形，脊上部具细刺；各小花内、外稃均为膜质；第一小花雄性，第二小花两性；有柄小穗短于无柄小穗，两侧压扁。花果期6—11月。

分布与生境 见于我市沿海地区；生于滨海草丛或河岸。产于浙北、浙东沿海与岛屿；分布于江苏、上海、安徽、福建、山东、河北、辽宁。

主要用途 枝、叶可盖房舍。

422 显子草 | *Phaenosperma globosa* Munro ex Benth.

禾本科 Poaceae　　显子草属

形态特征　多年生，高100~150cm。秆直立，单生或少数丛生，坚硬，光滑无毛。叶鞘光滑无毛；叶舌质硬，长0.5~2cm，两侧下延至叶鞘边缘；叶片长披针形，长10~40cm，宽1~3cm，常反卷而使上面向下，灰绿色，下面向上，深绿色。圆锥花序长25~40cm，分枝于下部多轮生，长达10cm，幼时斜向上升，成熟时开展；小穗长4~4.5mm，含1小花；第一颖长2.5~3mm，第二颖长约4mm，均具3脉；外稃长约4mm，内稃略短。颖果黑褐色，具皱纹。花果期4—7月。

分布与生境　见于全市丘陵地区，平原偶见；生于山坡、林缘、路旁草丛中。产于杭州、宁波、舟山、台州、温州及安吉、龙泉等地；分布于长江流域及其以南地区。

主要用途　嫩草及颖果可作饲料；全草药用，有补虚、健脾、活血、调经之功效。

423 虉草

Phalaris arundinacea L.

禾本科 Poaceae　　虉草属

形态特征　多年生，高60~140cm。具根状茎。秆直立，单生，稀少数丛生。叶鞘无毛；叶舌薄膜质，长2~3.5mm；叶片扁平，长10~30cm，宽5~15mm，幼时微粗糙。圆锥花序紧缩，狭窄，长8~15cm，分枝直向上升，具棱角，密生小穗；小穗长4~5mm，含3小花，顶生1花为两性，侧生2花为中性；颖之主脉成脊，脊上粗糙，上部具极狭翅；中性花外稃退化成线条形，长约1mm，具柔毛；两性花外稃宽披针形，长3~4mm，上部具柔毛；内稃脊两边疏生柔毛。花果期5—7月。

分布与生境　见于观海卫、桥头等地；生于山坳湿地与稻田、水沟等处。产于湖州、杭州、宁波、温州及诸暨、开化、兰溪、庆元等地；分布于南岭以北地区。

主要用途　可作牧草；秆可供编织和作造纸原料；全草入药，用于治疗带下病、月经不调。

附注　虉，音yì。

424 鬼蜡烛 蜡烛草

| *Phleum paniculatum* Huds.

禾本科 Poaceae 梯牧草属

形态特征 一年生,高10~40cm。秆直立,丛生,基部常膝曲。叶鞘短于节间;叶舌薄膜质,长2~4mm,两侧下延,并与鞘口边缘结合;叶片扁平,长3~15cm,宽2~6mm。圆锥花序紧密,呈穗状圆柱形,长2~8cm,直径4~8mm;小穗楔状倒卵形,含1小花;颖长2~3mm,脉间具深沟,脊上无毛或具硬纤毛,顶端具长约0.5mm的尖头;外稃长1.3~2mm,贴生短毛,无芒;内稃几等长于外稃。花果期4—6月。

分布与生境 见于横河及城区等地;生于潮湿地或草坪中。产于临安、鄞州、奉化、宁海、象山;分布于长江流域。

主要用途 全草药用,有清热、利尿之功效;可作牧草。

425 芦苇 芦柴

| *Phragmites australis* (Cav.) Trin. ex Steud.

禾本科 Poaceae　　芦苇属

形态特征　多年生，高 1~3m。根状茎粗壮。秆直径 2~10mm，具 20 多节，节下常有白粉。叶鞘圆筒形；叶舌极短，长 0.5~1mm，先端为 1 圈纤毛，两侧缘毛长 3~5mm，易脱落；叶片扁平，长披针形，长 15~45cm，宽 1~3.5cm，顶端长渐尖成丝形，光滑或边缘粗糙。圆锥花序大型，长 10~40cm，分枝多数，密生稠密下垂小穗，下部枝腋具白柔毛；小穗长 12~16mm，含 4~7 小花；基盘棒状，具长 6~12mm 之柔毛。颖果。花果期 7—11 月。

分布与生境　见于全市各地；生于海滩、河流、沼池、水沟及路边湿润处。产于全省各地；分布于全国各地。

主要用途　嫩芽可食；嫩叶可作饲料；秆为建筑材料和造纸原料；花序可作扫帚；护堤植物；根药用，具健胃与利尿之功效。

426 早熟禾 小鸡草 | *Poa annua* L.

禾本科 Poaceae 早熟禾属

形态特征 一年生或二年生，高 8~25cm。秆柔软，丛生。叶鞘光滑无毛，自中部以下闭合；叶舌膜质，半圆形，长 1~2.5mm；叶片柔软，长 2~10cm，宽 1~5mm，先端船形。圆锥花序开展，长 3~7cm，每节有 1~3 分枝，分枝光滑；小穗长 3~6mm，有 3~5 小花；颖质薄，先端钝，有宽膜质边缘，第一颖长 1.5~2mm，第二颖长 2~3mm；外稃卵圆形，有宽膜质边缘与顶端，具 5 脉，脊及边脉中部以下有长柔毛，间脉基部常有柔毛，基盘无绵毛。花果期 2—5 月。

分布与生境 见于全市各地；生于田野、路边、溪旁及草地上。产于全省各地；分布几遍全国。

主要用途 可作鸡饲料，故名"小鸡草"；全草入药，用于治疗咳嗽、湿疹、跌打损伤。

附种 1 白顶早熟禾 *P. acroleuca*，秆高 25~60cm；叶鞘常全部不闭合；花序每节有 2~5 分枝，分枝粗糙；外稃基盘有绵毛。见于全市各地；生于林下、田野、路旁草丛中。

附种 2 华东早熟禾 *P. faberi*，多年生，秆高 45~60cm；叶舌长 4~8mm；外稃基盘有绵毛。见于全市各地；生于山坡路边、林下阴湿处及平原草坪、绿化带。

427 棒头草 | *Polypogon fugax* Nees ex Steud.

禾本科 Poaceae 棒头草属

形态特征 一年生，高15~70cm。秆丛生，基部膝曲，光滑。叶鞘无毛；叶舌膜质，长3~8mm，常2裂或不整齐齿裂；叶片扁平，长5~15cm，宽4~9mm，微粗糙或下面光滑。圆锥花序穗状，长柱形，较疏松，具缺刻或间断，分枝长达4cm；小穗灰绿色或带紫色，长约2.5mm，含1小花；小穗柄具关节，自关节处脱落，使小穗基部具柄状基盘，基盘长约0.5mm；颖先端2裂，芒微粗糙，长约2mm；外稃长约1mm，光滑，中脉延伸成长约1.5mm且易脱落的细芒；内稃小。花果期4—8月。

分布与生境 见于全市各地；生于田野、林缘、路边等较潮湿处。产于全省各地；广布于全国各地。

主要用途 全草入药，用于治疗关节痛。

附种 长芒棒头草 *P. monspeliensis*，小穗基盘长约0.3mm；颖芒长3~7mm，数倍于小穗长。见于全市各地；生于山坡、田野等较潮湿处。

428 鹅观草

| *Roegneria kamoji* (Ohwi) Keng et S.L. Chen

禾本科 Poaceae　　鹅观草属

形态特征　多年生,高30~100cm。秆直立或基部倾斜。叶鞘外侧边缘常具纤毛;叶舌纸质,平截,长约0.5mm;叶片通常扁平,长5~30cm,宽3~15mm,光滑或稍粗糙。穗状花序长7~20cm,下垂,穗轴边缘粗糙或具小纤毛;小穗长15~20mm,含3~10小花;颖边缘膜质,无毛,先端锐尖、渐尖至具长2~7mm的短芒,具3~5脉,第一颖长4~7mm,第二颖长5~10mm;外稃背部光滑无毛或微粗糙,具宽膜质边缘,第一外稃长7~11mm,芒劲直或上部稍曲折,长2~4cm,粗糙;内稃近等长于外稃,脊显著具翼,翼缘有细小纤毛。花果期4—7月。

分布与生境　见于全市各地;生于山坡、路旁、林下和较湿润草丛中。产于全省各地;分布几遍全国。

主要用途　为优良牧草;全草药用,有清热、凉血、镇痛之功效。

附种1　纤毛鹅观草 ***R. ciliaris***,叶鞘无毛;颖具5~7脉,边缘及边脉上有纤毛;外稃背部被粗毛或短刺毛,边缘具长硬纤毛,先端两侧或一侧有齿,芒向外反曲,长1~2.5cm;内稃长为外稃长的2/3。见于全市各地;生于田野、林缘及路边草丛中。

附种2　细叶鹅观草(竖立鹅观草)***R. ciliaris*** var. ***hackliana***,叶鞘无毛;穗状花序直立,稀稍下垂;颖偏斜,一侧有1细齿,具5~9脉;外稃边缘有短纤毛,先端两侧有细齿,芒向外反曲;内稃长为外稃长的2/3。见于全市各地;生于山坡、林下及路旁。

429 斑茅 *Saccharum arundinaceum* Retz.

禾本科 Poaceae　　甘蔗属

形态特征 多年生，高2~3m。秆丛生，粗壮，直径达2cm。叶鞘长于节间；叶舌平截，长1~3mm；叶片条状披针形，长达1m，宽2~2.5cm，上面基部密生柔毛，边缘小齿状粗糙。圆锥花序大型，长30~50cm，花序轴无毛，每节具2~4分枝，分枝二至三回；腋间被柔毛；小穗长3.5~4mm，基盘具柔毛，含2小花；第一颖背部具比小穗长1倍以上的长柔毛，第二颖舟形，上部边缘具小纤毛，在无柄小穗无毛，在有柄小穗具长柔毛；第一外稃先端尖，第二外稃具小尖头；内稃短。花果期9—11月。

分布与生境 见于龙山（雁门岭、达蓬山）；生于山麓路边、溪旁、林缘。产于全省各地；分布于长江流域及其以南地区。

主要用途 根药用，有通窍、利水、破血、通经之功效；幼嫩叶可作饲料；成熟茎、叶可供造纸。

430 囊颖草

Sacciolepis indica (L.) Chase

禾本科 Poaceae　　囊颖草属

形态特征 一年生,高 20~70cm。秆直立或基部膝曲。叶鞘通常无毛;叶舌膜质,长约 1mm;叶片质薄,长 4~20cm,宽 2~6mm。圆锥花序紧缩,呈圆柱形,长 3~10cm,直径 4~6mm,花序轴无毛,具棱角;小穗卵状披针形,灰绿色或带紫色,长 2.5~3mm,无毛或疏生微毛,含 2 小花;第一颖长为小穗长的 1/2~2/3,具 3~5 脉,基部包卷小穗;第二颖等长于小穗,背部弓弯,通常具 9 脉,基部呈囊状;第一外稃等长于第二颖,通常具 9 脉,内稃退化、极短小;第二外稃厚纸质,长约 1.5mm,平滑,光亮,边缘包卷同质之内稃。花果期 8—11 月。

分布与生境 见于全市丘陵地区与南部平原;生于溪边、路旁及田野湿润处。产于全省各地;分布于长江流域及其以南地区。

主要用途 可作牧草;全草入药,用于治疗疮疡、跌打损伤。

431 裂稃草

Schizachyrium brevifolium (Sw.) Nees ex Buse

禾本科 Poaceae　　裂稃草属

形态特征　一年生。秆直立或倾斜，细弱而多分枝，长20~70cm。叶鞘松弛，无毛，具脊；叶舌长0.5~1mm；叶片条形或长圆形，平展或对折，长1~3cm，宽2~4mm，先端钝，无毛。总状花序细弱，长0.5~2cm，下面托以鞘状总苞；花序轴节间扁平，顶端膨大成近杯状而倾斜，常具2齿；无柄小穗条状披针形，长约3mm，基盘具短髯毛；第一颖背面扁平，具4~5脉，先端具2微齿；第二颖舟形，膜质，具3脉；第一外稃略短于颖；第二外稃长为颖长的2/3，2深裂几达基部，芒长达1cm，中部以下膝曲，芒柱扭转；有柄小穗退化成颖，颖长约0.8mm，先端细直，芒长2~4mm。花果期8—11月。

分布与生境　见于全市丘陵地区；生于山坡、路旁阴湿处。产于全省各地；分布于黄河中下游以南地区、辽宁等地。

主要用途　可作牧草。

432 大狗尾草

Setaria faberi R.A.W. Herrm.

禾本科 Poaceae　　狗尾草属

形态特征 一年生,高50~120cm。秆直立或基部膝曲,有支柱根,直径3~6mm;叶鞘松弛,边缘常有细纤毛;叶舌膜质,具长1~2mm的纤毛;叶片长10~30cm,宽5~15mm,无毛或上面具疣毛。圆锥花序紧缩成圆柱形,弯垂,长5~20cm,直径6~10mm(芒除外),花序轴有柔毛,每簇分枝通常具发育小穗3个;小穗长约3mm,先端尖,含2小花,小穗下具宿存刚毛;刚毛多枚,粗糙,灰绿色或上部带紫褐色,长5~15mm;第一颖长为小穗长的1/3~1/2,具3脉;第二颖长为小穗长的3/4,具5脉;第一外稃具5脉,内稃膜质,狭小;第二外稃成熟后背部极膨胀隆起。花果期6—10月。

分布与生境 见于全市各地;生于山坡、溪边、田野、路旁草丛及绿化带中。产于全省各地;分布于华东、华中、华南、西南、东北。

主要用途 可作牧草;根药用,有清热、消痞、杀虫止痒之功效。

附种1 金色狗尾草 ***S. pumila***,花序轴每簇分枝通常具发育小穗1个;刚毛金黄色或带褐色;第二颖长约为小穗长的1/2。见于全市各地;生于田野、山坡、溪边、路旁草丛中。

附种2 狗尾草 ***S. viridis***,花序通常直立,较短;小穗长2~2.5mm,先端钝;第二颖与小穗等长。见于全市各地;生于山坡、溪边、田野、路旁及草坪中。

433 皱叶狗尾草

Setaria plicata (Lam.) T. Cooke

禾本科 Poaceae　　狗尾草属

形态特征　多年生，高40~130cm。秆直立或基部倾斜，直径3~5mm。叶鞘具脊，鞘口及边缘常具纤毛；叶舌退化为长1~2mm的纤毛；叶片披针形至条状披针形，长10~25cm，宽0.5~2.5cm，具较浅的纵向皱褶，基部窄缩成柄状。圆锥花序长15~25cm；分枝斜向上升，长1~7cm；小穗卵状披针形，长3~4mm，含2小花；刚毛1枚，有时不显著；第一颖宽卵形，先端圆钝，长为小穗长的1/4~1/2，具3脉，第二颖长为小穗长的1/2~3/4，先端尖或钝，具5~7脉；第一外稃具5脉，内稃膜质，具2脉；第二外稃具明显横皱纹，先端有短硬小尖头。花果期6—11月。

分布与生境　见于全市丘陵地区和南部平原；生于山坡、溪沟边、路旁、疏林下。产于全省各地；分布于长江流域及其以南地区。

主要用途　可作牧草；全草药用，有解毒、杀虫、祛风之功效。

附种　棕叶狗尾草 ***S. palmifolia***，植株粗壮，秆直径3~10mm；叶鞘具疣毛；叶片宽披针形，长20~40cm，宽2~6cm，具纵向深皱褶；第二外稃具不甚明显横皱纹。见于龙山、掌起、市林场等地；生于山谷、溪边、路旁阴湿处。

434 互花米草

Spartina alterniflora Loisel.

禾本科 Poaceae　　大米草属(米草属)

形态特征 多年生,高1~2m。根状茎柔软、肉质。秆粗壮,呈大团状簇生,直立,直径1~2cm。叶鞘多长于节间,光滑;叶舌长约1mm;叶片条形至披针形,扁平,长可达90cm,宽1~2cm,先端长渐尖,具盐腺,用于排盐,因而叶表常有白色粉状盐霜。圆锥花序长20~45cm,具10~20个穗形总状花序;小穗16~24,小穗长约1cm,无毛或近无毛;第一颖长为小穗长的1/2~2/3,第二颖等长于小穗;柱头2,呈白色羽毛状。花果期8—10月。

分布与生境 归化种。原产于美洲。浙江等省份及全市沿海各地有归化;生于海涂和河口沿岸。

主要用途 滩涂促淤先锋植物,但扩散迅猛,易成灾;成熟茎、叶供造纸。

435 鼠尾粟 | *Sporobolus fertilis* (Steud.) Clayton

禾本科 Poaceae 鼠尾粟属

形态特征 多年生，高 40~100cm。秆直立，质较坚硬，基部直径 2~4mm。叶鞘无毛，稀在边缘及鞘口具短柔毛；叶舌纤毛状，长约 0.2mm；叶片质较硬，通常内卷，长 10~65cm，宽 2~4mm，平滑无毛或于上面基部疏生柔毛。圆锥花序紧缩，长 20~45cm，宽 0.5~1cm，分枝直立，密生小穗；小穗长约 2mm，含 1 小花；颖膜质，第一颖长 0.5~1mm，无脉，第二颖长 1~1.5mm，具 1 脉；外稃与小穗等长，具 1 主脉及不明显 2 侧脉，无芒；内稃具 2 脉。花果期 5—11 月。

分布与生境 见于全市各地；生于山坡、溪边、田野及路边草丛中。产于全省各地；分布于长江流域及其以南地区。

主要用途 可作牧草；秆可供编织；供边坡绿化；全草药用，有清热解毒、凉血之功效。

附种 盐地鼠尾粟 ***S. virginicus***，植株高 15~40cm；叶片长 3~10cm，宽 1~2mm；第二颖等长或稍长于外稃。见于庵东等沿海地区；生于盐渍地上。

436 黄背草

| *Themeda triandra* Forssk.

禾本科 Poaceae　　　　菅属

形态特征 多年生,高60~120cm。须根粗壮。叶鞘紧密裹茎,背部具脊,通常具硬疣毛;叶舌长1~2mm,先端具小纤毛;叶片条形,长12~40cm,宽4~5mm,扁平或边缘外卷,背部粉白色,基部生硬疣毛。假圆锥花序较狭窄,长30~40cm;总状花序长15~20cm,花序梗长2~3mm,其下托以长2.5~3cm之佛焰苞;基部总苞状的雄性小穗位于同一平面上,似轮生,长8~12mm;第一颖背面上方通常被硬疣毛;上部3枚小穗中,2枚雄性或中性,有柄而无芒,1枚为两性,无柄而有芒,芒长4~6cm,一至二回膝曲,下部密生短柔毛。花果期8—11月。

分布与生境 见于全市丘陵地区;生于山坡疏林下、山冈、路边草丛中。产于全省各地;分布几遍全国。

主要用途 可用于造纸、盖草舍;全草、根、幼苗分别药用。

附注 菅,音jiān。

437 鼠茅

Vulpia myuros (L.) C.C. Gmel.

禾本科 Poaceae 鼠茅属

形态特征 一年生，高20~60cm。秆直立，细弱。叶鞘疏松裹茎，光滑无毛；叶舌平截，干膜质，长0.2~0.5mm；叶片长7~11cm，宽1~2mm，内卷。圆锥花序狭窄，基部通常为叶鞘所包裹或稍露出，长10~20cm，宽约1cm，分枝单生而偏于花序轴一侧，扁平或具3棱；小穗长8~10mm，含4~5小花；第一颖微小，具1脉，第二颖狭窄，长3~4.5mm；第一外稃长约6mm，具5脉，先端延伸成细芒，芒长13~18mm。花果期5—6月。

分布与生境 见于匡堰（平平顶、岗墩）等地；生于山冈灌草丛中。产于舟山、温州及杭州市区、建德、镇海、北仑、余姚、象山、庆元等地；分布于华东及西藏等地。

主要用途 生长茂密、整齐，常成单一群落，花后容易倒伏，有保持水土、抑制杂草的作用；也可作牧草。

438 结缕草

Zoysia japonica Steud.

禾本科 Poaceae　　结缕草属

形态特征　多年生,高达15cm。具横走根状茎。秆直立,基部常有宿存枯萎叶鞘。叶鞘无毛,下部者松弛而互相跨覆,上部者紧密抱茎;叶舌不明显,具白柔毛;叶片长2.5~8cm,宽3~6mm,质地较硬,通常扁平或稍卷折,上面常具柔毛。总状花序长2~5cm,宽3~6mm;小穗柄常弯曲,长3~6mm;小穗卵球形,长2~3.5mm,常变为紫褐色,含1小花;第一颖退化,第二颖质硬,具1脉,顶端延伸成小芒刺;外稃膜质,长1.8~3mm,具1脉。花果期5—8月。

分布与生境　见于全市各地;生于草地和路旁。产于湖州、杭州、宁波、舟山、台州及永嘉、平阳、泰顺等地;分布于江苏、江西、台湾、河南、山东、河北、辽宁。

主要用途　适作草坪;作牧草。

439 鳞茎水葱 海三棱藨草

× *Bolboschoenoplectus mariqueter* (Tang et F.T. Wang) Tatanov

莎草科 Cyperaceae 鳞茎水葱属

形态特征 多年生，高25~60cm。根状茎匍匐状。秆散生，三棱柱形。叶通常2枚，短于秆；叶片宽2~3mm，稍坚硬，下面有龙骨状凸起；叶鞘长，深褐色。苞片2，其中1枚为秆的延长，远长于小穗，三棱状，另1枚小，几等长于小穗，扁平；小穗单个，假侧生，无柄，卵形或宽卵形，长8~12mm，直径4~8mm；花多数；鳞片卵形，长5~6mm，棕色，具短尖，边缘有疏柔毛；下位刚毛4，疏生倒刺；花柱长，柱头2。小坚果具细网纹。花果期6—10月。

分布与生境 见于我市北部、东部沿海；生于沿海滩涂、河口及新围垦地低湿处。产于宁波、舟山及杭州市区（彭埠）等地；分布于江苏、上海、河北。

主要用途 秆可供编织或造纸；海滩先锋植物。

附注 藨，音biāo。

440 扁秆荆三棱 扁秆藨草

Bolboschoenus planiculmis (F. Schmidt) T.V. Egorova

莎草科 Cyperaceae 三棱草属

形态特征 多年生,高30~90cm。具匍匐根状茎和块茎。秆三棱柱形,近花序部分粗糙,基部膨大,具秆生叶。叶鞘长5~16cm;叶片扁平,宽2~5mm。苞片1~3,叶状,长于花序;聚伞花序常缩短成头状,具1~3个辐射枝,常具小穗1~6个;小穗卵形或长卵状椭球形,锈褐色,长10~16mm;鳞片长圆形或椭圆形,长6~8mm,具1脉,先端缺刻状撕裂,具芒;下位刚毛4~6,有倒刺,长为小坚果长的1/2~2/3;雄蕊3;柱头2。小坚果压扁,两面稍凹。花果期5—9月。

分布与生境 见于全市各地;生于河沟、湖池等浅水中或低湿处。产于杭州市区、镇海、鄞州、普陀等地;分布于全国大部分省份。

主要用途 茎、叶可供造纸与编织;块茎含淀粉,可供酿酒;块茎药用,有祛瘀、通经、行气消积之功效。

441 丝叶球柱草 *Bulbostylis densa*（Wall.）Hand.-Mazz.

莎草科 Cyperaceae　　球柱草属

形态特征　一年生，高7~30cm。无根状茎。秆细，丛生。叶鞘膜质，顶端具长柔毛；叶片条形，宽0.5mm，细而多，边缘微外卷。苞片1~2，条形，明显短于花序；聚伞花序简单或复出，具散生小穗1~3个；顶生小穗无柄，长球状卵形或卵形，舟状，长3~9mm；鳞片卵形或近宽卵形，舟状，长1.5~2mm，褐色，先端钝，稀近急尖，仅下部无花鳞片有时具芒状短尖；雄蕊2；柱头3。小坚果灰紫色，具整齐排列的透明小凸起。花果期9—10月。

分布与生境　见于全市沿海地区；生于海边水湿处。产于宁波、丽水及杭州市区、临安、天台、临海、永嘉、泰顺等地；分布于全国大部分省份。

主要用途　全草药用，有清热之功效。

442 青绿薹草

Carex breviculmis R. Br.

莎草科 Cyperaceae　　薹草属

形态特征　多年生,高 10~30cm。根状茎短缩,木质化。秆丛生,纤细,三棱柱形,棱上粗糙,基部叶鞘褐色,纤维状细裂。叶短于秆;叶片条形,扁平,宽 2~4mm,质硬,边缘粗糙。最下部苞片叶状,长于花序,其余刚毛状,近无苞鞘;小穗 2~5,直立,顶生者雄性,棍棒状,长约 1.3cm,侧生者雌性,长达 1.5cm,具短柄;雌花鳞片长圆形、长圆状倒卵形或卵形,长 2~2.5mm,先端截形或微凹,具凸出长芒,膜质,具 3~4 脉。果囊三棱状菱卵形,长 2~3mm,黄绿色,初具柔毛,具 4~5 脉,顶端骤尖成短喙,喙口微凹。小坚果有 3 棱,顶端膨大成环状;花柱基尖塔形,柱头 3。花果期 3—6 月。

分布与生境　见于全市各地;生于山坡、林下、田野、路旁草丛中及草坪上。产于全省各地;分布于华东、华中、西南、华北、东北及陕西。

附注　薹,音 tái。

附种　三穗薹草 ***C. tristachya***,苞片近等长于花序,具长苞鞘;雌花鳞片宽椭圆形,先端具短尖。见于全市丘陵地区及南部平原;生于山坡、林下、水边、路旁潮湿处。

443 栗褐薹草 褐果薹草 | *Carex brunnea* Thunb.

莎草科 Cyperaceae　　薹草属

形态特征　多年生，高30~80cm。秆丛生，纤细，三棱柱形，上部粗糙，下部生叶，基部具栗褐色纤维状枯叶鞘。叶片条形，宽2~3mm，粗糙。下部苞片叶状，具长苞鞘，上部苞片刚毛状；小穗多数，单生或2~5个并生，全为两性，雄雌顺序，长2~3cm，下垂；雌花鳞片长圆状卵形，长约2.5mm，先端渐尖或急尖，中脉绿色，两侧锈褐色。果囊卵球形或宽卵形，长2.5~3mm，平凸状，栗褐色，具多脉，顶端紧缩成中等长度的喙，喙口2齿裂；花柱基部增粗，柱头2。花果期8—11月。

分布与生境　见于全市丘陵地区；生于山坡、林下、溪沟边、路旁阴湿处。产于杭州、宁波、丽水、温州及诸暨、开化等地；分布于华东、华中、西南。

主要用途　全草药用，有收敛、止痒之功效。

附种　柄果薹草（褐绿薹草）***C. stipitinux***，叶片宽4~5mm；小穗顶生者雄性，其余为雄雌顺序，小穗柄直立；雌花鳞片卵形，先端钝或急尖；果囊宽椭球形，褐绿色。产于龙山（伏龙山）等丘陵地区；生于疏林下或溪边草丛中。

444 签草 芒尖薹草 | *Carex doniana* Spreng.

莎草科 Cyperaceae **薹草属**

形态特征 多年生,高30~50cm。根状茎具细长匍匐枝。秆粗壮,扁三棱柱形,粗糙,基部具淡褐色叶鞘,或具鳞片状叶。叶片最上1枚长于花序,宽5~12mm,边缘粗糙,具显著3脉,下面密布灰白绿色小点。苞片叶状,无苞鞘,最下1枚长于花序;小穗4~6,近生,顶生者雄性,细柱形,长3~5.5cm,侧生者雌性,长2~6cm,花密生;雌花鳞片披针形或椭圆状披针形,长约4mm,具芒尖。果囊三棱锥状椭球形,长3~3.5mm,无毛,有褐色斑点,脉纹明显,顶端渐狭成喙,喙口2裂,透明;花柱基部增粗,柱头2。花果期4—8月。

分布与生境 见于全市丘陵地区;生于林下、溪沟边、路旁潮湿处。产于杭州、宁波、台州、丽水、温州及普陀、开化等地;分布于长江流域及其以南地区。

主要用途 全草药用,有凉血、止血、解表透疹之功效。

附种 **条穗薹草**(线穗薹草)***C. nemostachys***,秆三棱柱形;雌花鳞片狭披针形,长约2.5mm,先端具芒状长尖;果囊疏被短硬毛;花果期9—12月。见于观海卫、桥头、匡堰等地;生于溪沟边。

445 穹隆薹草

Carex gibba Wahlenb.

莎草科 Cyperaceae　　薹草属

形态特征　多年生，高17~50cm。根状茎短缩。秆丛生，柔软，钝三棱柱形，具多数叶，基部稍膨大，具褐色纤维状老叶鞘。叶近等长于秆；叶鞘长，腹面膜质；叶片条形，扁平，宽2~5mm，柔软，边缘粗糙。苞片下部者叶状，长于花序，上部者刚毛状至鳞片状；穗状花序间断；小穗5~10，卵形或长椭球形，长5~13mm，雌雄顺序；雌花鳞片倒卵状圆形或近圆形，长约2mm，先端圆，具长芒，中间绿色，两侧白色，膜质，具3脉。果囊宽卵形，长约3mm，平凸状，淡绿色，无脉，边缘具翅，翅缘上部具不规则细齿，顶端急尖成短喙，喙边缘粗糙，喙口具2齿裂；花柱基部不膨大，呈圆锥状，柱头3。花果期4—5月。

分布与生境　见于全市各地；生于山坡路旁、溪边、田野、草坪等阴湿处。产于杭州、宁波、台州、丽水、温州及安吉、开化等地；分布于华东及河南、四川、陕西、甘肃、河北、山西、辽宁等地。

主要用途　全草入药，用于治疗风湿关节痛。

446 狭穗薹草 珠穗薹草 | *Carex ischnostachya* Steud.

莎草科 Cyperaceae　　薹草属

形态特征 多年生,高30~50cm。根状茎短缩,具短匍匐茎。秆丛生,三棱柱形,基部具紫褐色或紫黑色的无叶叶鞘。叶长于秆;叶片扁平,宽3~6mm。苞片叶状,长于花序,具长苞鞘;小穗4~5,顶生者雄性,条形,长2~4cm,侧生者雌性,条状圆柱形,长3~6cm;雌花鳞片宽卵形,长1~2mm,先端钝或急尖。果囊钝三棱状卵球形,长3~5mm,绿褐色,具多数隆起脉,顶端渐狭成长喙,喙口2裂;花柱基部增粗,柱头2。小坚果具弯曲短喙。花果期4—6月。

分布与生境 见于全市各地;生于山坡、林下、水边、路旁湿地。产于全省各地;分布于长江以南地区。

447 舌叶薹草

Carex ligulata Nees ex Wight

莎草科 Cyperaceae　　薹草属

形态特征　多年生，高40~70cm。根状茎短，木质。秆丛生，粗壮，三棱柱形，棱粗糙，下部具紫红色的无叶叶鞘。叶排列较稀疏；叶片条形，宽5~11mm，质较软，边缘粗糙；鞘口有锈色叶舌。苞片叶状，长于花序；小穗5~7，顶生者雄性，条形，长1.5~3cm，侧生者雌性，狭圆柱形，直立，长1.5~4cm，具多花；雌花鳞片卵状三角形，长约2.5mm，先端钝而具芒尖，中脉绿色，两侧淡锈色，边缘膜质。果囊直立，倒卵状椭球形，长约4mm，有3棱，锈褐色，密被灰白色柔毛，上部急狭成喙，喙中等长，喙口2齿裂；花柱基部稍增大，柱头3。花果期5—8月。

分布与生境　见于龙山、掌起等地；生于林下、溪沟边草丛中或潮湿地上。产于杭州、宁波、金华、台州、丽水、温州及安吉、诸暨、开化等地；分布于华中、华南、西南及江苏、安徽、陕西。

主要用途　全草药用，有凉血、止血、解表透疹之功效。

448 镜子薹草

Carex phacota Spreng.

莎草科 Cyperaceae　　薹草属

形态特征 多年生,高20~50cm。根状茎短缩。秆丛生,锐三棱柱形,基部具褐色叶鞘。叶与秆近等长;叶片条形,宽2~5mm。苞片叶状,长于花序;小穗3~5,顶生者雄性,条形,长4~6cm,侧生者雌性,顶端常有少数雄花,狭长圆柱形,长3~7cm,直径3~4mm,小穗柄纤细;雌花鳞片长圆形或长圆状卵形,长约2mm,先端截形或凹,具芒,两侧苍白色,具锈色点线,具3脉。果囊卵形或椭球形,长约2.5mm,双凸状,密生乳头状凸起,暗紫色,顶端急尖成短喙,喙口微凹;柱头2。小坚果密生小凸起。花果期4—5月。

分布与生境 见于全市丘陵地区;生于溪沟边、山坡、路旁湿地。产于杭州、丽水、温州及余姚、开化、天台等地;分布于华东、华南、西南及湖南等地。

主要用途 带根全草药用,名"三棱草",有解表透疹、催生之功效。

附种 乳突薹草 ***C. maximowiczii***,叶片下面密生乳头状凸起;雄性小穗长2~4cm,雌性小穗长1~3cm,直径8~9mm;雌花鳞片长圆状披针形,长4~4.5mm,先端渐尖,具短芒尖。见于全市丘陵地区;生于溪谷、山麓与路旁湿地。

449 糙叶薹草 铜草 | *Carex scabrifolia* Steud.

莎草科 Cyperaceae　　薹草属

形态特征 多年生,高20~60cm。根状茎匍匐,细长。秆三棱柱形,基部具紫色叶鞘,腹面有网状细裂。叶短于秆;叶片质硬,宽3~4mm,具沟或稍内卷,边缘微粗糙。苞片叶状,长于花序;小穗3~5,上部2~3枚雄性,条状圆柱形,长2~4cm,侧生者雌性,卵形或椭球形,直立,长1.5~2cm;雌花鳞片卵形或披针形,长约5mm,具芒尖,边缘膜质,具3脉,短于果囊。果囊质厚,木栓质状,长椭球状卵形,长6~10mm,肿胀三棱柱形,暗血红色或褐黄色,具多数凹陷脉,基部圆,近无柄,顶端收缩成宽短喙,喙口半月状,2深裂;花柱基部稍膨大,柱头3。花果期3—6月。

分布与生境 见于我市沿海各地;生于滩涂及近海潮湿地。产于宁波、舟山及杭州市区、温岭、温州市区、平阳、苍南等地;分布于上海、江苏、台湾、山东、河北、辽宁。

主要用途 茎秆适于制绳索,称“铜草绳”。

450 相仿薹草

| *Carex simulans* C.B. Clarke

莎草科 Cyperaceae　　薹草属

形态特征　多年生,高30~60cm。根状茎短而粗壮。秆侧生,三棱柱形,纤细而坚硬,基部具深褐色纤维状叶鞘。叶短于花序;叶片条形,宽3~4mm,边缘外卷,下面密生乳头状凸起。苞片短,具长苞鞘;小穗3~4,顶生者雄性,棍棒状,长3~5cm,侧生者雌性,顶端多少带雄花,圆柱形,长2~4cm,直立,包于苞鞘内;雌花鳞片披针状卵形,长约5mm,先端渐尖成芒,或长卵圆形而先端截形微凹,中间绿色,两侧苍白色带锈色,具3脉。果囊椭球状披针形,长5~7mm,有3棱,褐绿色,多脉,上部渐狭成长喙,喙口2深裂;花柱基部增粗,柱头3。花果期3—5月。

分布与生境　见于观海卫(五磊山)等丘陵地区;生于山坡林下、岩石旁、溪沟边草丛中。产于杭州及北仑、温岭、龙泉等地;分布于江苏、湖北、四川、贵州。

451 肿胀果薹草

Carex subtumida (Kuk.) Ohwi

莎草科 Cyperaceae 薹草属

形态特征 多年生，高45~75cm。根状茎短或稍延长，具匍匐长地下茎。秆丛生，三棱柱形，基部具紫褐色的无叶叶鞘。叶稍短于秆，宽6~7mm，上面2条侧脉明显，两面脉上和边缘粗糙，具长鞘，常开裂。苞片叶状，显著长于小穗，具鞘，向上鞘渐短或近无；小穗4~6，上部密集，顶生者雄性，条形，长2.5~3cm，侧生者雌性，长圆柱形，长3.5~7cm，花密生；雌花鳞片卵形，顶端渐尖，长约1mm，膜质，淡黄色或稍带淡褐色，具1脉。果囊开展，显著长于鳞片，椭球状倒卵形，具不明显3棱，长3.2~3.5mm，膜质，褐绿色，多脉，基部近圆形，顶端急狭成短喙，喙口微凹成2短齿；柱头3。花果期4—5月。

分布与生境 见于观海卫（五磊山）；生于溪沟边等湿润处。产于杭州、温州及长兴、开化、金华市区、磐安、天台、临海等地；分布于江苏、安徽、江西。

452 横果薹草 柔菅

Carex transversa Boott

莎草科 Cyperaceae **薹草属**

形态特征 多年生,高30~60cm。根状茎短。秆丛生,锐三棱柱状,基部具紫褐色的无叶叶鞘。叶通常短于秆;叶片宽3~5mm,较柔软,具叶鞘。苞片叶状,长于小穗,具苞鞘;小穗3~5,顶生者雄性,狭圆柱形,长1~1.5cm,侧生者雌性,宽圆柱形,长2~3cm;雌花鳞片卵形,长4~5mm,顶端渐尖成长芒,膜质,淡黄色,两侧白色半透明,具1~3脉。果囊斜展,卵形,三棱状,稍鼓胀,长5~6mm,膜质,褐绿色,具多条透明脉,顶端渐狭成长喙,喙口斜截形,稍呈二齿状;柱头3。花果期4—6月。

分布与生境 见于掌起(后茅山);生于溪边、湖滩草丛中。产于杭州及安吉、奉化、宁海、象山等地;分布于华东及湖南、广东等地。

附种 **雁荡山薹草*C. yandangshanica***,秆三棱柱形;叶片宽6~11mm;苞片短叶状,上部者刚毛状,短于花序;雄性小穗棍棒状,长3~4cm;雌花鳞片椭圆形,先端具短芒。见于观海卫(五磊山);生于溪边。

453 长尖莎草 *Cyperus cuspidatus* Kunth

莎草科 Cyperaceae　　莎草属

形态特征 一年生，高10~15cm。秆丛生，细弱，三棱柱形，平滑。叶短于秆；叶片条形，宽1~2mm，常向内折合。叶状苞片2~3，长于花序；聚伞花序具2~5个辐射枝；小穗5至多数，排列成折扇状，长圆形，长4~10mm，具花8~18朵，小穗轴无翅；鳞片疏松排成2列，长卵形，长2mm，先端截形，具反曲细长尖头，背面具绿色龙骨状凸起，两侧紫红色，具3脉；柱头3。小坚果长为鳞片长的1/2，深褐色，具疣状小凸起。花果期6—10月。

分布与生境 见于全市各地；生于溪边、河沟边等处。产于宁波及龙泉、永嘉等地；分布于华东、华南、西南。

主要用途 全草药用，有养心、调经行气之功效。

454 异型莎草

| *Cyperus difformis* L.

莎草科 Cyperaceae **莎草属**

形态特征 一年生,高5~50cm。秆丛生,扁三棱柱形,平滑,具纵条纹。叶短于秆;叶片条形,宽2~6mm,平展或折合。苞片2~3,叶状,长于花序;聚伞花序简单,少数复出;穗状花序头状,直径5~10mm,密生多数小穗;小穗披针形或条形,长2~5mm,有花8~12朵,小穗轴无翅;鳞片排列较松,膜质,扁圆形,长不足1mm,中间淡黄色,两侧深红紫色或栗色,边缘白色而透明,具不明显3脉;柱头3。小坚果与鳞片等大,淡黄色。花果期7—10月。

分布与生境 见于全市各地;生于水田、浅水中或水边潮湿处。产于全省各地;分布于全国各地。

主要用途 带根全草药用,有行气、活血、通淋、利小便之功效。

455 畦畔莎草

Cyperus haspan L.

莎草科 Cyperaceae　　莎草属

形态特征 多年生,高20~80cm。根状茎短或稍长;秆丛生或散生,扁三棱柱形,平滑。叶短于秆;叶片条形,宽2~4mm,有时仅存叶鞘而无叶片。苞片2,叶状,通常短于花序;聚伞花序复出或简单;小穗2~6,指状着生,小穗条形或条状披针形,长2~12mm,具花6~12朵;鳞片密覆瓦状排列,膜质,长圆状卵形,长约1.5mm,具短尖,两侧紫红色或苍白色,具3脉;柱头3。小坚果具疣状小凸起。花果期7—10月。

分布与生境 见于全市丘陵地区;生于溪沟边、坡地阴湿草丛中。产于宁波、丽水、温州及杭州市区、普陀、温岭等地;分布于华东、华南、西南。

主要用途 全草入药,用于治疗婴儿破伤风。

456 碎米莎草

Cyperus iria L.

莎草科 Cyperaceae　　莎草属

形态特征　一年生，高 10~60cm。秆丛生，扁三棱柱形，无毛。叶短于秆；叶片条形，宽 2~5mm，叶鞘红棕色或棕紫色。苞片 3~5，叶状，长于花序；聚伞花序复出，稀简单；穗状花序卵形或长圆状卵形，长 1.5~4cm；小穗 5 至多数，长圆形、披针形或条状披针形，长 4~10mm，具花 6~20 朵，小穗轴近无翅；鳞片宽倒卵形，长约 1.5mm，先端微凹或钝圆，具 3~5 脉，两侧黄色或麦秆黄色；柱头 3。小坚果密生微凸细点。花果期 6—10 月。

分布与生境　见于全市各地；生于田野、林缘、溪边、路旁潮湿处。产于全省各地；分布于全国各地。

主要用途　全草药用，名“野席草”，有祛风除湿、调经利尿之功效。

附种　断节莎 ***C. odoratus***，秆三棱柱形，基部膨大成块茎；叶宽 4~10mm；苞片 6~8；小穗长 8~16mm，小穗轴具宽翅，翅边缘内卷；鳞片卵状椭圆形，具 7~9 脉。见于龙山、庵东等地；生于水湿处。

457 旋鳞莎草

Cyperus michelianus（L.）Link

莎草科 Cyperaceae　　莎草属

形态特征　一年生，高5~25cm。秆密丛生，扁三棱柱形，平滑。叶片条形，宽2~2.5mm，平展，有时对折，基部叶鞘紫红色。叶状苞片3~6，远长于花序；聚伞花序缩短成头状，卵球形或球形，直径5~15mm，有极多数密集小穗；小穗卵形或披针形，长3~4mm，具花10~20朵，小穗轴无翅；鳞片螺旋状排列，长圆状披针形，长约2mm，淡黄白色，稍透明，有时具黄褐色条纹，具3~5脉，中脉呈龙骨状凸起，有短尖；柱头2(3)。小坚果表面包有1层白色透明的疏松细胞。花果期5—10月。

分布与生境　见于全市各地；生于田边、水边潮湿处。产于桐乡、杭州市区、桐庐、奉化、宁海、象山、开化等地；分布于华东、华中、华南、东北及河北、云南、西藏、新疆。

主要用途　全草药用，名“护心草”，有养血、行气调经之功效。

附种　白鳞莎草 ***C. nipponicus***，小穗轴具白色透明翅；鳞片2列。见于附海、新浦、横河等地；生于水湿处。

458 毛轴莎草

Cyperus pilosus Vahl

莎草科 Cyperaceae 莎草属

形态特征 多年生,高25~70cm。根状茎匍匐,细长。秆散生,粗壮,锐三棱柱形,上部粗糙。叶短于秆;叶片平展,宽6~8mm,边缘粗糙,叶鞘短。苞片通常3,叶状,长于花序,边缘粗糙;聚伞花序复出,花序轴被粗硬毛;小穗多数,条状披针形,长5~10mm,具花8~18朵,小穗轴具白色透明狭翅;鳞片排列疏松,宽卵形,长2mm,有短尖,具5~7脉,两侧红褐色,有白色透明边缘;柱头3。小坚果黑色。花果期8—11月。

分布与生境 见于全市丘陵地区与南部平原;生于溪边、沟边、路旁草丛中。产于杭州、丽水、温州及奉化、宁海、象山、开化、黄岩等地;分布于华南、西南及江西、福建等地。

主要用途 全草入药,用于治疗浮肿、跌打损伤。

459 香附子 莎草 | *Cyperus rotundus* L.

莎草科 Cyperaceae 莎草属

形态特征 多年生，高10~50cm。根状茎长，匍匐，具椭球形块茎。秆锐三棱柱形，平滑。叶短于秆；叶片扁平，宽2~5mm；叶鞘棕色，常扯裂，呈纤维状。苞片2~4，叶状，通常长于花序；聚伞花序简单或复出，辐射枝3~8，不等长；小穗3~10；小穗斜展，条状披针形，长1~3cm，压扁，具花10~36朵，小穗轴有白色透明宽翅；鳞片密覆瓦状排列，膜质，卵形或长圆状卵形，长2~3mm，先端钝，两侧紫红色或红棕色，具5~7脉；柱头3。小坚果长球状倒卵形，具3棱。花果期5—10月。

分布与生境 见于全市各地；生于山坡、田野、路边草丛中或水湿地。产于全省各地；分布于全国各地。

主要用途 块茎药用，名“香附子”，有通经、镇痉、健胃之功效，也可提取芳香油。

460 龙师草

| *Eleocharis tetraquetra* Nees

莎草科 Cyperaceae　　荸荠属

形态特征 多年生,高20~50cm。有时具匍匐状短根状茎。秆丛生,锐四棱柱状。叶片缺如;秆基有2~3叶鞘,鞘口近平截,具小齿。小穗单一,斜升,长球状披针形或长球形,长7~15mm,顶端钝或急尖,小穗鳞片全为螺旋状排列,基部3鳞片无花;鳞片长圆形,舟状,长约3mm,先端钝,具1脉,两侧淡锈色或锈色,边缘干膜质;下位刚毛6,与小坚果近等长,具倒刺;柱头3。小坚果表面平滑。花果期4—8月。

分布与生境 见于全市丘陵地区;生于溪沟边、水塘边、路旁湿地、岩边阴湿处。产于宁波、丽水及临安、诸暨、普陀、临海、温岭等地;分布于长江以南地区。

附种 透明鳞荸荠 ***E. pellucida***,一年生;秆圆柱状;小穗长3~9mm,基部1鳞片无花;鳞片长2mm;下位刚毛长为小坚果长的1.5倍。见于全市丘陵地区;生于水塘边、溪沟边。

461 牛毛毡 | *Eleocharis yokoscensis*（Franch. et Sav.）Tang et F.T. Wang

莎草科 Cyperaceae　　荸荠属

形态特征　多年生，高5~10cm。具细长匍匐根状茎。秆密丛生，纤细，毛发状，绿色，具沟槽。叶片鳞片状；秆基部有叶鞘，鞘红褐色。小穗单一，卵形或狭椭球形，长2~4mm，稍扁，全部鳞片有花；鳞片膜质，下部少数鳞片近2列，卵形，长1.5~2mm，背面具绿色龙骨状凸起，具1脉，两侧紫色，边缘无色透明；下位刚毛1~4，长约为小坚果长的2倍，具硬倒刺；小坚果具细密整齐网纹。花果期5—10月。

分布与生境　见于全市各地；生于水田、河沟、池塘、低洼地等水湿处。产于全省各地；分布于我国南北各地。

主要用途　全草药用，有发散风寒、祛痰平喘、活血散瘀之功效。

462 复序飘拂草

| *Fimbristylis bisumbellata*（Forsk.）Bubani

莎草科 Cyperaceae　　飘拂草属

形态特征　一年生，高 4~20cm。无根状茎。秆密丛生，扁三棱柱形，平滑，基部具少数叶。叶短于秆；叶片宽 0.7~1.5mm，平展，先端边缘具小刺；叶鞘短，具锈色斑点，被白色长柔毛。苞片 2~5，叶状，近直立，下部 1~2 枚长于或等长于花序；聚伞花序复出或多次复出；小穗单生，长卵球形或椭球形，长 2~7mm，具棱角，顶端急尖，具花 10~20 朵；鳞片宽卵形，棕色，长 1.2~2mm，膜质，背面具绿色龙骨状凸起，具 3 脉；花柱长而扁，基部膨大，具缘毛，柱头 2。小坚果宽倒卵球形，双凸状，长约 0.8mm，具横长圆形网纹。花果期 6—11 月。

分布与生境　见于全市各地；生于田边、水边草丛中。产于杭州市区、临安、奉化、开化、武义、松阳、泰顺等地；分布于华东、华中、华南、西南、华北及陕西、新疆。

附种 1　两歧飘拂草 ***F. dichotoma***，秆钝三棱形；聚伞花序复出，少有简单；鳞片长 2~2.5mm。见于全市各地；生于林下、路边、田野水湿处及岩石上。

附种 2　金色飘拂草 ***F. hookeriana***，小穗 2~6 枚指状簇生或单生，圆柱状披针形，长 1~1.5cm；鳞片长圆状卵形，长约 4mm，麦秆黄色或绿黄色；小坚果长约 1.2mm。见于观海卫、匡堰等丘陵地区；生于山冈岩石边。

463 日照飘拂草 水虱草 | *Fimbristylis littoralis* Gaudichaud

莎草科 Cyperaceae 飘拂草属

形态特征 一年生，高10~60cm。无根状茎。秆丛生，扁四棱柱形，基部具无叶叶鞘1~3。叶片剑形，基部宽1.5~2mm，边缘有稀疏细齿，先端渐狭成刚毛状；叶鞘侧扁，背面呈锐龙骨状，上端具膜质锈色边，鞘口斜裂。苞片2~4，短于花序，刚毛状；聚伞花序复出或多次复出，稀简单；小穗单生，球形或近球形，长1.5~5mm；鳞片膜质，卵形，长1mm，先端极钝，栗色，具白色狭边，背面具龙骨状凸起，具3脉；花柱脱落性，柱头3。小坚果具疣状凸起和横长圆形网纹。花果期7—10月。

分布与生境 见于全市各地；生于田野、溪边等潮湿处。产于全省各地；分布于华东、华中、华南、西南、华北及陕西、甘肃、宁夏、青海。

464 弱锈鳞飘拂草 | *Fimbristylis sieboldii* Miq.

莎草科 Cyperaceae　　飘拂草属

形态特征 多年生,高15~30cm。具短根状茎。秆丛生,扁三棱柱形,下部具灰褐色无叶叶鞘。叶短于秆;叶片条形,宽约1mm。苞片1~3,其中1枚与花序近等长;聚伞花序,小穗1~2,稀3~4;小穗长球状披针形,长6~12mm;鳞片宽卵形,长约3mm,膜质,棕色,有缘毛,具1脉;花柱脱落性,柱头2。小坚果平滑。花果期6—10月。

分布与生境 见于我市沿海各地;生于海涂或盐土湿处。产于宁波及杭州市区、普陀、苍南等地;分布于江苏、安徽、山东。

465 烟台飘拂草

| *Fimbristylis stauntonii* Debeaux et Franch.

莎草科 Cyperaceae　　飘拂草属

形态特征 一年生,高5~40cm。无根状茎。秆丛生,扁三棱柱形。叶短于秆;叶片扁平,条形,宽2~2.5mm;叶鞘全部有叶片。苞片2~3,叶状;聚伞花序简单或复出;小穗卵形或长球形,长3~5mm;鳞片膜质,长圆状披针形,长1.5~2mm,锈色,背部具绿色龙骨状凸起,具1脉,有短尖;花柱基部膨大成球形,不脱落,柱头2~3。小坚果具横长圆形网纹。花果期7—9月。

分布与生境 见于龙山(金夹岙);生于山岙水池边。产于杭州市区、象山、瑞安、泰顺等地;分布于长江中下游、黄河中下游地区及东北等地。

主要用途 全草药用,有清热利尿、解毒消肿之功效。

附种 宜昌飘拂草 ***F. henryi***,秆三棱柱形;叶长于秆;鳞片卵形或卵状披针形;花柱脱落性,柱头2。见于全市各地;生于水边、林下、路旁草丛中。

466 水蜈蚣 短叶水蜈蚣 | *Kyllinga brevifolia* Rottb.

莎草科 Cyperaceae 水蜈蚣属

形态特征 多年生,高10~40cm。根状茎匍匐,被膜质褐色鳞片。秆散生,扁三棱柱形,基部具无叶叶鞘1~2。叶片条形,宽1.5~3mm,前缘和下面上部中脉稍粗糙;叶鞘通常淡红色,鞘口斜形。苞片通常3,叶状,开展;穗状花序单一,近球形或卵状球形,直径4~7mm,密生多数小穗;小穗基部具关节,长约3mm,宽约1mm,具1两性花;鳞片4,卵形,膜质,具5~7脉,先端具外弯突尖,背面龙骨状凸起上具数个白色透明刺;柱头2。小坚果具微凸起的细点。花果期5—11月。

分布与生境 见于全市各地;生于山坡、溪边、田野、路旁、海滩及草坪上。产于全省各地;分布于除西北和西藏以外的全国各地。

主要用途 全草药用,有疏风解表、清热利湿、活血解毒之功效。

附种 光鳞水蜈蚣(变种)var. ***leiolepis***,小穗较宽,较肿胀;鳞片背面龙骨状凸起上平滑,稀具1~2个白色透明小刺,先端具突尖或不明显。产地与生境同原种。

467 砖子苗

Mariscus umbellatus Vahl

莎草科 Cyperaceae　　砖子苗属

形态特征 多年生，高10~50cm。根状茎短。秆疏丛生，钝三棱柱形，基部膨大，具鞘。叶短于秆或与秆几等长；叶片条形，宽3~6mm，下部常折合，向上渐平展；叶鞘褐色或红褐色。苞片5~8，叶状，斜展；聚伞花序简单；穗状花序圆筒形或圆柱状，长10~25mm，直径6~10mm，密生小穗；小穗平展或稍俯垂，长3~5mm，具1~2花，小穗轴具宽翅；鳞片膜质，长圆状卵形，长约3mm，边缘内卷，淡黄色或绿白色，具3脉；柱头3。小坚果具微凸细点。花果期4—11月。

分布与生境 见于全市丘陵地区，平原偶见；生于山坡、溪边、河岸、湖池边湿润处。产于全省大多数县域；分布于黄河流域及其以南地区。

主要用途 全草、根状茎及根药用。

468 红鳞扁莎

| *Pycreus sanguinolentus* (Vahl) Nees

莎草科 Cyperaceae　　扁莎属

形态特征 一年生,高15~30cm。秆密丛生,扁三棱柱形;全体无毛。叶片条形,宽3~4mm,前缘稍粗糙;叶鞘多。苞片2~5,叶状,下部2~3枚长于花序;聚伞花序简单,具2~5辐射枝,辐射枝长短不一,有时短缩成球状;小穗长6~14mm,先端钝,小穗轴具狭翅;鳞片宽卵形,长约2.5mm,先端钝,具3~5脉,具黄绿色龙骨状凸起,两侧麦秆黄色,边缘暗褐红色或紫红色;柱头2。小坚果具鱼鳞状小泡。花果期9—11月。

分布与生境 见于桥头(栲栳山);生于山岙水湿地。产于丽水及杭州市区、临安、余姚、北仑、宁海、象山、开化、黄岩、泰顺等地;分布于全国各地。

主要用途 全草药用,有清热解毒、祛湿退黄之功效。

469 刺子莞

Rhynchospora rubra（Lour.）Makino

莎草科 Cyperaceae　　刺子莞属

形态特征 多年生，高30~60cm。根状茎极短。秆丛生，钝三棱柱形，无毛。叶鞘褐黄色，长1~7cm，先端闭合；叶近基生；叶片条形，宽1.5~3.5mm，短于秆，先端渐狭成三棱形，边缘粗糙。苞片4~7，叶状，不等长，下部或基部密生缘毛；头状花序顶生，球形，直径10~15mm，具多数小穗；小穗狭披针形，长约8mm，棕色；鳞片7~8，下部3鳞片和最上部1鳞片中空无花，中上部3鳞片内各具单朵花；下位刚毛3~6，长短不一；柱头1或2。小坚果具细点。花果期6—10月。

分布与生境 见于横河（梅湖）；生于山坡疏林下。产于杭州、宁波、台州、丽水、温州等地；分布于长江流域及其以南地区。

主要用途 全草药用，有清热利湿之功效。

470 萤蔺

Schoenoplectus juncoides (Roxb.) Palla

莎草科 Cyperaceae　　水葱属

形态特征　多年生,高 20~50cm。根状茎短。秆丛生,有时具棱;基部具 2~3 叶鞘,鞘口斜截形,顶端急尖或圆形,边缘干膜质。无叶片。苞片 1,为秆的延伸,直立,长 5~15cm;小穗 2~5(7),聚成头状,卵形或长球状卵形,长 8~17mm,具多数花;鳞片宽卵形或卵形,长约 4mm,先端骤缩成短尖,具 1 脉,两侧有深棕色条纹;下位刚毛 5~6,等长于或短于小坚果,具倒刺;柱头(2)3。小坚果稍皱缩,具光泽。花果期 7—11 月。

分布与生境　见于庵东(十塘外);生于海涂地。产于杭州、宁波、丽水及安吉、开化、天台、文成、泰顺等地;分布于除内蒙古、甘肃、西藏以外的全国各地。

主要用途　全草药用,名"野马蹄草",有清热解毒、凉血利水、清心火、止吐血之功效。

附种　水毛花 ***S. triangulatus***,秆锐三棱柱形;小穗 4~9;下位刚毛长为小坚果长的 1.5 倍或与之近等长。见于桥头(东栲栳山);生于山岙浅水中。

471 华东藨草

Scirpus karuizawensis Makino

莎草科 Cyperaceae 藨草属

形态特征 多年生，高80~180cm。根状茎短。秆丛生，粗壮，坚硬，略呈三棱柱形，具5~7节。叶坚硬，短于秆，宽4~10mm；鞘常红棕色。苞片1~4，叶状，长于花序；聚伞花序多回复出，顶生和侧生，组成圆锥形；小穗5~10个簇生，长球形或卵球形，长5~7mm，有多数花；鳞片披针形或长圆状卵形，先端急尖或渐尖，长约3mm，红棕色，具1脉；下位刚毛6，下部卷曲，长于小坚果数倍，伸到鳞片外，顶端疏生顺刺；柱头3。花果期6—10月。

分布与生境 见于观海卫、桥头、匡堰；生于山谷湿地与溪沟边。产于宁波及杭州市区、临安、普陀等地；分布于华中、东北及江苏、安徽、云南、山东等地。

主要用途 全草药用，有清热解毒、凉血、利尿之功效；供水边绿化。

472 菖蒲

| *Acorus calamus* L.

天南星科 Araceae　　菖蒲属

形态特征　多年生,常绿。根状茎粗壮,直径0.5~2.5cm,芳香;肉质根多数,具毛发状须根。叶基部两侧膜质叶鞘宽4~5mm;叶片剑状条形,长达150cm,宽1~3cm,基部宽,对折,中部以上渐狭,两面中肋明显隆起,侧脉3~5对,多伸延至叶尖。花序梗三棱形,长15~50cm;叶状佛焰苞剑状条形,长20~50cm;肉穗花序狭锥状圆柱形,长4~8cm,直径0.6~2cm,花密集;花黄绿色,小。果序粗达2cm;浆果长球形,红色。花果期4—9月。

分布与生境　见于全市各地;生于池塘边、沟渠、沼泽湿地等水湿地。产于全省各地;分布于全国各地。

主要用途　全草芳香,可作香料或驱虫;根状茎可药用,名“白菖蒲”,有化痰、开窍、健脾、利湿之功效;供水湿地绿化观赏;民间每逢端午节,悬菖蒲、艾叶于门窗,以祛避邪疫。

473 石菖蒲

Acorus tatarinowii Schott

天南星科 Araceae　　菖蒲属

形态特征 多年生，常绿。根状茎肉质，稍扁，横走，有分枝，具香气，具毛发状叶鞘残留物，直径0.5~1.5cm，节间长3~5mm。叶鞘套叠状，两端膜质部分宽2~5mm；叶近基生，2列；叶片条形，革质，长10~50cm，宽7~13mm，基部对折，无中肋，平行脉多数。花序梗长4~15cm；佛焰苞叶状，部分与花序梗合生，长13~25cm；肉穗花序圆柱状，长2.5~10cm，直径3~7mm；花白色。浆果成熟时黄绿色或黄白色。花果期4—7月。

分布与生境 见于全市丘陵地区；生于溪边岩石上。产于全省各地；分布于黄河以南地区。

主要用途 供盆栽观赏；根状茎药用，有开窍化痰、避秽杀虫之功效；嫩茎及根状茎作野菜。

474　华东魔芋　东亚魔芋　蛇头草

Amorphophallus kiusianus (Makino) Makino

天南星科　Araceae　　魔芋属

形态特征　多年生。块茎扁球形,直径3~20cm。鳞叶2。叶1枚;叶柄粗壮,具白色斑块,长达1.5m,光滑;叶片掌状3全裂,裂片长达50cm,每一裂片二歧分叉后再羽状深裂,小裂片狭卵形或卵形,长4~10cm,宽3~3.5cm。花序梗长25~45cm;佛焰苞长15~20cm,管部席卷,长6~8cm,外面具白色斑纹,内面暗青紫色,基部有疣状凸起,檐部斜漏斗状,长12~15cm,外面淡绿色,内面淡红色,边缘带杂色,两面均有白色圆形斑块;肉穗花序圆柱形,上部雄花,下部雌花;附属物长圆锥状,长7~14cm,深青紫色,散生紫黑色硬毛。果序圆柱状;浆果球形或扁球形,红色,熟时蓝色。花期5—6月,果期7—8月。

分布与生境　见于龙山、市林场;生于疏林下、林缘灌草丛中。产于宁波、舟山、衢州、台州、温州等地;分布于华东。

主要用途　块茎加工后可食用;块茎药用,有消肿散结、解毒止痛、化痰之功效;全株有毒。

475 灯台莲 全缘灯台莲 *Arisaema bockii* Engl.

天南星科 Araceae 天南星属

形态特征 多年生。块茎扁球形，直径2~3cm。鳞叶2。叶2枚；叶柄长20~30cm，下部1/2具鞘；叶片鸟足状分裂，裂片通常5，卵形、长卵形或长圆形，全缘或具不规则粗锯齿至细锯齿，中裂片最大，长13~18cm，宽9~12cm，先端渐尖，基部楔形，小叶柄长0.5~2.5cm，外侧裂片的内侧基部楔形，外侧圆形或耳状，无柄。花序梗短于叶柄或几等长；佛焰苞具淡紫色条纹，管部漏斗状，长6~10cm，喉部边缘近戟形，无耳，檐部长6~10cm，宽2.5~5.5cm；肉穗花序单性；附属物棒状或长柱状，直径4~5mm，具细柄。浆果黄色。花果期4—8月。

分布与生境 见于龙山、掌起、观海卫、市林场等丘陵地区；生于林下或溪沟边湿润处。产于杭州、宁波、舟山、台州、温州等地；分布于华东、华中及广东、广西、贵州。

主要用途 块茎药用，有燥湿化痰、祛风止痉、散结消肿之功效。

476 天南星

Arisaema heterophyllum Blume

天南星科 Araceae　　天南星属

形态特征　多年生。块茎近球形或扁球状,直径1.5~4cm,常具侧生小块茎。鳞叶4~5,膜质。叶1枚;叶柄长25~50cm,下部3/4鞘状;叶片鸟足状分裂,裂片7~19,倒披针形、长圆形、条状披针形,先端渐尖,基部楔形,全缘,无柄或具短柄,侧裂片长7~22cm,宽2~6cm,中裂片最小。花序梗常短于叶柄;佛焰苞管部长3~8cm,喉部戟形,边缘稍外卷,檐部卵形或卵状披针形,长4~9cm,常下弯呈盔状,先端骤狭渐尖;肉穗花序有两性花序和单性雄花序2种,前者雄上雌下排列;花序顶端附属物鼠尾状,长10~20cm,显著伸出佛焰苞而呈"之"字形上升。浆果黄红色、红色。花果期4—9月。

分布与生境　见于全市丘陵地区;生于林下、溪沟旁等湿润处。产于杭州、宁波、舟山、金华、丽水、温州等地;分布于除西北和西藏以外的全国各地。

主要用途　块茎药用,有解毒消肿、祛风定惊、化痰散结之功效;块茎生品有毒。

477 半夏

| *Pinellia ternata*（Thunb.）Makino

天南星科 Araceae　　半夏属

形态特征 多年生。块茎球形，直径1~2cm。叶(1)2~5；叶柄长10~25cm，基部具鞘，鞘内、鞘部以上或叶片基部具珠芽；幼苗叶片卵心形至戟形，长2~6cm，宽2~4cm，全缘；成年植株叶片3全裂，裂片长椭圆形或披针形，中裂片长3~10cm，宽1~3cm，侧裂片稍短，两端锐尖，全缘或浅波状。花序梗长20~30cm，长于叶柄；佛焰苞绿色，管部狭圆柱形，长1.5~2cm，檐部长圆形，有时边缘呈青紫色，长4~5cm；肉穗花序两性，上部雄花，下部雌花；附属物细柱状，绿色至带紫色，长6~10cm，远超出佛焰苞。浆果黄绿色。花期4—5月，果期6—8月。

分布与生境 见于全市各地；生于疏林下、溪边、田野、路旁潮湿处。产于全省各地；分布于我国绝大部分省份。

主要用途 块茎药用，有燥湿化痰、降逆止呕、消痞散结之功效；块茎有毒。

478 大薸 大浮莲

| *Pistia stratiotes* L.

天南星科 Araceae　　大薸属

形态特征 水生漂浮草本。白色纤维根长而悬垂。茎上节间极短。叶簇生,呈莲座状;叶片因发育阶段不同而异形,通常倒卵状楔形,长2.5~10cm,先端截形或浑圆,基部厚,两面均被茸毛,叶脉7~15,扇状伸展,下面隆起;几无柄;叶鞘托叶状,干膜质。佛焰苞生于叶簇中央,白色,叶状,甚小;肉穗花序;花单性,雌雄同株;无花被。果未见。花期8—10月。

分布与生境 归化种。原产于巴西。我国有归化。全市各地见归化;生于池塘、河道或沟渠中。

主要用途 可作青饲料;全草药用,有祛风发汗、利尿解毒之功效;植株供观赏。

附注 薸,音piáo。

479 浮萍 青萍 | *Lemna minor* L.

浮萍科 Lemnaceae　　浮萍属

形态特征 漂浮微小草本。叶状体呈宽倒卵形或椭圆形，长2~5mm，宽2~4mm，两侧对称，两面均呈绿色，具不明显5脉，下面中部有1条根；根长3~4cm，根管端钝。叶状体两侧具囊，囊内生营养芽和花，繁殖时于叶状体囊内出芽，形成新个体。花果期5—7月。

分布与生境 见于全市各地；生于池塘、水田等静水中。产于全省各地；广布于全国。

主要用途 可作禽畜和草鱼饲料；全草药用，有发汗、利水、消肿之功效。

480 紫萍 紫背浮萍

Spirodela polyrhiza（L.）Schleid.

浮萍科 Lemnaceae　　紫萍属

形态特征　漂浮微小草本。叶状体扁平，长5~9mm，宽4~7mm，两端圆钝，上面绿色，有5~11脉，下面常紫色；中部簇生5~11条根，根长3~5cm。繁殖时于叶状体两侧囊内出芽，形成新个体。花果期8—9月。

分布与生境　见于全市各地；生于水田、池塘、水沟等静水中。产于全省各地；广布于全国。

主要用途　全草药用，有宣散风热、透疹、利尿之功效。

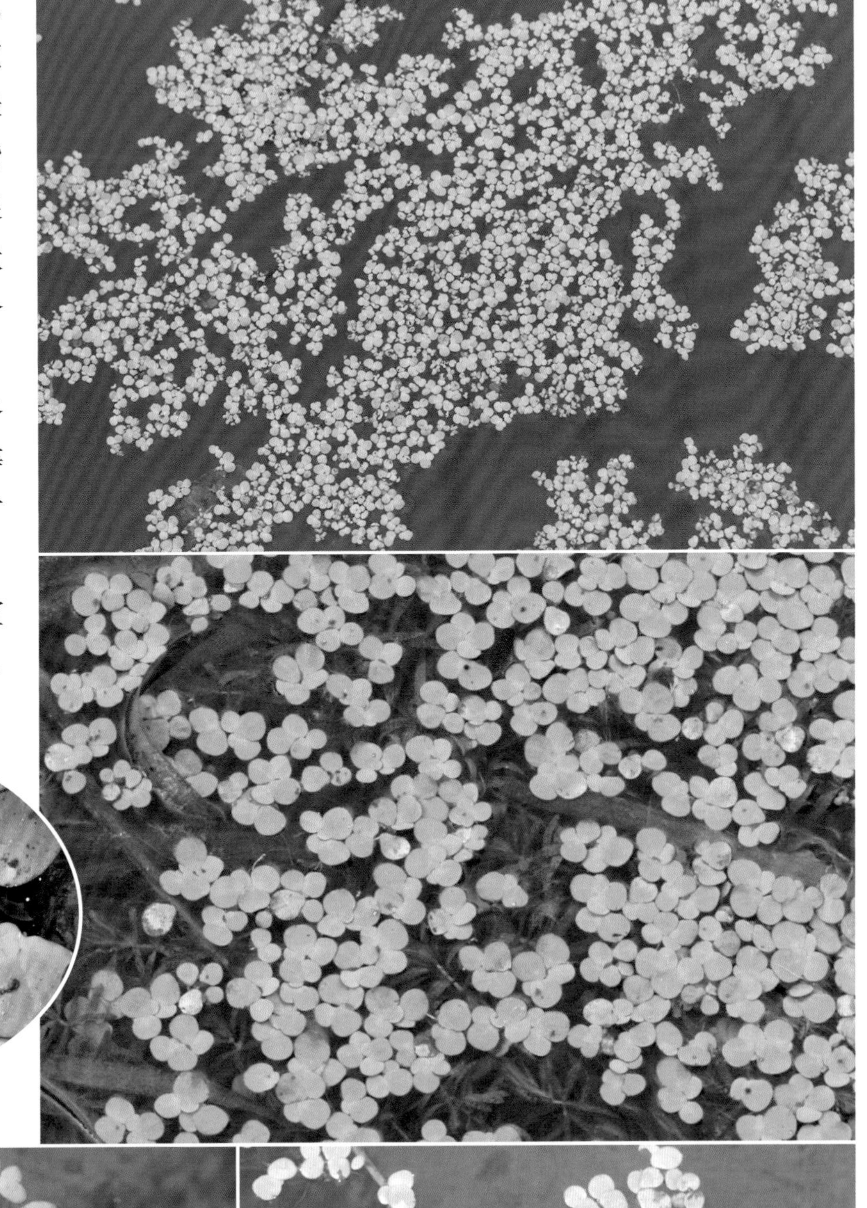

481 无根萍 微萍

Wolffia globosa (Roxb.) Hartog et Plas

浮萍科 Lemnaceae　　无根萍属

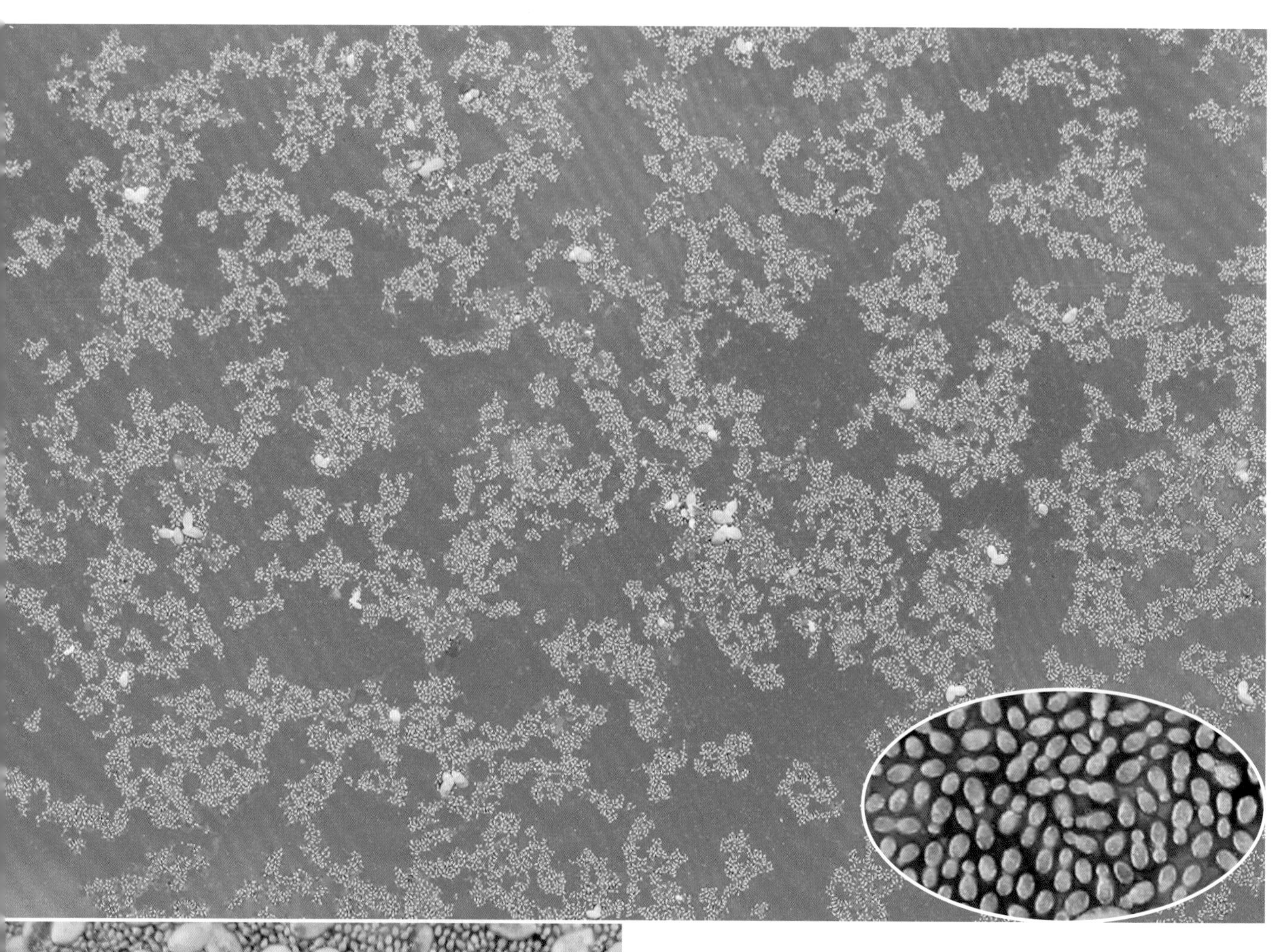

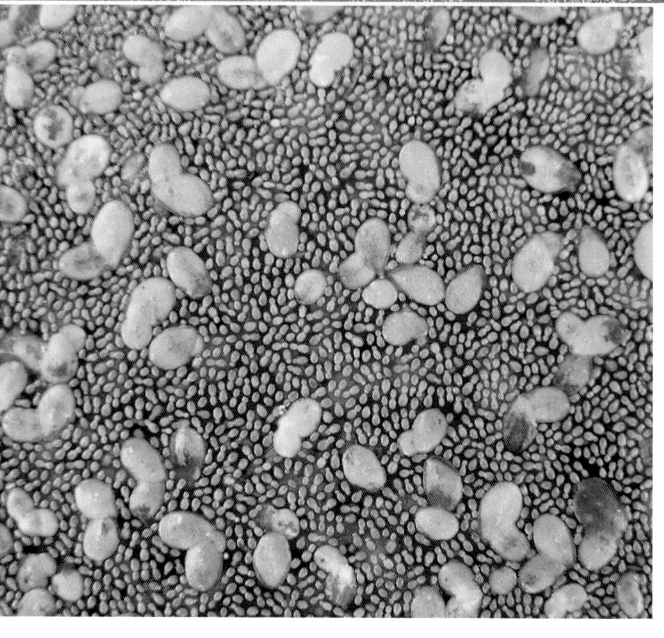

形态特征 漂浮草本。为世界上最小的种子植物。叶状体极微小，近圆形、卵形或半圆形，长1.3~1.5mm，宽约1mm，一端近平截，一端钝尖，无叶脉；无根。繁殖时于叶状体顶端分裂，产生新个体，与母体套叠在一起，呈2个连接状。花果期7—9月。

分布与生境 见于全市各地；生于池沼等静水中。产于全省各地；广布于全国。

主要用途 可作鱼类和家禽饲料；作野菜。

482 谷精草

Eriocaulon buergerianum Koern.

谷精草科 Eriocaulaceae 谷精草属

形态特征 湿生植物。茎不显著。叶基生;叶片长披针状条形,长6~20cm,宽4~6mm,有横脉。花序梗多数,长短不一,高达30cm;头状花序球形,直径4~6mm;总苞片倒卵形或近圆形,长2~2.5mm,背面上部被白色棒状毛;苞片上部密生白色短毛;花托具长柔毛;花萼3,合生成佛焰苞状,先端具3圆齿。雄花花瓣3,合生成高脚碟状,上部3浅裂;花药黑色。雌花花瓣3,离生,棍棒状,近先端有1黑色腺体,具长腺毛。花果期9—11月。

分布与生境 见于全市丘陵地区与南部平原;生于溪沟、池塘与水田等湿润处。产于全省各地;分布于长江以南地区。

主要用途 带花序梗的头状花序药用,有疏风、明目、退翳之功效。

483 鸭跖草 *Commelina communis* L.

鸭跖草科 Commelinaceae　　鸭跖草属

形态特征　一年生,高20~50cm。茎上部直立,下部匍匐,多分枝。叶片卵形至披针形,长3~10cm,宽1~2cm,先端急尖至渐尖,基部宽楔形;无柄或近无柄;叶鞘近膜质,紧密抱茎,散生紫色斑点,鞘口有长睫毛。聚伞花序顶生;总苞片1,佛焰苞状,心状卵形,长1~2cm,折叠,边缘分离;萼片白色;花瓣卵形,后方2枚较大,蓝色,长1~1.5cm,有长爪,前方1枚较小,白色,无爪。蒴果2瓣裂。花果期6—11月。

分布与生境　见于全市各地;生于山坡、溪谷、田野、路边、宅旁阴湿处。产于全省各地;分布于除青海、新疆、西藏以外的全国各地。

主要用途　嫩茎叶作野菜,也作饲料;全草药用,有清热解毒、消肿利尿之功效。

附种　饭包草 ***C. benghalensis***,全株被柔毛;叶片卵形,具柄;总苞片近漏斗状,下部边缘合生,后方2枚花瓣长5~8mm;蒴果3瓣裂。见于全市各地;生于林下、溪边、田野、路边、宅旁潮湿处。

484 裸花水竹叶 *Murdannia nudiflora* (L.) Brenan

鸭跖草科 Commelinaceae　　水竹叶属

形态特征 多年生，高10~30cm。茎细长，直立或基部匍匐，直径约1.5mm，无毛；叶片长圆状披针形，长2.5~7cm，宽5~10mm，边缘近基部具睫毛；叶鞘疏生长柔毛。聚伞花序排成疏松顶生圆锥花序；苞片卵状披针形，长5~6mm，疏生长柔毛；花梗长3~4mm；萼片长3~4mm；花瓣淡紫色，倒卵形，与萼片近等长或稍短；退化雄蕊顶端3全裂。蒴果卵球形，长3~4mm。花果期7—10月。

分布与生境 见于全市各地；生于山坡、溪沟边、路旁或草坪潮湿处。产于全省各地；分布于华东、华中、华南、西南。

主要用途 全草药用，有清肺热、消肿毒、凉血、止血之功效；嫩茎叶作野菜。

485 凤眼莲 水葫芦 凤眼蓝 | *Eichhornia crassipes*（Mart.）Solms

雨久花科 Pontederiaceae **凤眼莲属**

形态特征 浮水草本，高30~50cm。须根发达。根状茎极短，侧生长匍匐枝可形成新株。叶丛生，呈莲座状；叶片卵形、菱状宽卵形或肾圆形，长、宽近相等，长3~15cm，先端圆钝，无毛，具光泽；叶柄长4~16(25)cm，基部具鞘，略带紫色，近中部膨大成纺锤形气囊。穗状花序长于叶，花茎中部具鞘状苞片；花被片蓝紫色，长4.5~6cm，花被管外面有腺毛，花被片6裂，上方裂片较大，有周围蓝色而中心黄色的斑块。花期7—9月，果期8—11月。

分布与生境 归化种。原产于巴西。我国长江以南有归化。全市各地有归化；生于池塘、河道、水沟及水田等静水处。

主要用途 全草药用，有清热解暑、利尿消肿、祛风湿之功效；叶柄作野菜；蜜源植物；为净化水体的良好植物，但繁殖力太强而易致河道阻塞。

486 鸭舌草 | *Monochoria vaginalis* (Burm. f.) C. Presl ex Kunth

雨久花科 Pontederiaceae 雨久花属

形态特征 挺水草本,高10~30cm。全株光滑无毛。茎直立或斜升。叶片形状和大小多变,宽卵形、卵形、披针形或条形,长2~7cm,宽0.5~6cm,先端渐尖,基部圆形、截形至心形,全缘,具弧状脉;叶柄长可达20cm,基部成长鞘。总状花序,开花后常下垂;花蓝色,长约1cm,花被片披针形或卵形。蒴果。花期7—10月,果期8—11月。

分布与生境 见于全市各地;生于水塘、水田、沟渠等浅水处。产于全省各地;分布于黄河以南地区。

主要用途 全草药用,有清热解毒、止痛、止血之功效;嫩叶作野菜,也作饲料。

487 江南灯心草

Juncus prismatocarpus R. Br.

灯心草科 Juncaceae　　灯心草属

形态特征 多年生,高30~70cm。茎簇生,微压扁,有节,直径2~3mm。叶基生兼茎生;叶片圆柱形,长10~20cm,直径1.5~3mm,中空,单管型,有贯连的竹节状横隔;叶耳微小,膜质。花3~10朵或更多,排列成小头状花序,再组成顶生复聚伞花序;总苞片条状披针形,短于花序;花被片披针形,长3~3.5mm,边缘狭膜质;雄蕊3。蒴果三棱状圆锥形,远长于花被片,具短喙。花期5—6月,果期6—9月。

分布与生境 见于全市丘陵地区;生于山坡、山谷、溪边水湿处。产于全省各地;分布于长江流域及其以南地区。

主要用途 茎可供造纸、编席;嫩茎、叶作饲料。

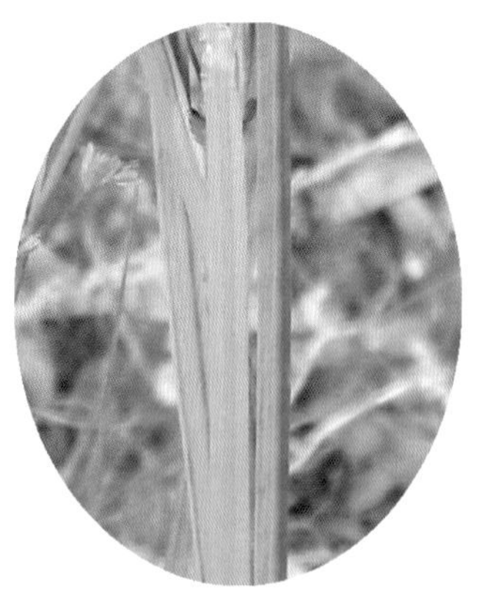

附种1　翅茎灯心草 ***J. alatus***,茎扁平,两侧具显著狭翅;叶片多管型,不具横隔;雄蕊6。见于匡堰(邵岙湖)等地;生于溪边潮湿处。

附种2　星花灯心草 ***J. diastrophanthus***,叶片多管型,不具横隔;上部茎有时具狭翅。见于全市丘陵地区;生于山坡、山谷、溪沟边水湿处。

488 野灯心草 *Juncus setchuensis* Buchenau

灯心草科 Juncaceae　　灯心草属

形态特征 多年生，高30~60cm。根状茎横走。茎深绿色，簇生，圆柱形，细弱，直径0.8~1.5mm，有多数细纵棱。叶基生或近基生；叶片大多退化成刺芒状；叶鞘中部以下紫褐色至黑褐色；叶耳缺如。复聚伞花序假侧生，较开展；总苞片似茎的延伸，直立，长5~15cm；花被片卵状披针形，近等长，长2~2.5mm，边缘膜质；子房不完全3室。蒴果。花期3—4月，果期4—7月。

分布与生境 见于全市各地；生于溪谷、田间、路旁湿润处或池塘、河沟浅水处。产于全省各地；分布于长江流域及其以南地区。

主要用途 茎作编织原料；茎髓药用，有利尿通淋、泄热安神之功效。

附种 灯心草（席草）***J. effusus***，茎黄绿色，粗壮，直径1.5~4mm；叶大多退化殆尽；子房3室。见于全市各地；生于山谷、溪边、路旁、田野潮湿处。

489 多花地杨梅

| *Luzula multiflora* (Ehrh.) Lej.

灯心草科 Juncaceae　　地杨梅属

形态特征 多年生,高15~40cm。根状茎短。茎簇生。叶片条形或披针形,基生者长7~15cm,宽2~5mm,茎生者较短,边缘有长柔毛;叶鞘闭合;叶舌和叶耳均缺如。花簇生成小头状花序,再排成复聚伞花序;花序分枝近辐射状;苞片条状披针形;花被片披针形,外轮长2.5~3mm,内轮稍短,先端渐尖,边缘膜质。种子具尾状附属物,长约为种子长之半。花果期3—5月。

分布与生境 见于龙山(方家河头)、匡堰(蹋脑岗);生于山坡、路边草丛中。产于杭州及余姚、北仑、普陀等地;分布于我国南北各地。

主要用途 全草、果实入药,用于治疗赤白痢疾、淋症、便秘。

490 薤白 小根蒜 狗葱子 | *Allium macrostemon* Bunge

百合科 Liliaceae 葱属

形态特征 多年生,高30~60cm。具葱蒜气味。鳞茎近球形,直径1~1.5cm,有时基部具小鳞茎;鳞茎皮外层带黑色,易脱落,内层白色。叶3~5,无柄;叶片半圆柱状或三棱状条形,直径1~2mm,中空,上面具沟槽。花葶圆柱状,实心,下部为叶鞘所包裹;伞形花序半球形至球形,密聚暗紫色珠芽,间有数花,稀全花;总苞膜质,宿存;花淡紫色或淡红色,稀白色,花被片先端稍尖;花梗长7~12mm;花丝稍长于花被片。花果期5—7月。

分布与生境 见于全市各地;生于田野、山坡、路旁草丛中。产于全省各地;广布于除青海、新疆以外的全国各地。

主要用途 叶、嫩茎及鳞茎作野菜;鳞茎药用,有理气、宽胸、散结、祛痰之功效。

附注 薤,音xiè。

附种 藠头(荞头)***A. chinense***,鳞茎卵形至狭卵形;叶片三棱柱状或五棱柱状;花序内无珠芽;花被片先端圆钝,花丝长为花被片长的1.5倍;花果期10—11月。见于全市丘陵地区;生于林下、溪边、路旁灌草丛中。(注:藠,音jiào。)

491 老鸦瓣

Amana edulis (Miq.) Honda

百合科 Liliaceae　　老鸦瓣属

形态特征 多年生,高10~25cm。鳞茎卵形,直径1.5~2cm;鳞茎皮黑褐色,内面密被黄褐色长柔毛。茎细弱,通常不分枝。叶基生兼茎生;茎下部叶1对,条形,等宽,长15~25cm,宽通常4~9mm;茎上部叶对生,稀3枚轮生,苞片状,条形,长2~3cm。花单生于茎顶,白色;花瓣6,长圆状披针形,长1.8~2.5cm,背面有紫红色纵条纹;雄蕊3长2短。蒴果具长喙。花期2—4月,果期4—5月。

分布与生境 见于全市丘陵地区,平原偶见;生于山坡、路边草地。产于浙江中北部地带;分布于江苏、安徽、江西、湖北、湖南、山东、陕西、辽宁等地。

主要用途 鳞茎可提取淀粉、制酒精;鳞茎药用,有清热解毒、消肿散瘀之功效;蜜源植物。

492 天门冬

Asparagus cochinchinensis (Lour.) Merr.

百合科 Liliaceae　　天门冬属

形态特征 多年生攀援植物。根状茎粗短,具肉质膨大纺锤状块根。茎无毛,分枝具纵棱或狭翅;叶状枝3枚簇生,有时1~5枚,稍呈镰状,扁平,长1~4cm,宽1~1.5mm,中脉龙骨状隆起。叶鳞片状,膜质;主茎基部具硬刺状距,距长2.5~3.5mm,分枝基部距较短或不明显。花单性,雌雄异株;花小,簇生于叶腋,淡绿色;花梗具关节。浆果球形,成熟时红色。花期5—6月,果期8—9月。

分布与生境 见于全市丘陵地区;生于山坡林下或溪谷边灌草丛中。产于全省各地;分布于黄河中下游以南地区。

主要用途 块根药用,有滋阴生津、润肺清心之功效;嫩芽、块根作野菜;植株可供观赏。

493 绵枣儿 | *Barnardia japonica*（Thunb.）Schult. et Schult. f.

百合科 Liliaceae 绵枣儿属

形态特征 多年生,高15~40cm。鳞茎卵形或近球形,直径1~2.5cm;鳞茎皮黑褐色或褐色。叶基生,通常2枚;叶片倒披针形,长4~15cm,宽5~7mm,先端急尖,基部渐狭。花葶常于叶枯后生出,(1)2枚。总状花序长3~12cm;苞片膜质,狭披针形,短于花梗;花小,紫红色、淡红色至白色;花梗长2~6mm,顶端具关节;花被片6,长2.5~3mm。花果期9—10月。

分布与生境 见于全市丘陵地区,平原偶见;生于山坡林下、林缘、路旁草丛中及绿化带内。产于全省各地;分布于华东、华中、西南、华北、东北及广东等地。

主要用途 鳞茎可蒸食或供酿酒;鳞茎或全草药用,有活血解毒、消肿止痛之功效;花供观赏。

494 荞麦叶大百合 | *Cardiocrinum cathayanum*（E.H. Wilson）Stearn

百合科 Liliaceae　　大百合属

形态特征 多年生，高 60~120cm。小鳞茎高约 2.5cm，直径 1.2~1.5cm。茎直径 1~2cm。叶片卵状心形，长 10~22cm，宽 6~16cm，先端急尖，基部近心形；叶柄长 2~20cm。总状花序有花 3~5 朵；苞片膜质，长圆状披针形，长 4~5.5cm；花乳白色，内具紫色条纹，狭喇叭形；花梗粗短；花被片 6，倒披针形，长约 13cm，宽 1.5~2cm；花柱长 6~6.5cm。蒴果近球形至椭球形，长 4~5cm，直径 3~3.5cm。花期 7—8 月，果期 9—11 月。

分布与生境 见于龙山、掌起、观海卫、市林场等东部丘陵地区；生于山坡林下阴湿处或溪沟边草丛中。产于我省中北部地区；分布于江苏、安徽、江西、湖北、湖南。

主要用途 国家二级重点保护野生植物。叶、花供观赏。

495 山菅　　*Dianella ensifolia* (L.) DC.

百合科　Liliaceae　　山菅属

形态特征　多年生,常绿。根状茎圆柱形,直径约1cm。叶近基生,2列;叶片革质,条状披针形,长30~60cm,宽1~2.5cm,基部稍收缩,两面无毛,中脉在下面隆起;叶鞘侧扁,基部套叠状抱茎,边缘和脊上具褐色膜质狭翅。圆锥花序长10~30cm;具苞片;花绿白色、淡黄色至淡紫色;花梗长5~10mm,顶端具关节;花被片长圆状披针形,长6~7mm;雄蕊呈膝曲,上部膨大。浆果近球形,蓝色或蓝紫色。花果期3—10月。

分布与生境　见于我市东部丘陵地区;生于近海山坡林缘或草丛中。产于宁波、温州及普陀、椒江等地;分布于华南、西南及江西、福建等地。

主要用途　根状茎药用,有拔毒消肿之功效,但有毒,严禁内服。

496 萱草

Hemerocallis fulva (L.) L.

百合科 Liliaceae　　萱草属

形态特征　多年生,高达1.2m。根稍肉质,常膨大成棍棒状或纺锤状。叶基生,2列;叶片宽条形至条状披针形,长40~80cm,宽1.5~3.5cm,鲜绿色。花葶具无花苞片;圆锥花序近二歧,蜗壳状;花大型,橘红色至橘黄色,无香气,近漏斗状,长7~15cm;花梗长约5mm;花被片下部合生成花被筒,外轮3裂片长圆状披针形,宽1.2~1.8cm,内轮3裂片长圆形,宽可达2.5cm,下部通常具倒V形褐红色斑纹,盛开时向外反曲。花期5—8月。

分布与生境　见于全市丘陵地区;生于林下或溪沟边阴湿处。产于全省各地,亦见栽培;分布于秦岭以南地区。

主要用途　肉质根、嫩叶、花作野菜;根药用,有镇痛、利尿、消肿之功效;花供观赏。

497 紫萼

| *Hosta ventricosa* (Salisb.) Stearn

百合科 Liliaceae 玉簪属

形态特征 多年生,高30~80cm。根状茎粗短,直径0.3~1cm。叶基生;叶片卵状心形、卵圆形或卵形,长6~18cm,宽3~14cm,先端短尾状或骤尖,基部心形、圆形或近截形,侧脉7~11对;叶柄长6~25cm。花葶具1~2枚无花苞片;总状花序具花10~30朵;花淡紫色,长4~6cm,单生于白色苞片内;花梗长7~10mm;花被片下半部合生成长管状,上半部合生成钟状,裂片长1.5~1.8cm。蒴果具3棱。花果期6—10月。

分布与生境 见于龙山、掌起等地;生于溪边及疏林下。产于全省各地;分布于长江流域及其以南地区。

主要用途 叶、花供观赏;根、叶、花分别药用;嫩叶、花作野菜。

498 卷丹

| *Lilium tigrinum* Ker Gawl.

百合科 Liliaceae **百合属**

形态特征 多年生，高 80~150cm。鳞茎扁球形，直径 4~8cm；鳞片宽卵形，长 2.5~3cm，宽 1.4~2.5cm。茎带紫色，被白色绵毛。单叶，互生；叶腋常有紫黑色珠芽；叶片长圆状披针形至卵状披针形，稀条状披针形，长 5~20cm，宽 0.5~2cm，向上渐变小而呈苞片状，边缘有小乳头状凸起。总状花序有花 3~10 朵；叶状苞片卵状披针形，先端明显增厚；花橘红色，下垂；花梗长 4~9cm，中部具 1 小苞片；花被片披针形，长 6~12cm，内面散生紫黑色斑点，中部以上反卷。花期 7—8 月，果期 9—10 月。

分布与生境 见于全市丘陵地区；生于山坡林下、溪沟边灌草丛中。产于全省各地；分布于长江流域、黄河中下游及广西、新疆、吉林等地。

主要用途 鳞茎、花作野菜；鳞茎是中药材“百合”的主要来源；供栽培观赏。

附种 野百合 ***L. brownii***，叶腋无珠芽；花乳白色，喇叭形；花被片无斑点，上部张开或先端外弯但不反卷。见于全市丘陵地区；生于山坡林下、溪边、路旁灌草丛中。

499 山麦冬

| *Liriope spicata* Lour.

百合科 Liliaceae　　山麦冬属

形态特征　多年生。地下走茎细长;根近末端常膨大为肉质块根,呈纺锤状,块根小而少。叶基生,无柄;叶片宽条形,长20~40(50)cm,宽4~10mm,具5脉,边缘具细锯齿;叶鞘边缘膜质。花葶通常浑圆,近等长于叶簇;总状花序长6~15cm或更长;花淡紫色或黄白色,常2~5朵簇生于苞片内;花梗长2~4mm,具关节;花被片长4~5mm;花药椭球形,几与花丝等长。种子核果状,近球形,成熟时黑色。花期6—8月,果期9—11月。

分布与生境　见于全市丘陵地区和沿山平原;生于山坡林下、溪边、路旁或山麓灌草丛中。产于全省各地;分布于黄河中下游以南地区。

主要用途　供栽培观赏;根药用,有养阴润肺、清心除烦、益胃生津之功效;块根作野菜。

附种1　禾叶山麦冬 ***L. graminifolia***，叶片宽2~4mm；花被片长3.5~4mm；花药短于花丝。见于全市丘陵地区；生于山坡林下、山谷、溪边灌草丛中。

附种2　阔叶山麦冬 ***L. muscari***，无地下走茎；叶片宽5~20mm或更宽；总状花序长可达45cm。见于全市丘陵地区；生于山坡林下、山谷溪边阴湿处。

500 麦冬 麦门冬 麦虋冬 门冬 | *Ophiopogon japonicus* (L.f.) Ker Gawl.

百合科 Liliaceae 沿阶草属

形态特征 多年生。根状茎粗短,木质,具细长地下走茎;具椭球形或纺锤形膨大小块根。叶基生,密集成丛,无柄;叶片条形,长15~50cm,宽1~4mm,边缘具细锯齿;叶鞘膜质,白色至褐色。花葶远短于叶簇,扁平而两侧具明显狭翼;总状花序长2~7cm,稍下弯;花紫色或淡紫色,(1)2(3)朵簇生于苞片内;花梗长2~6mm,常下弯,具关节;花药圆锥形,长2.5~3mm,顶端尖。种子球形,核果状,直径7~8mm,成熟时暗蓝色。花期6—7月,果期8—11月。

分布与生境 见于全市丘陵地区;生于山坡、山冈、山谷、溪边、路旁阴湿处,各地有栽培。产于全省各地;分布于长江流域及其以南地区。

主要用途 块根药用,“浙八味”之一,“慈溪麦冬”是国家农产品地理标志登记保护产品,为麦冬的最主要成员,有养阴生津、润肺止咳之功效;块根作野菜;地下走茎可烟熏驱蚊;优良地被植物。

附注 虋,音mén。

501 华重楼 七叶一枝花

Paris polyphylla Sm. var. *chinensis* (Franch.) H. Hara

百合科 Liliaceae　　重楼属

形态特征　多年生。根状茎粗壮,不等粗,密生环节,直径10~30mm。茎连同花梗高1~1.5m,基部有膜质鞘。叶5~9,常7枚轮生于茎顶;叶片长圆形、倒卵状长圆形或倒卵状椭圆形,长7~20cm,宽2.5~5cm,先端渐尖或短尾尖,基部圆钝或宽楔形;叶柄长0.5~3cm。花梗长5~20cm;花被片每轮4~7枚,外轮叶状,绿色,长3~8cm,宽1~3cm,开展,内轮宽条形,通常远短于外轮。蒴果近球形。种子具红色肉质外种皮。花期4—6月,果期8—10月。

分布与生境　见于掌起(长溪岭)、观海卫(五磊山)等丘陵地区;生于林下阴湿处、山谷溪边草丛中。产于全省各地;分布于长江流域及其以南地区。

主要用途　国家二级重点保护野生植物。根状茎药用,名"七叶一枝花",为著名中药,有清热解毒、消肿止痛之功效;叶、花供观赏。

502 玉竹 葳蕤

| *Polygonatum odoratum*（Mill.）Druce

百合科 Liliaceae **黄精属**

形态特征 多年生,高20~50cm。根状茎扁圆柱形,肉质,常呈竹鞭状,直径5~10mm。茎直立或稍弯拱,不分枝,幼时下部各节具膜质鞘。单叶,互生;叶片椭圆形或长圆状椭圆形,长5~12cm,宽2~4cm,先端急尖或钝,基部楔形或圆钝,下面带灰白色。伞形花序具花(1)2(3)朵;花序梗长0.7~1.2cm;无苞片;花白色,近圆筒形,长14~18mm;花梗长10~20mm,顶端具关节;花被筒基部不收缩为短柄状。浆果成熟时紫黑色。花期4—5月,果期7—8月。

分布与生境 见于龙山、掌起、观海卫、市林场等丘陵地区;生于山坡疏林下、林缘和毛竹园阴湿处。产于全省各地;分布于华东、华中、西南、华北、东北。

主要用途 根状茎药用,有养阴润燥、生津止渴之功效;根状茎、嫩苗作野菜。

附注 蕤,音ruí。

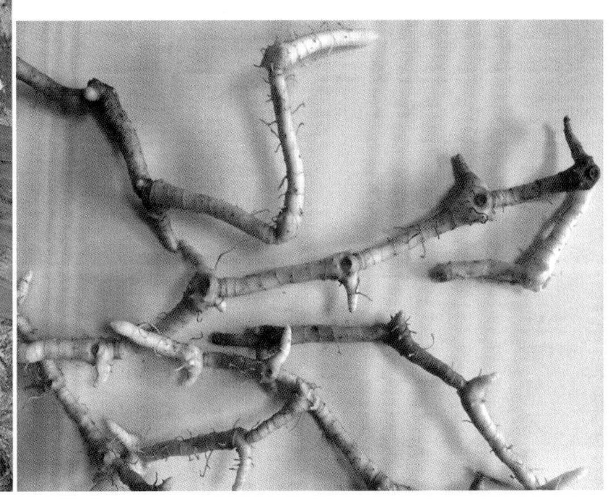

附种1　多花黄精(白及黄精)***P. cyrtonema***,根状茎结节状或连珠状,直径10~25mm;花序常具花2~7朵;花梗具早落的苞片;花被筒基部收缩成短柄状。见于掌起、观海卫、横河、市林场等地;生于山坡林下阴湿处或溪沟边。

附种2　长梗黄精 ***P. filipes***,根状茎结节状,稀连珠状,直径2~20mm;花序梗长2.5~13cm;花梗具早落的苞片;花被筒基部收缩成短柄状。见于掌起、观海卫等地;生于山坡林下阴湿处或溪沟边。

503 牛尾菜

Smilax riparia A. DC.

百合科 Liliaceae　　菝葜属

形态特征　多年生攀援草本。须根发达。茎长1~2m,近中空,干后凹瘪而具沟槽,无刺。单叶,互生;叶片卵形、卵圆形或卵状披针形,长4~16cm,宽2~10cm,先端突尖、骤尖或渐尖,基部浅心形至近圆形,下面绿色,无毛,主脉5~7;叶柄长0.7~2cm,具卷须,翅状鞘全部与叶柄合生。花单性,雌雄异株;伞形花序;花序梗长1~7cm,纤细;花序托稍膨大;小苞片花期不脱落;花黄绿色;雌花通常无退化雄蕊;浆果熟时黑色。花期5—6月,果期8—10月。

分布与生境　见于全市丘陵地区;生于山坡林下、山谷溪边灌草丛中。产于全省各地;分布于除西藏、宁夏、青海、新疆与内蒙古以外的全国各地。

主要用途　带叶嫩芽作野菜;根药用,有祛风、活血、散瘀之功效。

附种　**白背牛尾菜*S. nipponica***,叶片下面苍白色,主脉7~9;花序梗在花后变粗壮,果期尤甚;小苞片早落;雌花具6枚退化雄蕊。见于全市丘陵地区;生于山坡林下、灌丛、溪沟边、路旁。

504 油点草

Tricyrtis chinensis Hir. Takahashi

百合科 Liliaceae　　油点草属

形态特征 多年生，高40~100cm。具1~2节匍匐茎，下部节上簇生稍肉质须根。茎单一，上部疏生糙毛。单叶，互生；叶片卵形至卵状长圆形，长8~15cm，宽4~10cm，先端渐尖或短渐尖，基部圆心形或微心形而抱茎，边缘具短糙毛，上面散生油渍状斑点。二歧聚伞花序长12~25cm，花疏散，花梗长1.2~2.5cm；花被片绿白色或白色，内面散生紫红色斑点，长约1.5cm，中部以上向下反折，外轮花被片基部向下延伸成囊状；花丝向外弯曲；柱头3裂，向外弯垂，每一裂片再二歧，具紫色斑点，密生颗粒状纤毛。蒴果直立。花果期7—11月。

分布与生境 见于全市丘陵地区；生于林下阴湿处。产于全省各地；分布于长江流域及其以南地区。

主要用途 全草或根药用，有补虚、止咳之功效；嫩苗作野菜；花供观赏。

505 仙茅 *Curculigo orchioides* Gaertn.

石蒜科 Amaryllidaceae 仙茅属

形态特征 多年生,高达35cm。根状茎近圆柱形,肉质,直伸,长达10cm,直径约1cm。叶基生;叶片条状披针形或披针形,长10~45cm,宽5~25mm,先端长渐尖,基部渐狭成短柄或近无柄,两面通常散生疏毛,叶脉折扇状。花茎短,隐藏于叶鞘内;苞片披针形,长2.5~5cm,具缘毛;总状花序呈伞房状,通常有花4~6朵;花黄色;花被管长2~2.5cm,有长柔毛,花被裂片6,2轮,长8~12mm,外轮背面散生长柔毛。浆果有长喙。花果期5—9月。

分布与生境 见于全市丘陵地区;生于疏林下、溪沟边、路旁草丛中。产于全省各地;分布于华东、西南及湖南、广西等地。

主要用途 根状茎药用,有温肾阳、强筋骨、祛寒湿之功效;花供观赏。

506 石蒜 蟑螂花 彼岸花 | *Lycoris radiata*（L'Hér.）Herb.

石蒜科 Amaryllidaceae 石蒜属

形态特征 多年生，高30~45cm。鳞茎宽椭球形或近球形，直径2~3.5cm。叶秋季花后抽出，次年初夏枯萎；叶片狭带状，长14~30cm，宽0.4~0.8cm，先端钝，深绿色，中间有粉绿色带。伞形花序着生于花茎顶部，有花4~7朵；总苞片红褐色，干膜质，披针形，长约3.5cm；花鲜红色；花被管绿色，长5~6mm，裂片狭披针形，长2.5~4cm，宽约0.5cm，强烈皱缩并向外卷曲；雄蕊显著伸到花被外，长约为花被长的2倍，花丝中下部鲜红色，近顶部紫色，花药紫色。蒴果。花期9月，果期10—11月。

分布与生境 见于全市丘陵地区，平原偶见；生于林下、溪沟边、路旁阴湿处及绿化带中。产于全省各地；分布于长江流域及其以南地区、山东。

主要用途 花供观赏；鳞茎药用，有解毒、祛痰、利尿、催吐、杀虫之功效；鳞茎有毒。

附种1 中国石蒜*L. chinensis*，春季抽叶，叶片宽约2cm；花橙黄色，花丝、花药黄色。见于龙山（达蓬山）、观海卫（五磊山）；生于溪边阴湿处。

附种2 江苏石蒜*L. houdyshelii*，叶片宽约1.2cm；花白色，雄蕊长为花被长的1.3倍左右，花丝乳白色，有时上部带紫色。见于观海卫（五磊山）；生于山谷、溪边阴湿处。

507 换锦花

Lycoris sprengeri Comes ex Baker

石蒜科 Amaryllidaceae　　石蒜属

形态特征 多年生,高50~60cm。鳞茎椭球形、卵球形至近球形,直径约3.5cm。叶春季抽出,开花时仍有叶;叶片带状,长约30cm,宽1~1.5cm,先端钝,绿色。伞形花序生于花茎顶端,有花5~8朵;总苞片2,长约3.5cm;花淡紫红色;花被管长0.6~1.5cm,裂片先端带蓝色,长圆状倒披针形、倒披针形,长4.5~7cm,宽约1cm,不皱缩;雄蕊与花被近等长;花柱略伸到花被外。蒴果。花期7—8月,果期9—10月。

分布与生境 见于龙山、掌起、观海卫、市林场等地;生于阴湿山坡、疏林下、林缘、路边灌草丛中。产于宁波、舟山等地;分布于江苏、安徽、湖北。

主要用途 花供观赏;鳞茎可提取"加兰他敏"。

508 黄独 黄药子 | *Dioscorea bulbifera* L.

薯蓣科 Dioscoreaceae 薯蓣属

形态特征 多年生草质藤本。地下块茎粗壮,多呈陀螺形,直径3~8cm,密生须根,断面鲜时白色至淡黄色,干后黄色至黄棕色,味苦。茎左旋,无毛。单叶,互生;叶片宽卵状心形至圆心形,长9~15cm,宽6~13cm,先端尾尖,基部心形,全缘,无毛,主脉7;叶柄短于叶,叶腋珠芽球形或椭球形,外皮紫棕色。花单性,雌雄异株;花被紫红色,花被片6,离生;雄花序穗状,单生或数个簇生,有时再排成圆锥状;雌花序穗状,常数个簇生,雌花有退化雄蕊6。果序直生,果梗反折下垂;蒴果三棱状椭球形,枯黄色而散生紫色斑点。花果期7—10月。

分布与生境 见于全市各地;生于山坡疏林下、溪沟边、路旁或篱笆边。产于全省各地;分布于长江流域及其以南地区。

主要用途 块茎、珠芽作野菜;块茎药用,名"黄药子",有凉血止血、化痰散瘀之功效。

附种 细萆薢(细柄萆薢)***D. tenuipes***,根状茎横走,节明显,具环纹,全体密布白点状根基,鲜时质脆嫩,富黏丝,断面黄色,干后白色;花被黄绿色;蒴果橄榄绿色。见于全市丘陵地区;生于疏林下、林缘、山谷灌草丛中。(注:萆薢,音bìxiè。)

509 薯蓣 山药 怀山药 | *Dioscorea polystachya* Turcz.

薯蓣科 Dioscoreaceae **薯蓣属**

形态特征 多年生草质藤本。地下块茎直生,圆柱状,末端粗壮,长8~15cm,直径1~1.5cm,栽培者长可达1m,直径可达4.5cm,不分枝,表面灰黄色至灰棕色,鲜时质脆嫩,断面乳白色,富黏液,干后坚硬,断面粉白色,粉性,味淡至微甜。茎右旋,节处常紫红色。单叶,茎上部叶对生,稀3叶轮生,茎下部叶互生;叶片三角状心形至长三角状心形,长4~7cm,宽2.5~6cm,长为宽的1.1~1.7倍,先端渐尖,基部心形,稀平截,常3浅裂至中裂,但幼苗叶片多为卵状心形而不裂,主脉7条;叶柄短于叶,两端常紫红色;叶腋珠芽球形至椭球形,表面青紫色。雌雄异株;花被淡黄色;花序穗状,单生或2~5个簇生。果序下垂,果梗不反折,果面向下;蒴果三棱状球形。花期6—8月,果期7—11月。

分布与生境 见于全市丘陵地区;生于山坡、山谷、溪边、路旁灌草丛中。产于全省各地;分布于除西北少数省份以外的全国各地,北方常栽培。

主要用途 块茎与珠芽作野菜;块茎药用,名"山药",有健脾补肺、固神益精之功效。

附种 尖叶薯蓣(日本薯蓣)***D. japonica***,叶片长三角状心形至披针状心形,不分裂,长为宽的2~3.5倍;蒴果三棱状扁球形。见于全市丘陵地区;生于山坡林缘灌草丛中。

510 白蝴蝶花 *Iris japonica* Thunb. form. *pallescens* P.L. Chiu et Y.T. Zhao

鸢尾科 Iridaceae 鸢尾属

形态特征 多年生,高50~80cm。地下茎有较粗的直立扁圆形根状茎与纤细横走根状茎两种。基生叶套叠状排列成2列,有光泽,剑形,长25~50cm,宽1.5~3.5cm,中脉不明显。稀疏总状聚伞花序;苞片3~5,叶状,黄绿色,宽披针形或卵圆形,长0.8~1.5cm,有花2~4朵;花梗长于苞片;花白色,有时稍带淡蓝色,直径4.5~5.5cm;花被管长1.1~1.5cm,花被片6,2轮,外轮花被裂片倒卵形,长2.5~3cm,宽1.4~2cm,先端微凹,有细齿裂,内面具蓝紫色斑纹和黄色条状斑纹,中脉具黄色鸡冠状附属物;花柱上部3分枝,分枝花瓣状,分枝中肋上略带淡紫色。蒴果具6肋。花期3—5月,果期5—7月。

分布与生境 见于掌起(长溪岭)、匡堰(岗墩)、市林场(阳觉殿)等丘陵地区;生于林缘、山谷溪边、路旁阴湿处。产于宁波及临安、嵊州、兰溪、龙泉、庆元等地。

主要用途 花供观赏。

511 蘘荷

Zingiber mioga (Thunb.) Rosc.

姜科 Zingiberaceae　　姜属

形态特征　多年生,高50~100cm。根状茎末端膨大,呈块状,有辛辣味。叶片披针形或披针状椭圆形,长16~35cm,宽3~6cm,先端尾尖,基部楔形;具短柄或无柄;叶舌膜质,2裂,长0.3~1.2cm。穗状花序球果状,长5~7cm,生于由根状茎抽出的花序梗上,花序梗短;总苞片多数,鳞片状;苞片椭圆形,带红色,具紫色脉纹;花萼长2~3cm,一侧开裂;花冠淡黄色,裂片3;侧生退化雄蕊花瓣状,与唇瓣合生,唇瓣中部黄色,边缘白色。蒴果倒卵形,熟时3瓣裂,内果皮鲜红色。种子黑色,具白色假种皮。花期7—8月,果期9—11月。

分布与生境　见于龙山、掌起、市林场等地;生于山坡林下、林缘阴湿处。产于全省低山丘陵;分布于江苏、安徽、江西、湖南、广东、广西、贵州等地。

主要用途　根状茎、叶、花序、果实分别药用;未开花序、芽作野菜。

附注　蘘,音ráng。

512 白及 白芨 | *Bletilla striata* (Thunb. ex A. Murray) Rchb. f.

兰科 Orchidaceae 白及属

形态特征 多年生,高30~80cm。假鳞茎扁球形,彼此相连接,上面具荸荠状环纹,直径1.5~3cm,富黏汁。茎粗壮。叶4~5;叶片狭长椭圆形或披针形,长18~45cm,宽2.5~5cm,先端渐尖,基部渐狭,下延成鞘状抱茎。总状花序顶生,具花4~10朵;苞片长2~3cm,花时凋落;花紫红色或玫瑰红色,直径约4cm;萼片离生,与花瓣相似,长2.5~3cm;唇瓣倒卵形,白色带红色,具紫色脉纹,中部以上3裂,侧裂片直立,围抱蕊柱,先端钝而具细齿,中裂片倒卵形,具5条脊状褶片,褶片边缘波状;蕊柱两侧具翅,具细长蕊喙。花期5—6月,果期7—9月。

分布与生境 见于我市东部丘陵地区;生于山坡草丛、岩石旁、溪谷边滩地。产于杭州、宁波、丽水、温州及德清、嵊州、定海、开化、兰溪、武义、天台、温岭等地;分布于长江流域及其以南地区、河北等地。

主要用途 国家二级重点保护野生植物。假鳞茎药用,有补肺止血、生肌之功效;花供观赏。由于其特殊的药用功能和无节制采集,野生种源日稀。

513 钩距虾脊兰 | *Calanthe graciliflora* Hayata

兰科 Orchidaceae　　虾脊兰属

形态特征 多年生,高40~60cm。茎短,幼时叶基围抱形成假茎,假茎下部具3枚鞘状叶。叶近基生;叶片椭圆形或倒卵状椭圆形,无毛,长17~30cm,宽4~5cm,先端急尖,基部楔形,下延成柄;柄长可达10cm,被鞘状叶所围抱。总状花序长25~30cm;花下垂,直径约2cm,内面绿色,外面带褐色;萼片卵圆形至长圆形,长1.3~1.5cm,具3脉,侧萼片稍带镰状;花瓣条状匙形,长1~1.3cm,具1脉;唇瓣白色,长0.9~1cm,3裂,中裂片先端中央2裂,具短尖,唇盘上具3条褶片;距圆筒形,长约1cm,末端钩状弯曲。花期3—5月。

分布与生境 见于龙山、掌起、观海卫等丘陵地区;生于山坡林下、山谷溪边阴湿处。产于宁波、台州、丽水、温州及安吉、临安、普陀、开化等地;分布于长江以南地区。

主要用途 花供观赏;全草药用,有清热解毒、滋阴润肺、活血祛瘀、消肿止痛、止咳之功效。

附种 虾脊兰 ***C. discolor***,叶片下面密被短毛;花紫褐色;唇瓣中裂片先端中央无短尖;距伸直,或稍弯而非钩状。见于掌起、观海卫等地;生于林下阴湿处。

514 金兰 头蕊兰 | *Cephalanthera falcata* (Thunb. ex A. Murray) Blume

兰科 Orchidaceae 头蕊兰属

形态特征 多年生，高20~50cm。根状茎粗短。茎直立，中下部具3~5枚鞘状鳞叶，上部具4~7枚叶。叶片椭圆形或椭圆状披针形至卵状披针形，长8~15cm，宽2~4.5cm，先端渐尖或急尖，基部鞘状抱茎。总状花序具花5~10朵；苞片短于花梗连子房长；花黄色，直立，长约1.5cm，不完全开展；萼片卵状椭圆形，长1.3~1.5cm，具5脉；花瓣与萼片相似而稍短；唇瓣长约5mm，宽8mm，先端不裂或3浅裂，中裂片圆心形，内面具7条褶片，侧裂片基部围抱蕊柱；距圆锥形，长约2mm，蕊柱长8~9mm。花期4—5月，果期8—9月。

分布与生境 见于全市丘陵地区；生于山坡林下、林缘。产于宁波及安吉、杭州市区、临安、缙云、遂昌、乐清、文成等地；分布于长江流域及其以南地区。

主要用途 花供观赏；全草药用，有清热泻火、解毒之功效。

515 春兰 草兰 | *Cymbidium goeringii* (Rchb. f.) Rchb. f.

兰科 Orchidaceae 兰属

形态特征 多年生,高25~40cm。根粗壮,肉质。根状茎短。假鳞茎卵球形,长1~2.5cm。叶基生,4~6枚成束;叶片带形,长20~50cm,宽5~8mm,先端锐尖,基部渐尖,边缘略具细齿。花葶直立,高3~7cm,具1(2)花;苞片膜质,鞘状包围花葶;花淡黄绿色,具清香,直径4~5cm;萼片长圆状披针形,中脉紫红色,基部具紫纹;花瓣卵状披针形,长2~2.3cm,具紫褐色斑点,中脉紫红色,先端渐尖;唇瓣乳白色,长约1.6cm,宽1cm,不明显3裂,中裂片向下反卷,先端钝,侧裂片较小,唇盘中央从基部至中部具2条褶片;蕊柱翅不明显。花期2—3月,果期4—6月。

附种 蕙兰(九头兰)***C. faberi***,假鳞茎不明显;叶脉透明;总状花序具9~18花;唇瓣中裂片边缘具不整齐齿,且皱褶呈波状。见于龙山、掌起等丘陵地区;生于山坡林下阴湿处。国家二级重点保护野生植物。

分布与生境 见于全市丘陵地区;生于山坡林下或山谷、溪沟边阴湿处。产于全省低山丘陵;分布于长江流域及其以南地区,各地广泛栽培。

主要用途 国家二级重点保护野生植物。花供观赏;根、全草分别药用。

516 纤叶钗子股

Luisia hancockii Rolfe

兰科 Orchidaceae　　钗子股属

形态特征 附生植物,高10~20cm。茎稍木质,长3.5~15cm,直径2~3mm。单叶,互生,2列;叶片纤细,肉质,圆柱形,长5~8cm,直径1.5~2mm,先端钝,基部具关节;鞘长4~9mm。总状花序腋生,长3~6mm,具花2~3朵;花小;苞片三角状宽卵形,长约2mm;花梗连子房长1~1.2cm;花黄色带紫色;中萼片椭圆状长圆形,长6~7mm,具5脉,侧萼片稍短;花瓣倒卵状匙形,长约7mm,先端钝,具5脉;唇瓣肉质,箆状长圆形,长约8mm,宽4mm,暗紫色,近中部稍缢缩,前部先端2浅裂,后部基部扩大成耳状,唇盘基部凹陷,具数条疣状凸起,蕊柱甚短。花期5—6月,果期8月。

分布与生境 见于我市东部丘陵地区;附生于沟谷阴湿石壁上和老树干上。产于宁波、台州、温州及临安、普陀等地;分布于福建、湖北。

主要用途 全草药用,有散风祛痰、解毒消肿之功效;花供观赏。

517 绶草 盘龙参

Spiranthes sinensis (Pers.) Ames

兰科 Orchidaceae 绶草属

形态特征 多年生,高15~40cm。根肉质,指状,簇生。茎细弱,直立。叶2~8,下部者近基生;叶片稍肉质,条状倒披针形或条形,长2~17cm,宽3~10mm,先端尖,中脉微凹,上部叶呈苞片状。穗状花序长4~20cm,小花密集,螺旋状排列;花淡红色、紫红色;萼片与花瓣近等长,长3~4mm,靠合成兜状;唇瓣先端平截,皱缩,中部以上呈啮齿皱波状,具皱波纹和硬毛,基部稍凹陷,呈浅囊状。花果期5—9月。

分布与生境 见于全市各地;生于山坡、路边、田野灌草丛中。产于全省各地;分布于全国各地。

主要用途 带根全草药用,有清热解毒、理湿消肿之功效。

518 带唇兰 *Tainia dunnii* Rolfe

兰科 Orchidaceae 带唇兰属

形态特征 多年生，高32~58cm。根状茎匍匐，节上生假鳞茎。假鳞茎圆锥状长圆柱形，长1.5~3cm，直径4~5mm，紫褐色，顶生叶1枚。叶片长椭圆状披针形，长15~22cm，宽0.6~3cm，先端渐尖，基部渐狭；叶柄长2~6cm。总状花序具花10余朵；苞片条状披针形，长约5mm；花淡黄色；中萼片披针形，先端急尖，侧萼片长1.2~1.5cm，镰状披针形，先端急尖，萼囊钝，长3mm；唇瓣长圆形，长约1cm，3裂，侧裂片镰状长圆形，中裂片横椭圆形，先端平截或中央稍凹缺，上面有3条短褶片，唇盘上有2条纵褶片；蕊柱棍棒状，弧曲，长约6mm，具短蕊柱足。花期4月，果期7月。

分布与生境 见于匡堰（老鹰山）；生于山谷林下。产于宁波、台州、丽水、温州及杭州市区、临安、开化等地；分布于江西、福建、湖南、广东、四川。

主要用途 花供观赏。

参考文献

一、专著部分

[1]陈俊愉,程绪珂.中国花经[M].上海:上海文化出版社,1990.
[2]陈征海,李修鹏,谢文远.宁波滨海植物[M].北京:科学出版社,2017.
[3]丁炳扬,胡仁勇.温州外来入侵植物及其研究[M].杭州:浙江科学技术出版社,2011.
[4]丁炳扬,金川.温州植物志:1~5卷[M].北京:中国林业出版社,2017.
[5]李根有,陈征海,桂祖云.浙江野果200种精选图谱[M].北京:科学出版社,2013.
[6]李根有,陈征海,李修鹏.宁波植物图鉴:1~5卷[M].北京:科学出版社,2018-2022.
[7]李根有,陈征海,李修鹏.宁波植物研究[M].北京:科学出版社,2021.
[8]李根有,陈征海,项茂林.浙江野花300种精选图谱[M].北京:科学出版社,2012.
[9]李根有,陈征海,杨淑贞.浙江野菜100种精选图谱[M].北京:科学出版社,2011.
[10]李根有,李修鹏,张芬耀.宁波珍稀植物[M].北京:科学出版社,2017.
[11]李根有,颜福彬.浙江温岭植物资源[M].北京:中国农业出版社,2007.
[12]李根有,赵慈良,金水虎.普陀山植物[M].香港:中国科学文化出版社,2012.
[13]刘启新.江苏植物志:1~5卷[M].南京:江苏凤凰科学技术出版社,2013-2015.
[14]全国中草药汇编编写组.全国中草药汇编[M].二版.北京:人民卫生出版社,1996.
[15]任再金.中国蜜源植物图谱[M].北京:人民邮电出版社,中山大学出版社,2011.
[16]吴玲.湿地植物与景观[M].北京:中国林业出版社,2010.
[17]徐万林.中国蜜粉源植物[M].哈尔滨:黑龙江科学技术出版社,1992.
[18]叶喜阳,华国军,陶一舟.野外观花手册[M].二版.北京:化学工业出版社,2015.
[19]张若蕙.浙江珍稀濒危植物[M].杭州:浙江科学技术出版社,1994.
[20]浙江省革命委员会生产指挥组卫生办公室.浙江民间常用草药:第一集[M].杭州:浙江人民出版社,1969.
[21]浙江省革命委员会生产指挥组卫生局.浙江民间常用草药:第二集[M].杭州:浙江人民出版社,1970.
[22]浙江省卫生局.浙江民间常用草药:第三集[M].杭州:浙江人民出版社,1972.
[23]浙江药用植物志编写组.浙江药用植物志:上卷、下卷[M].杭州:浙江科学技术出版社,1980.
[24]浙江植物志编辑委员会.浙江植物志:1~7卷[M].杭州:浙江科学技术出版社,1989-1993.
[25]浙江植物志(新编)编辑委员会.浙江植物志(新编):1~10卷[M].杭州:浙江科学技术出版社,2020-2021.

[26]郑朝宗.浙江种子植物检索鉴定手册[M].杭州:浙江科学技术出版社,2005.
[27]中国科学院中国植物志编辑委员会.中国植物志:1~80卷[M].北京:科学出版社,1959-2004.
[28]中国药材公司.中国中药资源志要[M].北京:科学出版社,1994.
[29]Jin X F,Zheng C Z.Taxonomy of *Carex* sect. Rhomboidales (Cyperaceae)[M].Beijing:Science Press,2013.
[30]Wu Z Y,Raven P H,Hong D Y. Flora of China:Vol.1~25[M].Beijing:Science Press;St. Louis:Missouri Bonanical Garden,1994-2013.

二、论文部分

[31]陈征海,李根有,魏以界,等.浙南植物区系新资料[J].浙江林学院学报,1993,10(3):346-350.
[32]陈征海,唐正良,王国明,等.《浙江植物志》拾遗[J].浙江林学院学报,1995,12(2):198-209.
[33]傅晓强,马丹丹,陈征海,等.发现于宁波的7种浙江新记录植物[J].浙江农林大学学报,2016,33(6):1098-1102.
[34]李宏庆,钱士心.上海植物区系新资料(Ⅴ)[J].华东师范大学学报(自然科学版),2001(4):107-109.
[35]李宏庆,熊申展,陈纪云,等.上海植物区系新资料(Ⅵ)[J].华东师范大学学报(自然科学版),2013(1):139-143.
[36]苗国丽,陈征海,谢文远,等.发现于浙江的4种归化植物新记录[J].浙江农林大学学报,2012,29(3):470-472.
[37]裘宝林,陈征海,张晓华.见于浙江的中国及中国大陆新记录植物[J].云南植物研究,1994,16(3):231-234.
[38]孙游云,丁炳扬,王巨安,等.宁波慈溪水生维管束植物新资料[J].安徽农业科学,2011,39(5):2533-2534,2630.
[39]谢文远,陈锋,张芬耀,等.浙江种子植物资料增补[J].浙江林业科技,2019,39(1):86-90.
[40]熊小萍,向继云,鲁才员,等.余姚野生兰花种质资源调查[J].浙江林业科技,2011,31(4):35-39.
[41]徐绍清.慈溪蓼属植物资源及其利用研究[J].中国野生植物资源,2013,32(2):32-36.
[42]徐绍清,段鹏飞,成国良,等.慈溪茄科草本野生植物资源利用价值研究[J].中国园艺文摘,2018,34(2):85-87,106.
[43]徐绍清,毛国尧,胡志刚.加拿大一枝黄花越冬植株生长和叶片消长规律研究[J].现代农业科技,2008,(6):78-79.

[44]徐绍清,徐永江,金水虎,等.浙江省玄参科归化新记录——凯氏草属[J].防护林科技,2015,33(1):50-51,127.

[45]徐绍清,余正安,范国明,等.浙江慈溪野生半灌木植物资源与利用[J].湖南林业科技,2013,40(2):44-46,59.

[46]徐绍清,周勤明,王立如,等.浙江慈溪的可食草本野果资源及其利用[J].中国林副特产,2017,32(5):79-82.

[47]徐永福,喻勋林.田茜(茜草科)——中国大陆新归化植物[J].植物科学学报,2014,32(5),450-452.

[48]叶喜阳,马丹丹,陈征海,等.发现于宁波的浙江归化植物新记录[J].浙江农林大学学报,2014,31(5):821-822.

[49]曾宪锋,邱贺媛,齐淑艳,等.环渤海地区1种新记录入侵植物——钻形紫菀[J].广东农业科学,2012,39(24):189,237.

中文名索引

J

K

L

M

T

W

X

拉丁名索引

D

E

R

S

附 录

慈溪市国家重点保护野生植物表

中文名	拉丁学名	常见别名	科属	产区	生活型	保护等级
水蕨	*Ceratopteris thalictroides*	苣	水蕨科 水蕨属	观海卫、横河等南部平原区	草本	国家二级
榉树	*Zelkova schneideriana*	大叶榉	榆科 榉属	龙山、掌起、市林场等丘陵地区	木本	国家二级
金荞麦	*Fagopyrum dibotrys*	野荞麦、金锁银开	蓼科 荞麦属	全市丘陵地区	草本	国家二级
六角莲	*Dysosma pleiantha*		小檗科 八角莲属	龙山、掌起、观海卫、市林场等丘陵地区	草本	国家二级
八角莲	*D. versipellis*	鬼臼	小檗科 八角莲属	掌起(任佳溪)	草本	国家二级
野大豆	*Glycine soja*		豆科 大豆属	全市各地	草本	国家二级
中华猕猴桃	*Actinidia chinensis*	藤梨、藤铃	猕猴桃科 猕猴桃属	全市丘陵地区	木本	国家二级
大籽猕猴桃	*A.macrosperma*	猫人参、梅叶猕猴桃	猕猴桃科 猕猴桃属	龙山、掌起、桥头、匡堰、市林场等丘陵地区	木本	国家二级
细果野菱	*Trapa incisa*	小果刺菱	菱科 菱属	全市各地	草本	国家二级
秤锤树	*Sinojackia xylocarpa*		安息香科 秤锤树属	观海卫(五磊山)、匡堰(栲栳山)	木本	国家二级
香果树	*Emmenopterys henryi*		茜草科 香果树属	掌起(洪魏)	木本	国家二级
荞麦叶大百合	*Cardiocrinum cathayanum*		百合科 大百合属	东部丘陵地区	草本	国家二级
华重楼	*Paris polyphylla* var. *chinensis*	七叶一枝花	百合科 重楼属	掌起(长溪岭)、观海卫(五磊山)等丘陵地区	草本	国家二级
白及	*Bletilla striata*	白芨	兰科 白及属	东部丘陵地区	草本	国家二级
蕙兰	*Cymbidium faberi*	九头兰	兰科 兰属	龙山、掌起等丘陵地区	草本	国家二级
春兰	*C. goeringii*	草兰	兰科 兰属	全市丘陵地区	草本	国家二级

注:根据《国家重点保护野生植物名录》(2021)整理。草本11种,木本5种,共16种。

慈溪市行政区划图
嘉兴市
舟山市
宁波杭州湾新区
慈溪市现代农业开发区
慈溪滨海经济开发区
江北区
镇海区
余姚市
图例
慈溪市行政区划图
比例尺 1:55 000

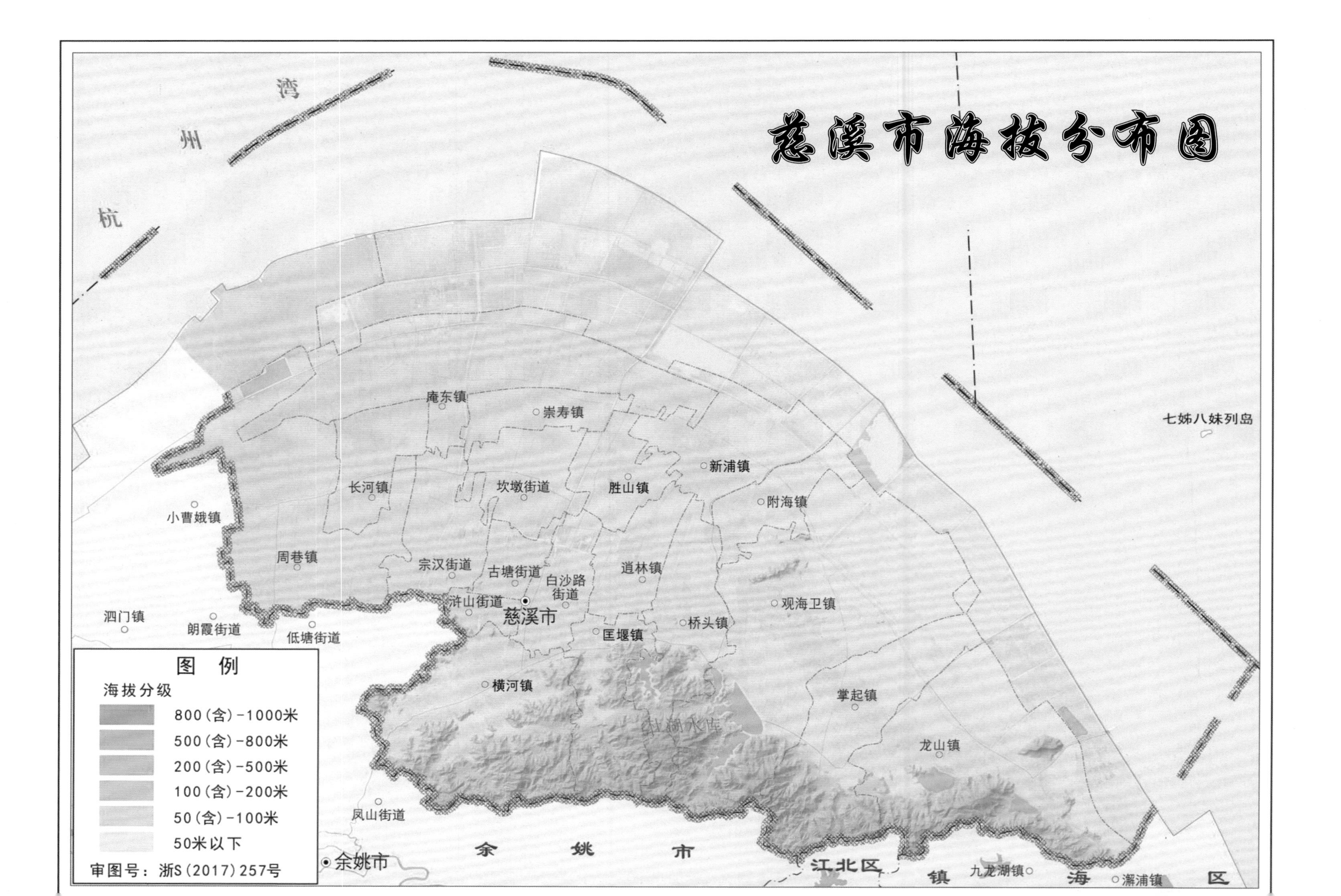
慈溪市海拔分布图
杭
州
湾
七姊八妹列岛
庵东镇
崇寿镇
新浦镇
长河镇
坎墩街道
胜山镇
附海镇
小曹娥镇
周巷镇
宗汉街道
古塘街道
白沙路
街道
道林镇
浒山街道
慈溪市
观海卫镇
泗门镇
朗霞街道
低塘街道
匡堰镇
桥头镇
横河镇
掌起镇
龙山镇
凤山街道
余姚市
余
姚
市
江北区
镇
九龙湖镇
海
澥浦镇
区
图　例
海拔分级
800(含)-1000米
500(含)-800米
200(含)-500米
100(含)-200米
50(含)-100米
50米以下
审图号：浙S(2017)257号